高等职业技术院校电类专业教材

变频技术及应用

（三菱 第二版）

BIANPIN JISHU JI YINGYONG

主编 唐修波

中国劳动社会保障出版社

简介

本书主要内容包括变频器基本操作、车床主轴变频调速控制、变频恒压供水控制、物料检测生产线变频调速控制等。

本书由唐修波主编，陆继忠、孙怀荣、陈德领、陈晓波参与编写，李长军主审。

图书在版编目(CIP)数据

变频技术及应用. 三菱/唐修波主编. —2版. —北京：中国劳动社会保障出版社，2014

高等职业技术院校电类专业教材

ISBN 978-7-5167-0757-9

Ⅰ.①变… Ⅱ.①唐… Ⅲ.①变频技术-高等职业教育-教材 Ⅳ.①TN77

中国版本图书馆CIP数据核字(2014)第018042号

中国劳动社会保障出版社出版发行

(北京市惠新东街1号 邮政编码：100029)

*

北京鑫海金澳胶印有限公司印刷装订 新华书店经销

787毫米×1092毫米 16开本 15.25印张 354千字

2014年1月第2版 2025年3月第17次印刷

定价：29.00元

营销中心电话：400-606-6496

出版社网址：http://www.class.com.cn

http://jg.class.com.cn

前　言

为了更好地适应全国高等职业技术院校电类专业教学要求，全面提升教学质量，人力资源和社会保障部教材办公室组织有关学校的一线教师和行业、企业专家，充分调研企业生产和学校教学情况，广泛听取各职业技术院校对教材使用情况的反馈意见，对2006年至2007年出版的全国高等职业技术院校电类专业基础平台教材和电气自动化技术专业模块教材进行了修订，并做了适当的补充开发。

本次教材修订（新编）工作的重点主要体现在以下四个方面：

第一，科学合理安排内容，融入先进教学理念。

根据电类专业毕业生所从事职业的实际需要和教学实际情况的变化，合理确定学生应具备的能力与知识结构，适当调整部分教材的内容及其深度、难度，如《数控机床电气检修（第二版）》中增加了教学中广泛使用的广数GSK980T系统的相关知识；根据相关工种及专业领域的最新发展，在教材中充实“四新”内容，如《变频器应用技术（三菱 第二版）》中改用目前广泛应用的较新型的FR－E740型通用变频器。同时，结合教学改革要求，在教材中融入较为成熟的课改理念和教学方法，以完成具体典型工作任务为主线组织教材内容，将理论知识的讲解与具体的任务载体有机结合，激发学生学习兴趣，提高学生实践能力。

第二，进一步完善教材体系，充分满足教学需求。

在进一步完善现有教材教学内容的基础上，适应专业发展趋势，新开发了《电力电子技术》《过程控制技术》《工业组态软件应用技术》《自动化综合实训》教材，以充分满足当前电气自动化技术专业教学的实际需求。同时，相关教材还可满足“生产过程自动化技术”“工业网络技术”“计算机控制技术”等其他电类专业方向的教学需要。

第三，涵盖国家职业技能标准，与职业技能鉴定要求相衔接。

教材编写坚持以国家职业技能标准为依据，涵盖《维修电工》等国家职业技能标准中（中、高级）的知识和技能要求，并在与教材配套的习题册中增加针对相关职业技能鉴定考试的练习题。同时，严格贯彻国家有关技术标准的要求。

第四，进一步开发辅助产品，提供优质教学服务。

根据大多数学校的教学实际需求，部分教材还配套开发了习题册，以便于学生巩固练习使用。本套教材均提供多媒体教学课件，可通过中国人力资源和社会保障出版集团网站（http：//www. class. com. cn）免费下载，进入主页后搜索相应教材并进入图书详细页面即可找到下载链接。

本次教材的修订（新编）工作得到了江苏、安徽、山东、河南、湖南、广东、广西、四川等省人力资源和社会保障厅及一些高等职业技术院校的大力支持，教材的编审人员做了大量的工作，在此我们表示诚挚的谢意。

人力资源和社会保障部教材办公室

2013 年 11 月

目 录
CONTENTS

国家级职业教育规划教材

课题一　变频器基本操作

变频器是由计算机控制电力电子器件，将工频交流电变为频率和电压可调的三相交流电的电气设备。其广泛应用于钢铁冶金、电力、煤炭、化工、纺织、化纤、水泥、造纸、医药、印染、注塑、污水处理、食品、包装等行业，如图 1—0—1 所示。变频器具有良好的调速性能，不仅提高了工厂的生产效率，而且节约了电能。

a)

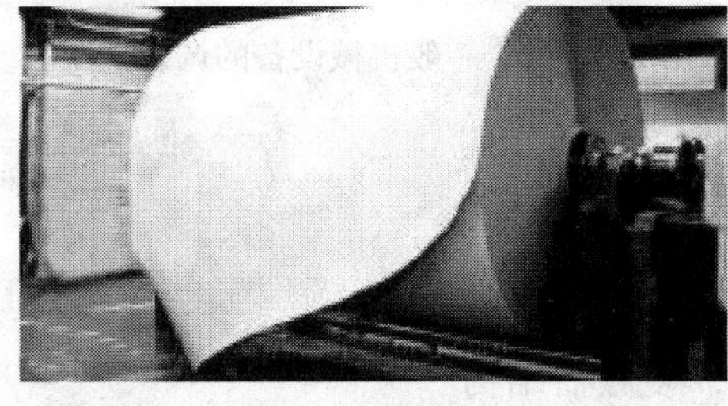

b)

c)

d)

图 1—0—1　变频器在各行业中的应用

a）变频器在流水生产线中的应用　b）变频器在造纸行业中的应用

c）变频器在水泥行业中的应用　d）变频器在恒压供水设备中的应用

任务 1　认识变频器

学习目标

1. 熟悉变频器的铭牌与结构。
2. 掌握变频器前盖板和操作面板的拆卸与安装方法。
3. 熟悉变频器的内部基本结构。
4. 掌握变频器的基本工作原理。

工作任务

三相交流异步电动机在工农业生产中的应用非常广泛。一般机械设备的调速框图如图1—1—1所示，常用的调速方法有变极调速、定子调压调速、转差离合器调速等。随着工农业生产对调速性能要求的不断提高和电力电子技术及微电子技术的迅速发展，变频调速技术亦日趋成熟，其对应的调速框图如图1—1—2所示。由图1—1—2可知，实现变频调速最主要的设备就是变频器，要掌握变频调速技术，首先就要认识变频器，了解变频器是由哪些部分组成的，它是如何实现变频调速的，怎样拆卸和安装变频器。

图1—1—1　一般机械设备的调速框图　　图1—1—2　变频调速框图

相关知识

一、变频器简介

1. 变频器结构

变频器从外部结构上看，有开启式和封闭式两种。开启式变频器的散热性能好，但接线端子外露，适用于电气柜内部安装；封闭式变频器的接线端子全部在内部，不打开盖子是看不见的。下面以封闭式变频器为例进行介绍。

（1）变频器的组成结构

三菱FR－E740变频器的结构如图1—1—3所示，右侧上部为操作面板，面板上有信号指示灯、旋钮及功能按键；面板下方有PU接口，即与计算机间的通信接口；操作面板左侧有散热孔；变频器顶部有散热风扇；电源进线孔和去电动机的出线孔在变频器的下部。

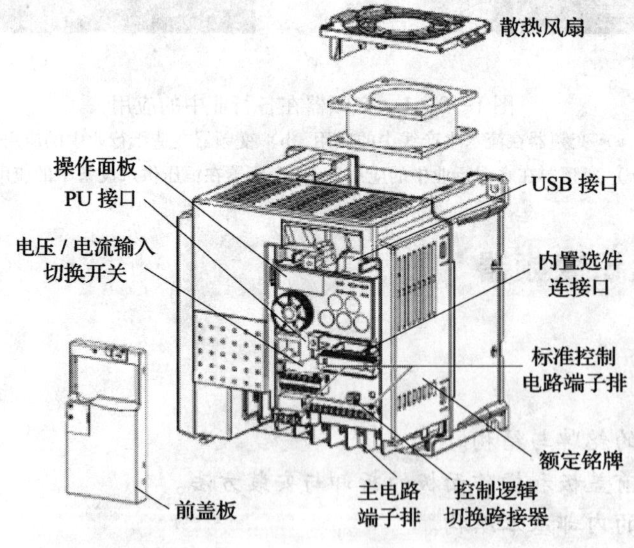

图1—1—3　三菱FR－E740变频器的结构

（2）变频器前盖板

变频器前盖板的结构如图 1—1—4 所示。

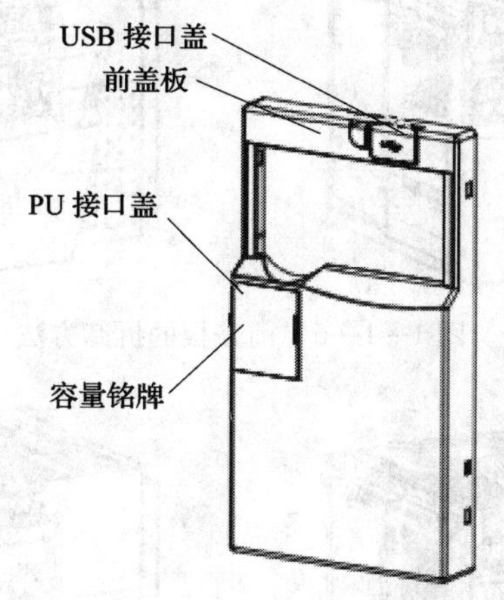

图 1—1—4　变频器前盖板的结构

2. 变频器铭牌

变频器铭牌分为容量铭牌与额定铭牌。容量铭牌与额定铭牌在不同容量的变频器上的位置也不同，一般需要根据外形尺寸图进行确认。FR－E740 型变频器铭牌的相关内容如图 1—1—5 所示。

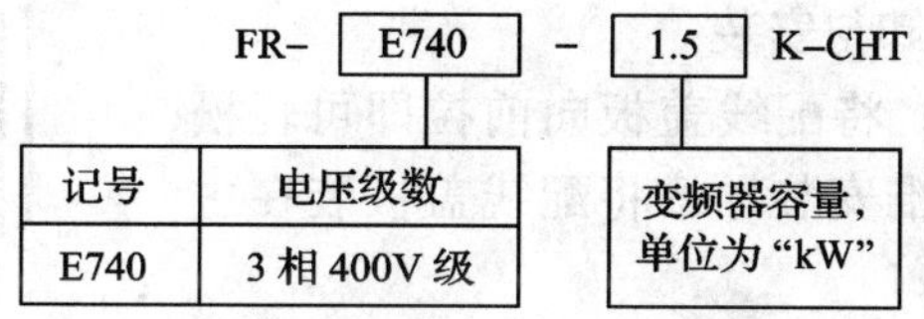

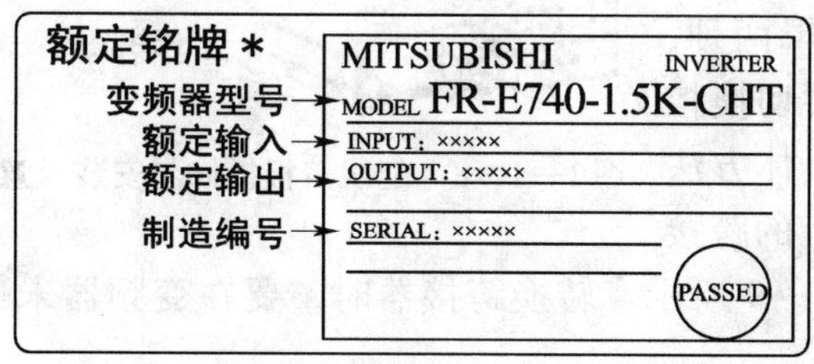

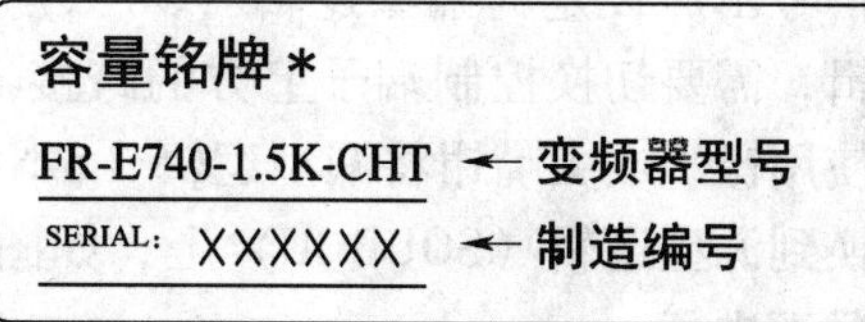

图 1—1—5　变频器铭牌

3. 前盖板和配线盖板的拆卸与安装

（1）前盖板的拆卸与安装

1）拆卸。如图 1—1—6 所示，将前盖板沿箭头所示方向向前拉，即可将其卸下。

2）安装。安装时将前盖板对准主机正面垂直装入即可，如图 1—1—7 所示。

安装好后需要检查以下两点：

①检查前盖板是否牢固安装好。

②变频器前盖板上的容量铭牌和主机机身上的额定铭牌上印有相同的制造编号，安装后需要检查制造编号，以确保将拆下的前盖板安装在原来对应的变频器上。

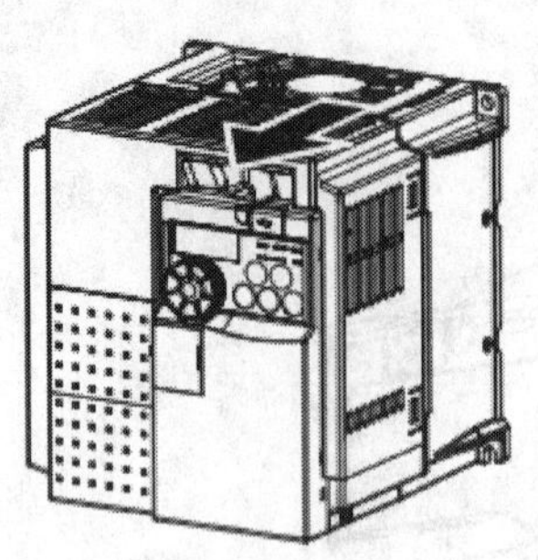
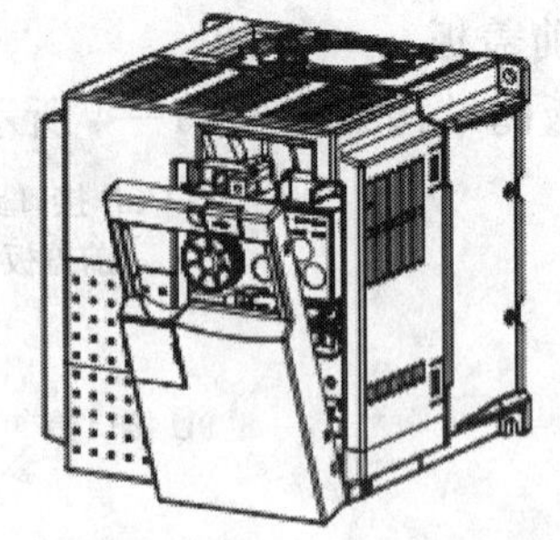

图 1—1—6　前盖板的拆卸方法

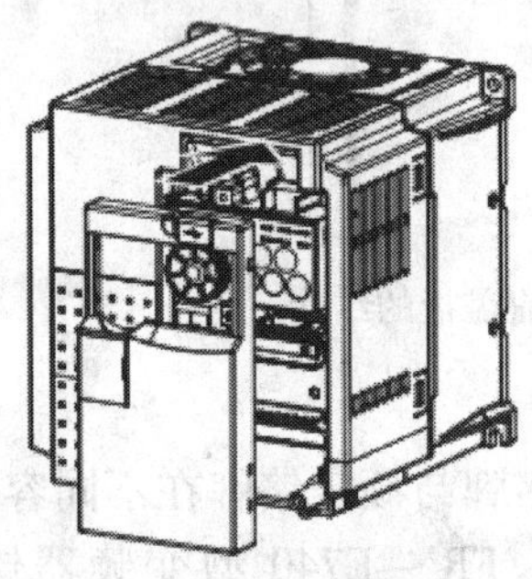
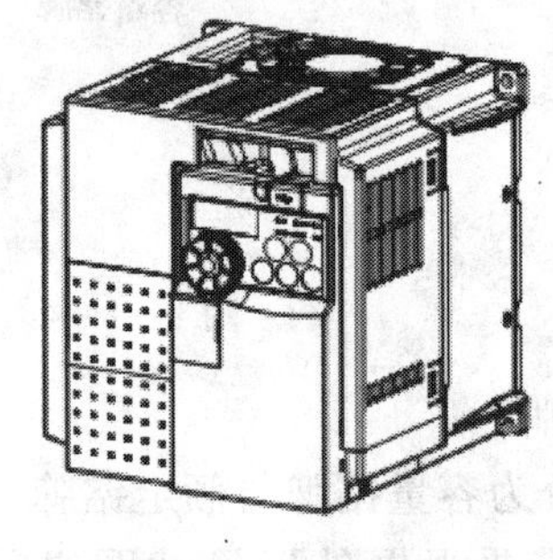

图 1—1—7　前盖板的安装方法

（2）配线盖板的拆卸与安装

如图 1—1—8 所示，将配线盖板向前拉即可轻松卸下。安装时，则要对准安装导槽将配线盖板装在主机上。

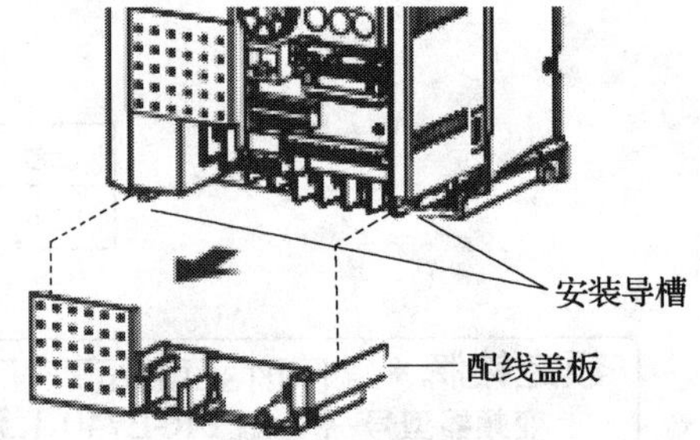

图 1—1—8　配线盖板拆卸与安装示意图

4. 控制逻辑的切换

变频器的控制逻辑有漏型逻辑和源型逻辑两种，输入信号出厂设定为漏型逻辑（SINK）。若要切换控制逻辑，需要切换控制端子上方的跨接器。具体方法为：使用镊子或尖嘴钳将漏型逻辑（SINK）上的跨接器转换到源型逻辑（SOURCE）上，如图 1—1—9 所示。转换跨接器时，要在变频器未通电的情况下进行。

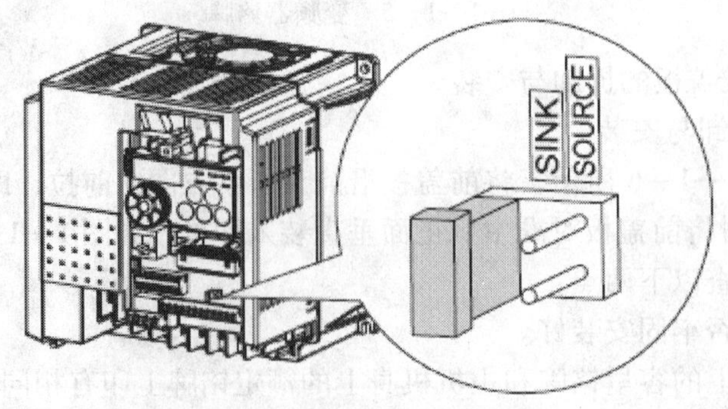

图 1—1—9　控制逻辑切换

要点提示

漏型、源型逻辑的切换跨接器只能安装在控制端子其中一侧。若两侧同时安装，则可能会导致变频器损坏。

（1）漏型逻辑

漏型逻辑是指信号输入端子中有电流流出时信号为 ON 的逻辑。选择漏型逻辑时有关输入输出信号的电流流向如图 1—1—10 所示。端子 SD 是接点输入信号的公共端端子。端子 SE 是集电极开路输出信号的公共端端子。

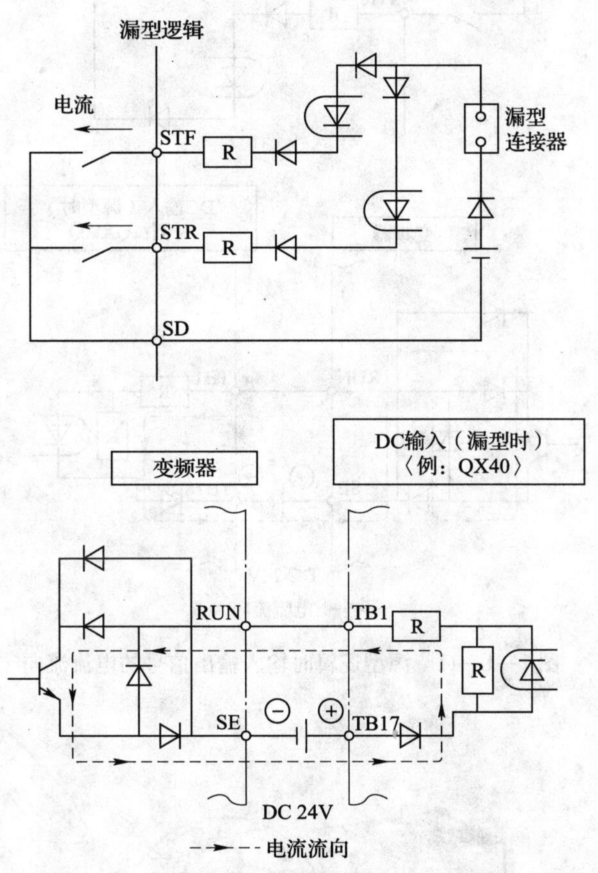

图 1—1—10　漏型逻辑时输入输出信号的电流流向

（2）源型逻辑

源型逻辑是指信号输入端子中有电流流入时信号为 ON 的逻辑。选择源型逻辑时有关输入、输出信号的电流流向示意图如图 1—1—11 所示。端子 PC 是接点输入信号的公共端端子。端子 SE 是集电极开路输出信号的公共端端子。

5．PU 接口的连接

使用 PU 接口，可以实现变频器与计算机等设备进行通信。用一字旋具插入 PU 接口盖的凹槽即可撬开盖板，完成 PU 接口的连接，如图 1—1—12 所示。

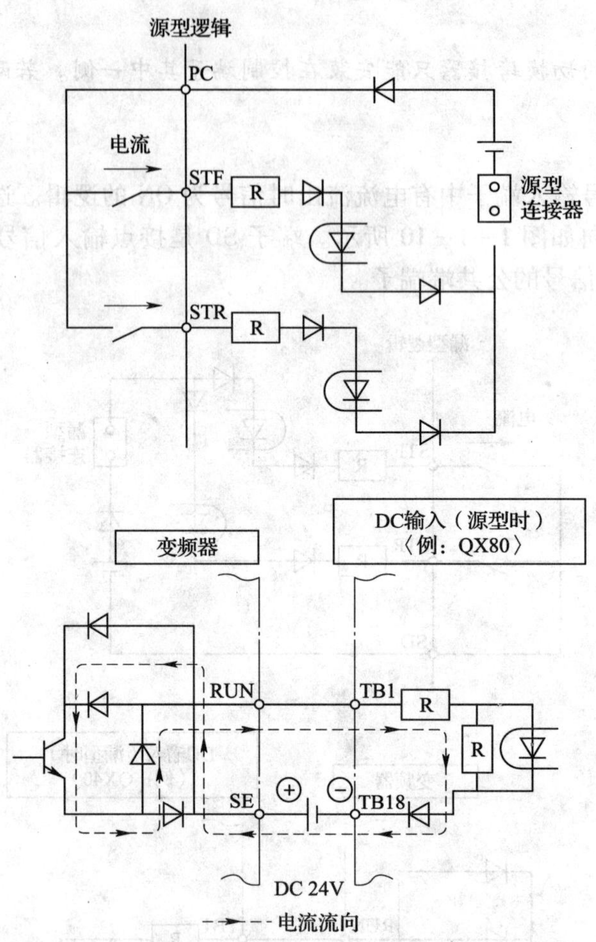

图 1—1—11　源型逻辑时输入输出信号的电流流向

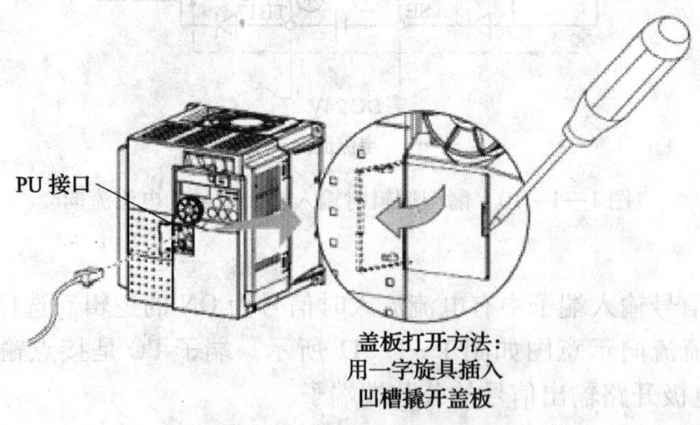

图 1—1—12　PU 接口的连接

二、变频器的内部结构

变频器的内部结构如图 1—1—13 所示。

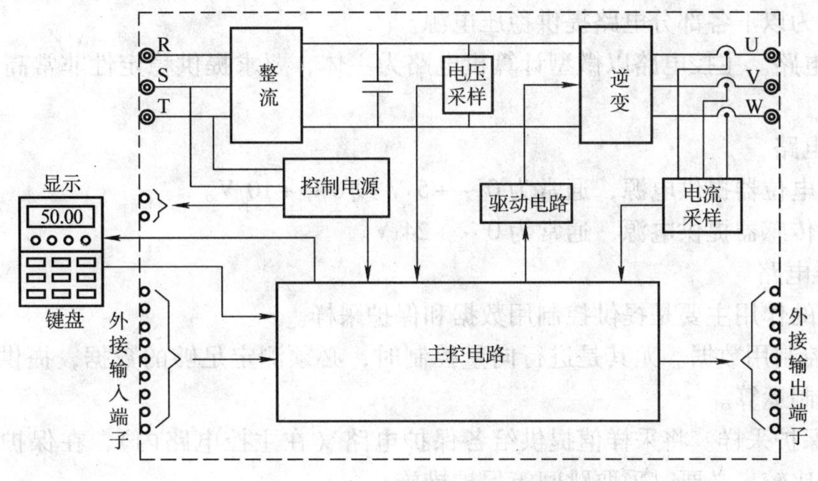

图 1—1—13　变频器内部结构框图

1. 主控电路

(1) 主控电路的基本任务

1) 接收各种信号

①在功能预置阶段，接收对各功能的预置信号。

②接收从键盘或外接输入端子输入的给定信号。

③接收从外接输入端子输入的控制信号。

④接收从电压、电流采样电路以及其他传感器输入的状态信号。

2) 进行基本运算

最主要的运算包括：

①进行向量控制运算或其他必要的运算。

②实时地计算出 SPWM 波形各切换点的时刻。

3) 输出计算结果

①输出至逆变器件模块的驱动电路，使逆变器件按给定信号及预置要求输出 SPWM 电压波。

②输出给显示器，显示当前的各种状态。

③输出给外接输出控制端子。

(2) 主控电路的其他任务

1) 实现各项控制功能。接收从键盘和外接输入端子输入的各种控制信号，对 SPWM 信号进行启动、停止、升速、降速、点动等控制。

2) 实施各项保护功能。接收来自电压、电流采样电路以及其他传感器（如温度传感器）的信号，结合功能中预置的限值，进行比较和判断，若判定已经出现故障，则：

①停止发出 SPWM 信号，使变频器中止输出。

②向输出控制端输出报警信号。

③向显示器输出故障原因信号。

2. 控制电源、采样电路及驱动电路

(1) 控制电源

控制电源为以下各部分电路提供稳压电源。

1）主控电路。主控电路以微型计算机电路为主体，要求提供稳定性非常高的0～+5 V电源。

2）外控电路

①为给定电位器提供电源，通常为0～+5 V或0～+10 V。

②为外接传感器提供电源，通常为0～+24 V。

（2）采样电路

采样电路的作用主要是提供控制用数据和保护采样。

1）提供控制用数据。尤其是进行向量控制时，必须测定足够的数据，提供给微型计算机进行向量控制运算。

2）提供保护采样。将采样值提供给各保护电路（在主控电路内），在保护电路内与有关极限值进行比较，必要时采取跳闸等保护措施。

（3）驱动电路

驱动电路用于驱动各逆变管。若逆变管为GTR，则驱动电路还包括以隔离变压器为主体的专用驱动电源。但现在大多数中、小容量变频器的逆变管都采用IGBT管，逆变管的控制极和集电极、发射极之间是隔离的，不再需要隔离变压器，故驱动电路常和主控电路在一起。

3．整流电路和逆变电路

（1）整流电路

整流电路的功能是将交流电转换为直流电，变频器中应用最多的是三相桥式整流电路。按使用器件的不同，整流电路可分为不可控整流电路和可控整流电路，如图1—1—14所示。不可控整流电路使用的器件为电力二极管（PD），可控整流电路使用的器件通常为普通晶闸管（SCR）。

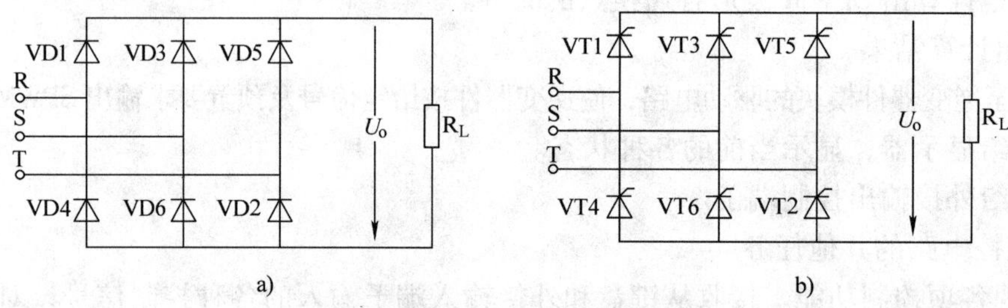

图1—1—14　三相桥式整流电路

a）不可控整流电路　b）可控整流电路

1）电力二极管（PD）。电力二极管是指可以承受高电压、大电流且具有较大耗散功率的二极管。电力二极管的内部结构是一个PN结，加正向电压导通，加反向电压截止，是不可控的单向导通器件。电力二极管与普通二极管的结构、工作原理和伏安特性相似，但它的主要参数和选择原则等不尽相同。电力二极管的图形符号和外形如图1—1—15所示，其中A为阳极、K为阴极，其伏安特性曲线如图1—1—15d所示。电力二极管的主要参数有正向平均电流I_F、反向重复峰值电压U_{RRM}、正向平均电压U_F等。

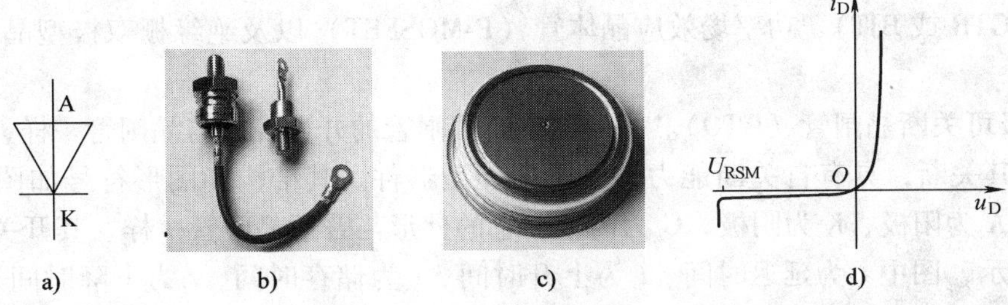

图 1—1—15 电力二极管的图形符号、外形和特性曲线

a）图形符号 b）螺旋式二极管外形 c）平板式二极管外形 d）伏安特性曲线

2）普通晶闸管（SCR）。普通晶闸管（SCR）是双极型电流控制器件，其图形符号和外形如图 1—1—16 所示，其中 A 为阳极、K 为阴极、G 为门极，其伏安特性曲线如图 1—1—17 所示。当在晶闸管的阳极和阴极两端加正向电压，同时在它的门极和阴极两端也加适当正向电压时，晶闸管导通。但导通后门极失去控制作用，不能用门极控制晶闸管关断，所以它是半控型器件。普通晶闸管的主要参数有断态重复峰值电压 U_{DRM}、反向重复峰值电压 U_{RRM}、通态平均电压 $U_{T(AV)}$、通态平均电流 $I_{T(AV)}$、维持电流 I_H、擎住电流 I_L、通态浪涌电流 I_{TSM}等。

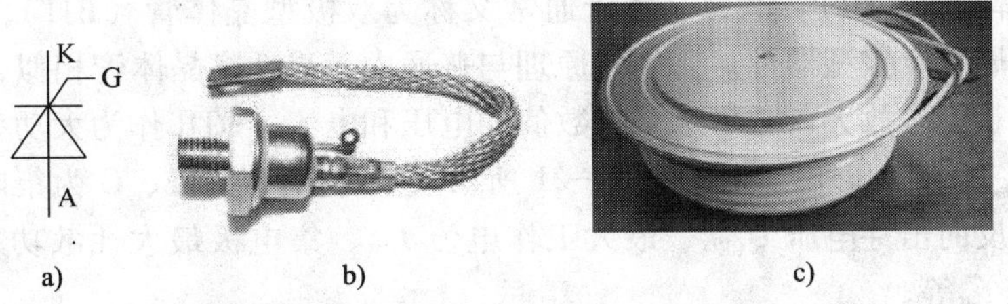

图 1—1—16 晶闸管的图形符号和外形

a）图形符号 b）螺栓式外形 c）平板式外形

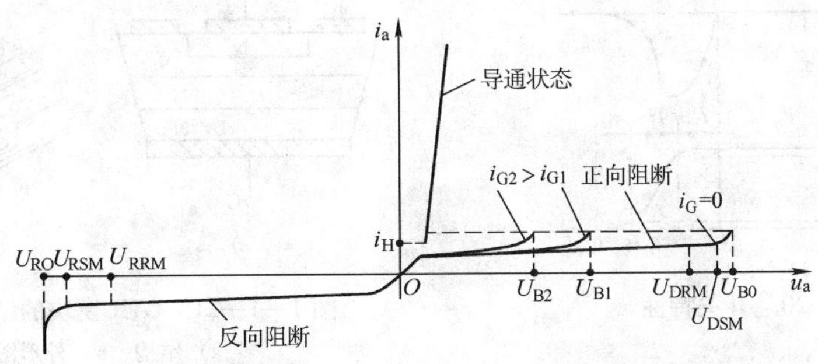

图 1—1—17 晶闸管的伏安特性曲线

（2）逆变电路

逆变电路的功能是将直流电转换为交流电，变频器中应用最多的是三相桥式逆变电路。如图 1—1—18 所示是由电力晶体管（GTR）组成的三相桥式逆变电路，该电路的关键就是

对开关器件电力晶体管进行控制。目前，常用的开关器件有门极可关断晶闸管（GTO）、电力晶体管（GTR 或 BJT）、功率场效应晶体管（P-MOSFET）以及绝缘栅双极型晶体管（IG-BT）等。

1）门极可关断晶闸管（GTO）。门极可关断晶闸管的开通控制与晶闸管一样，但门极加负电压可使其关断，具有自关断能力，属于全控型器件。其结构和图形符号如图 1—1—19 所示，其中 A 为阳极、K 为阴极、G 为门极，它的外形与普通晶闸管一样。其开关特性如图 1—1—20 所示，图中 t_d为延迟时间、t_r为上升时间、t_s为储存时间、t_f为下降时间、t_t为尾部时间。其多数参数与普通晶闸管相同，另外有最大可关断阳极电流 I_{TGQM}和关断增益 G_{off}等参数。

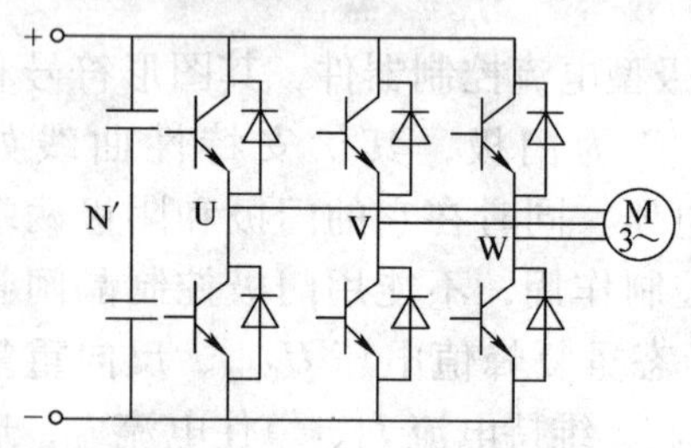

图 1—1—18　三相桥式逆变电路

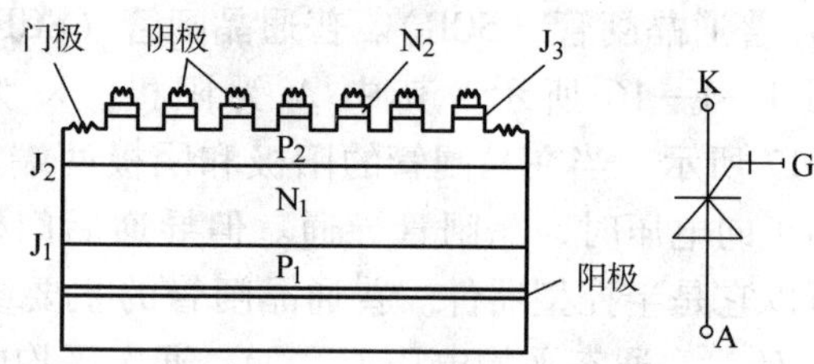

图 1—1—19　GTO 的结构和图形符号

2）电力晶体管（GTR）。电力晶体管通常又称为双极型晶体管（BJT），是一种大功率高反压晶体管，属于全控型器件。其工作原理与普通中、小功率晶体管相似，但主要工作在开关状态，不用于信号放大，它可承受大数值的电压和电流。GTR 作为大功率开关应用最多的是 GTR 模块，其结构和外形如图 1—1—21 所示，其中 B 为基极、C 为集电极、E 为发射极。主要参数有反向击穿电压 U_{CEO}、最大工作电流 I_{CM}、集电极最大耗散功率 P_{CM}、开通时间 t_{on}、关断时间 t_{off}等。

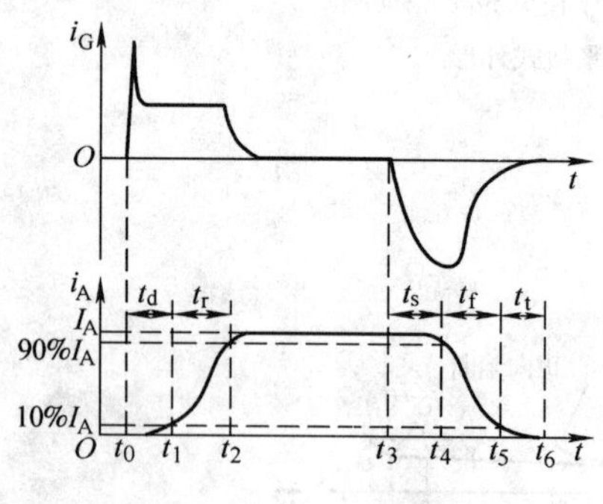

图 1—1—20　开关特性

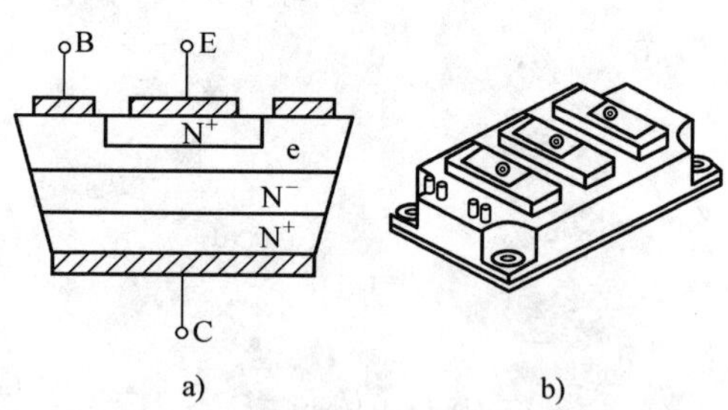

图 1—1—21　GTR 模块的结构和外形
a）结构　b）外形图

3）功率场效应晶体管（P-MOSFET）。功率场效应晶体管是单极型全控器件，属于电压控制，具有驱动功率小、控制线路简单、工作频率高的特点。其结构和图形符号如图 1—1—22 所示，其中 G 为栅极、D 为漏极、S 为源极。P-MOSFET 的转移特性如图 1—1—23 所示，当 $u_{GS} < U_T$时，i_D近似为零；当 $u_{GS} > U_T$时，随着 u_{GS}的增大，i_D也增大，当

i_D较大时，i_D与u_{GS}的关系近似为线性。P-MOSFET 的输出特性如图 1—1—24 所示，输出特性分为可调电阻区 I、饱和区 Ⅱ 和雪崩区 Ⅲ 三个区域。在可调电阻区 I，器件的阻值是变化的。在饱和区 Ⅱ，当u_{GS}不变时，i_D几乎不随u_{DS}的增加而增加，近似为一常数。当 P-MOSFET 用作线性放大器时，工作在该区。在雪崩区 Ⅲ，当u_{DS}增加到某一数值时，漏极 PN 结反偏电压过高，发生雪崩击穿，漏极电流i_D突然增加，造成器件的损坏，使用时应避免出现这种情况。P-MOSFET 的主要参数有漏源击穿电压BU_{DS}、漏极连续电流I_D、漏极峰值电流I_{DM}、栅源击穿电压BU_{GS}、开启电压U_T、极间电容C_j和通态电阻R_{on}等。

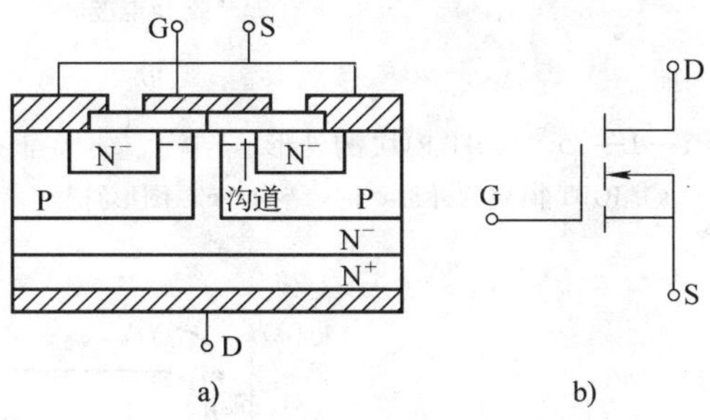

图 1—1—22　P-MOSFET 的结构和图形符号

a）结构　b）图形符号

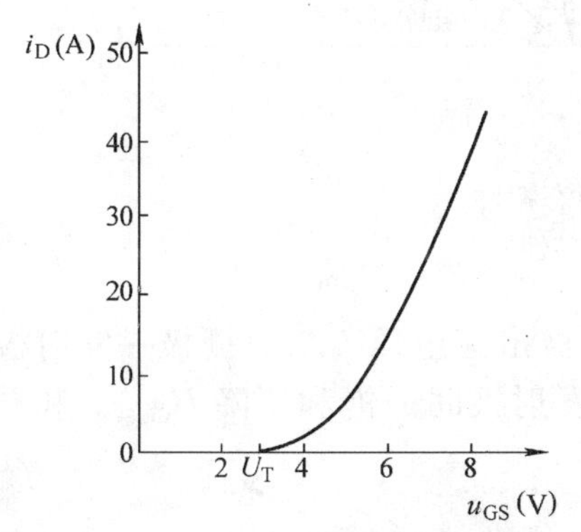

图 1—1—23　P-MOSFET 的转移特性

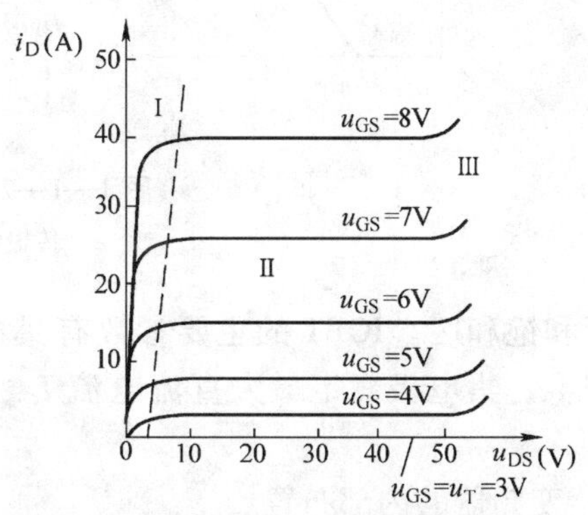

图 1—1—24　P-MOSFET 的输出特性

4）绝缘栅双极型晶体管（IGBT）。绝缘栅双极型晶体管是复合型全控器件，具有输入阻抗高、工作速度快、通态电压低、阻断电压高、承受电流大等优点，是功率开关电源和逆变器的理想电力半导体器件。其结构和图形符号如图 1—1—25 所示，其中 G 为栅极、C 为集电极、E 为发射极。IGBT 的开通和关断是由栅极电压来控制的。当栅极加正电压时，MOSFET 内形成沟道，IGBT 导通；当栅极加负电压时，MOSFET 内的沟道消失，IGBT 关断。

绝缘栅双极型晶体管的传输特性如图 1—1—26a 所示，当u_{GE}小于开启电压$U_{GE(th)}$时，IGBT 处于关断状态；当u_{GE}大于开启电压$U_{GE(th)}$时，IGBT 开始导通，i_C与u_{GE}基本呈线性关系。IGBT 的输出特性如图 1—1—26b 所示，该特性描述以栅射电压u_{GE}为控制变量时，集电极电流i_C与集射极间电压u_{CE}之间的关系。IGBT 的输出特性可分为三个区域：正向阻断区、

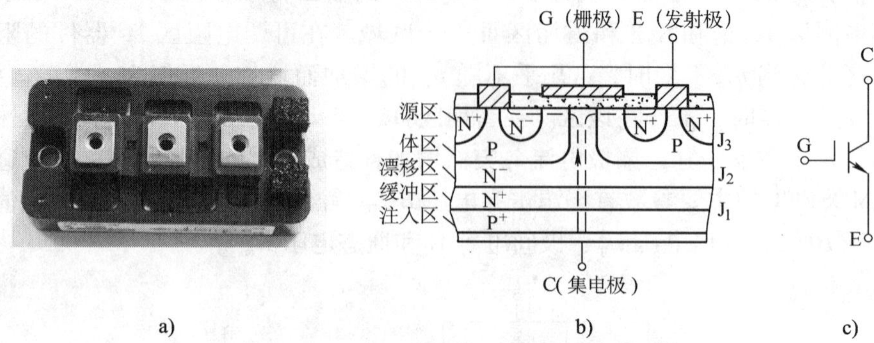

图 1—1—25　IGBT 模块的外形、结构、图形符号

a）IGBT 模块的外形　b）结构　c）图形符号

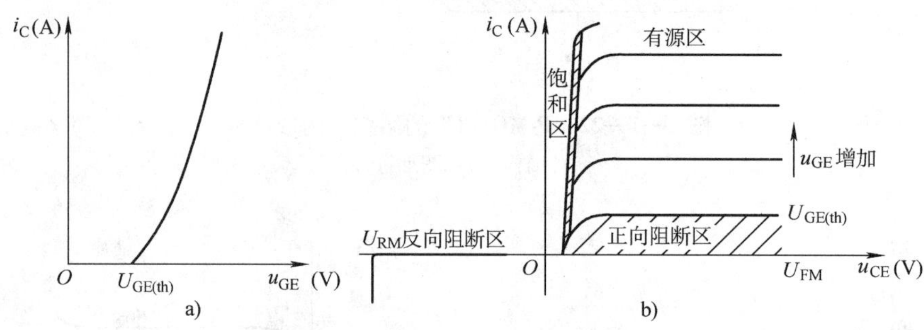

图 1—1—26　IGBT 的静态特性

a）传输特性　b）输出特性

有源区和饱和区。IGBT 的主要参数有集电极—发射极击穿电压 U_{CES}、栅极—发射极击穿电压 U_{GES}、集电极额定最大直流电流 I_C、集电极—发射极间的饱和压降 $U_{CE(sat)}$ 和开关频率等。

4. 变频器的内部布置

以三菱通用变频器为例，其内部的大致布置如图 1—1—27 所示。图中左侧是电容器和接触器；右侧分若干层，上层是主控板，主控板的下面安装主电路的一些部件，如逆变桥、整流桥等。底部有较厚的散热层。此外，还有冷却风扇（图中未画出）和端子板等。

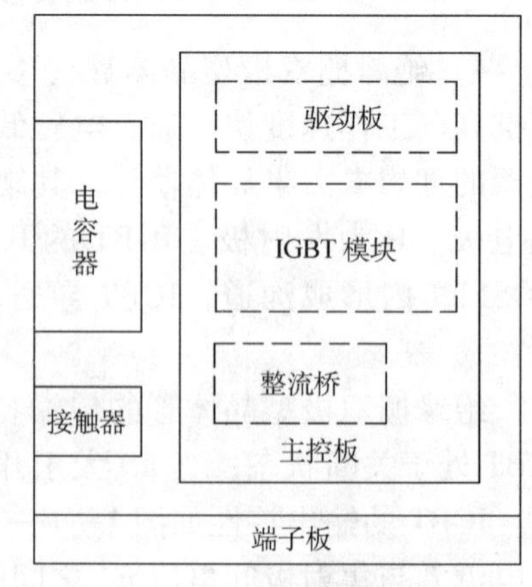

图 1—1—27　变频器的内部布置

三、变频器的基本工作原理

1. 变频调速的基本控制方式

异步电动机的同步转速，即旋转磁场的转速为：

$$n_1 = \frac{60f_1}{p} \qquad (1—1—1)$$

式中　n_1——同步转速，r/min；

f_1——定子频率，Hz；

p——磁极对数。

而异步电动机的轴转速为：

$$n = n_1(1-s) = \frac{60f_1}{p}(1-s) \tag{1—1—2}$$

式中 s 为异步电动机的转差率，$s=(n_1-n)/n_1$。

可见，改变异步电动机的供电频率，可以改变其同步转速，实现调速运行。

对异步电动机进行调速控制时，通常希望电动机的主磁通保持额定值不变。因为磁通太弱，铁心利用不充分，同样的转子电流下，电磁转矩小，电动机的负载能力下降；磁通太强，则处于过励磁状态，使励磁电流过大，这就限制了定子电流的负载分量。为使电动机不过热，负载能力也要下降。异步电动机的气隙磁通（主磁通）是定、转子合成磁动势产生的，下面说明怎样才能使气隙磁通保持恒定。

由电动机理论可知，三相异步电动机定子每相电动势的有效值为：

$$E_1 = 4.44 f_1 N_1 \Phi_M \tag{1—1—3}$$

式中 E_1——旋转磁场切割定子绕组产生的感应电动势，V；

f_1——定子电流频率，Hz；

N_1——定子相绕组的有效匝数；

Φ_M——每极磁通量，Wb。

由式（1—1—3）可见，Φ_M的值由E_1和f_1共同决定，对E_1和f_1进行适当的控制，就可以使气隙磁通Φ_M保持额定值不变。下面分两种情况进行说明：

（1）基频以下的恒磁通变频调速

这是考虑从基频（电动机额定频率f_{1N}）向下调速的情况。为了保持电动机的负载能力，应保持气隙主磁通Φ_M不变，这就要求降低供电频率的同时降低感应电动势，保持E_1/f_1=常数，即保持电动势与频率之比为常数进行控制。这种控制又称为恒磁通变频调速，属于恒转矩调速方式。但是，E_1难于直接检测和直接控制。当E_1和f_1的值较高时，定子的漏阻抗压降相对比较小，如忽略不计，则可以近似地保持定子相电压U_1和频率f_1的比值为常数，即认为$U_1=E_1$，保持U_1/f_1=常数即可。这就是恒压频比控制方式，是近似的恒磁通控制。

当频率较低时，U_1和E_1都变小，定子漏阻抗压降（主要是定子电阻压降）不能再忽略。这种情况下，可以人为地适当提高定子电压以补偿定子电压降的影响，使气隙磁通基本保持不变。如图1—1—28所示，其中直线1为$U_1/f_1=C$时的电压、频率关系，直线2为有电压补偿时（近似的$E_1/f_1=C$）的电压、频率关系。实际装置中，U_1与f_1的函数关系并不简单的如直线2所示。通用变频器中U_1与f_1之间的函数关系有很多种，可以根据负载性质和运行状况加以选择。

（2）基频以上的弱磁变频调速

这是考虑由基频开始向上调速的情况。频率由额定值f_{1N}向上增大，但电压U_1受额定电压U_{1N}的限制不能再升高，只能保持$U_1=U_{1N}$不变。这样必然会使主磁通随着f_1的上升而减小，相当于直流电动机弱磁调速的情况，属于近似的恒功率调速方式。

综合上述两种情况，异步电动机变频调速的基本控制方式如图1—1—29所示。

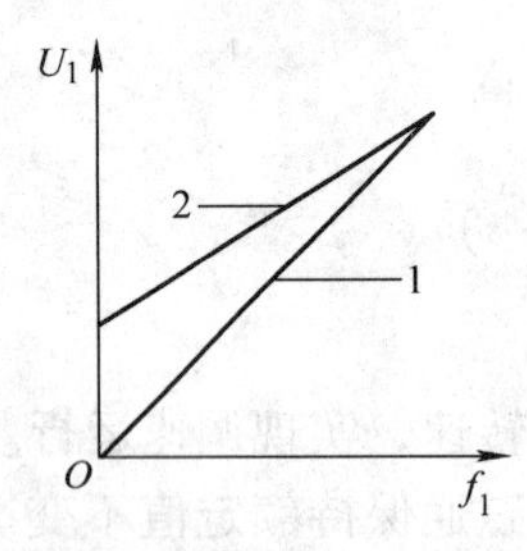

图 1—1—28　U/f 控制关系

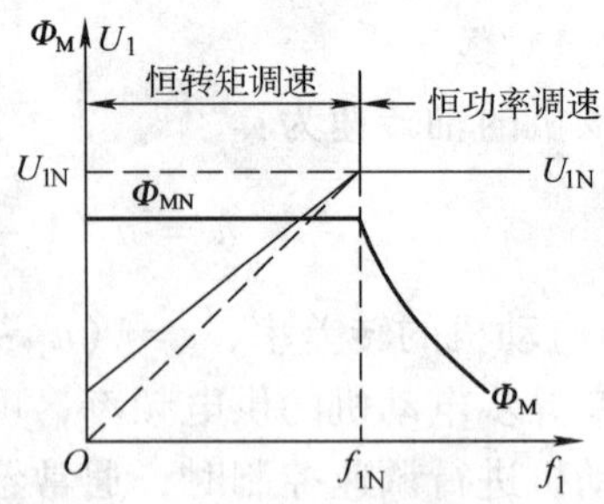

图 1—1—29　基本控制方式

由上面的讨论可知，异步电动机的变频调速必须按照一定的规律同时改变其定子电压和频率，即必须通过变频装置获得电压频率均可调节的供电电源，实现所谓的 VVVF（Variable Voltage Variable Freqency）调速控制。通用变频器可满足这种异步电动机变频调速的基本要求。

2. 变频器的基本构成

变频器可分为交—交和交—直—交两种形式。交—交变频器可将工频交流电直接变换成频率、电压均可控制的交流电，又称直接式变频器。而交—直—交变频器则是先把工频交流电通过整流器变成直流电，然后再把直流电变换成频率、电压均可控制的交流电，又称为间接式变频器。下面以交—直—交变频器为例进行说明。

变频器的基本构成如图 1—1—30 所示，由主电路（包括整流器、中间直流环节、逆变器）和控制电路组成。

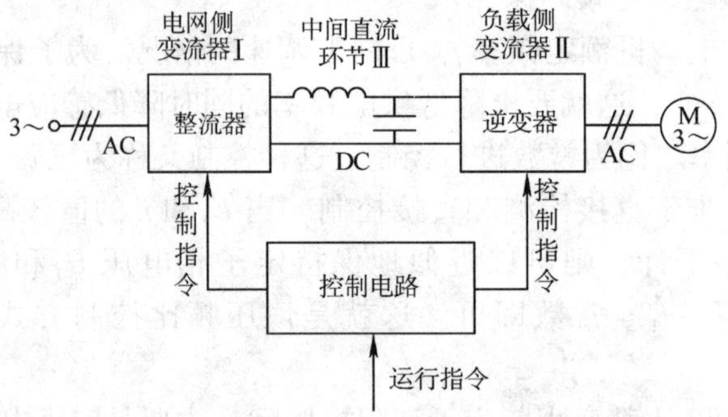

图 1—1—30　变频器的基本构成

（1）整流器

电网侧的变流器 I 是整流器，它的作用是将三相（也可以是单相）交流电转换成直流电。

（2）逆变器

负载侧的变流器Ⅱ为逆变器。最常见的结构形式是利用六个半导体主开关器件组成的三相桥式逆变电路。有规律地控制逆变器中主开关器件的通与断，可以得到任意频率的三相交流电输出。

（3）中间直流环节

由于逆变器的负载为异步电动机，属于感性负载，无论电动机处于电动或发电制动状态，其功率因子总不会为1。因此，在中间直流环节和电动机之间总会有无功功率的交换。这种无功功率要靠中间直流环节的储能组件（电容器或电抗器）来缓冲。所以又常称中间直流环节为中间直流储能环节。

（4）控制电路

控制电路通常由运算电路、检测电路、控制信号输入输出电路和驱动电路等构成。其主要任务是完成对逆变器的开关控制、对整流器的电压控制以及完成各种保护功能等，其控制方法可以采用模拟控制或数字控制。高性能的变频器目前已经采用微型计算机进行全数字控制，采用尽可能简单的硬件电路，主要靠软件来完成各种功能。由于软件的灵活性，数字控制方式可以完成模拟控制方式难以实现的功能。

3．变频器分类

这里主要介绍交—直—交变频器按不同角度进行的分类。

（1）按直流电源的性质分类

当逆变器输出侧的负载为交流电动机时，在负载和电流电源之间将有无功功率的交换。用于缓冲无功功率的中间直流环节的储能组件可以是电容或是电感，据此，将变频器分成电流型变频器和电压型变频器两大类。

1）电流型变频器。电流型变频器主电路的典型结构如图1—1—31所示。其特点是中间直流环节采用大电感作为储能环节，无功功率将由该电感来缓冲。由于电感的作用，直流电流 I_d 趋于平稳，电动机的电流波形为方波或阶梯波，电压波形接近于正弦波。直流电源的内阻较大，近似于电流源，故称为电流源型变频器或电流型变频器。这种电流型变频器，其逆变器中晶闸管在每周期内工作120°，属于120°导电型。

电流型变频器的一个较突出的优点是，当电动机处于再生发电状态时，回馈到直流侧的再生电能可以方便地回馈到交流电网，不需在主电路内附加任何设备，只要利用电网侧的不可逆变流器改变其输出电压极性（控制角 $\alpha>90°$）即可。

这种电流型变频器可用于频繁急加减速的大容量电动机的传动。在大容量风机、泵类节能调速中也有应用。

2）电压型变频器。电压型变频器的一种典型主电路结构形式如图1—1—32所示，其中用于逆变器晶闸管的换相电路未画出。图中逆变器的每个导电臂，均由一个可控开关器件和一个不可控器件（二极管）反并联组成。晶闸管VT1～VT6称为主开关器件，VD1～VD6称为回馈二极管。

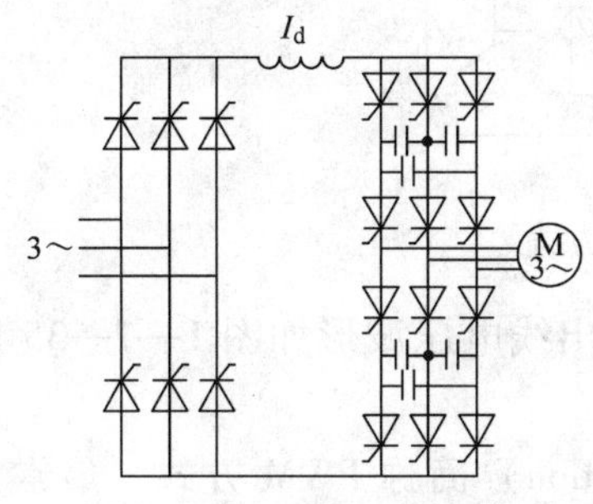

图1—1—31　电流型变频器主电路

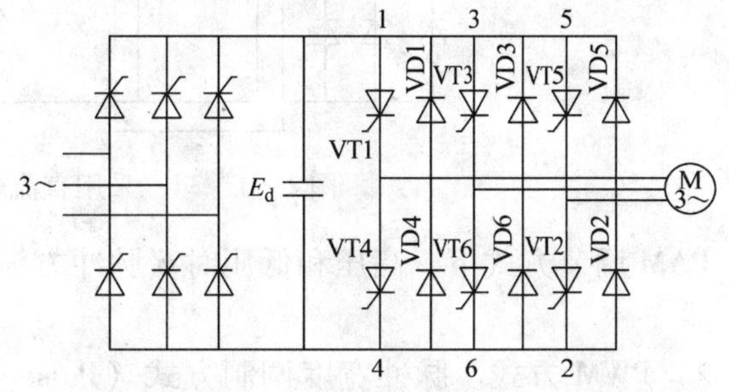

图1—1—32　电压型变频器的主电路

这种变频器大多数情况下采用6脉冲波控制运行方式，晶闸管在一个周期内导通180°。该电路的特点是，中间直流环节的储能组件采用大电容，负载的无功功率将由它来缓冲。由于大电容的作用，主电路直流电压E_d比较平稳，电动机端的电压波形为方波或阶梯波。直流电源内阻比较小，相当于电压源，故称为电压源型变频器或电压型变频器。

对负载电动机而言，电压型变频器是一个交流电压源，在不超过容量限度的情况下，可以驱动多台电动机并联运行，具有不选择负载的通用性。

其缺点是电动机处于再生发电状态时，回馈到直流侧的无功功率难以回馈给交流电网。要实现这部分能量向电网的回馈，必须采用可逆变流器。如图1—1—33所示，电网侧变流器采用两套全控整流器反并联。电动时由桥Ⅰ供电，回馈时电桥Ⅱ作有源逆变运行（$\alpha>90°$），将再生能量回馈给电网。

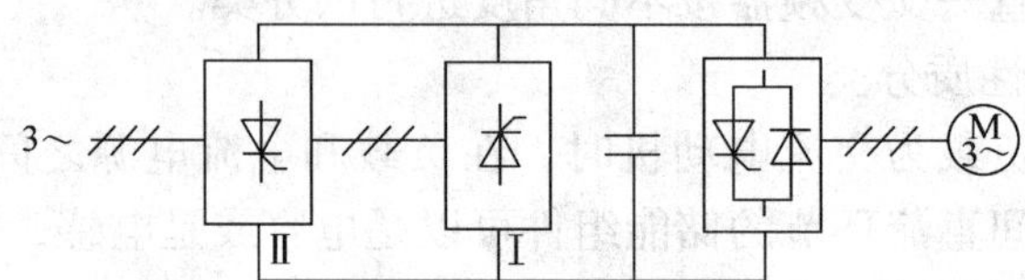

图1—1—33　再生能量回馈型电压型变频器

（2）按输出电压调节方式分类

变频调速时，需要同时调节逆变器的输出电压和频率，以保证电动机主磁通恒定。对输出电压的调节主要有两种方式：PAM方式和PWM方式。

1）PAM方式。脉冲幅值调节方式（Pulse Amplitude Modulation）简称PAM方式，是通过改变直流电压的幅值进行调压的方式。在变频器中，逆变器只负责调节输出频率，而输出电压的调节则由相控整流器（见图1—1—32）或直流斩波器（见图1—1—34）通过调节直流电压E_d去实现。采用相控整流器调压时，电网侧的功率因子随调节深度的增加而降低。而采用直流斩波器调压时，电网侧功率因子在不考虑谐波影响时，可以达到$\cos\phi_1\approx1$。

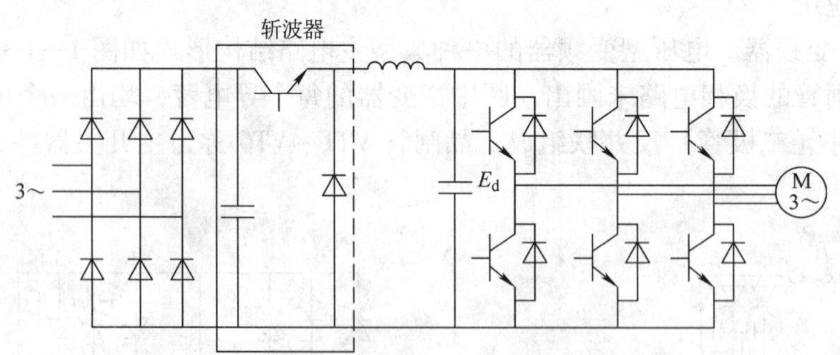

图1—1—34　采用直流斩波器的PAM方式

PAM调节方式下，高压和低压时6脉冲方波逆变器的输出线电压波形如图1—1—35所示。

2）PWM方式。脉冲宽度调制方式（Pulse Width Modulation）简称PWM方式。最常见的主电路如图1—1—36a所示。变频器中的整流器采用不可控的二极管整流电路。变频器的输出频率和输出电压的调节均由逆变器按 PWM 方式来完成。

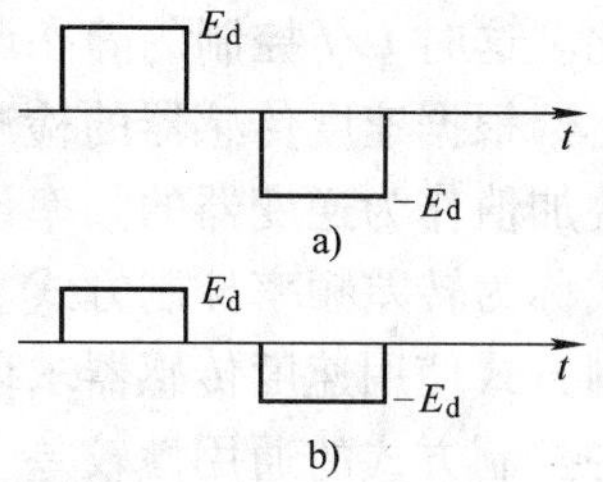

图 1—1—35　输出电压波形

a）高压时　b）低压时

PWM 变频器调压原理的示意图如图 1—1—36b 所示。利用参考电压波 u_r 与载频三角波 u_c 互相比较来决定主开关器件的导通时间而实现调压，即利用脉冲宽度的改变来得到幅值不同的正弦基波电压。这种参考信号为正弦波、输出电压平均值近似为正弦波的 PWM 方式，称为正弦 PWM 调制，简称 SPWM（Sinusoidal Pulse Width Modulation）方式。通用变频器采用 SPWM 方式调压，是一种最常采用的方案。

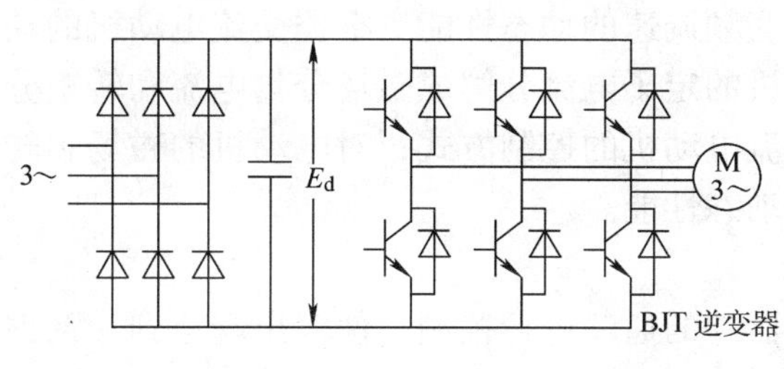

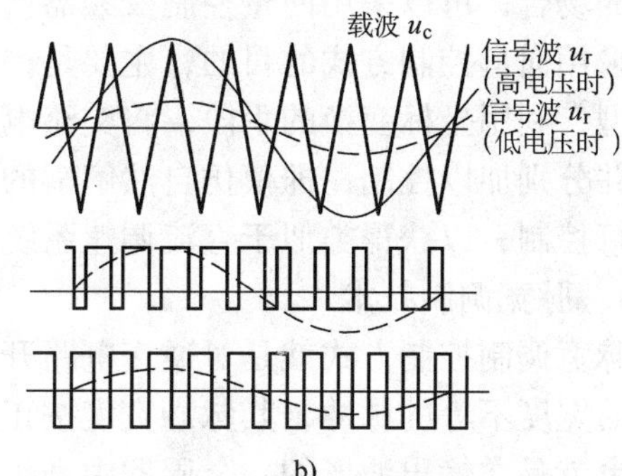

图 1—1—36　PWM 变频器

a）主电路　b）调压时的波形

（3）按控制方式分类

1）U/f 控制。按照如图 1—1—28 所示的电压、频率关系对变频器的电压和频率进行控制，称为 U/f 控制方式。基频以下可以实现恒转矩调速，基频以上则可以实现恒功率调速。

U/f 控制方式又称为 VVVF 控制方式，其简化的原理框图如图 1—1—37 所示。主电路中逆变器采用 BJT，用 PWM 方式进行控制。逆变器的控制脉冲发生器同时受控于频率指令 f^* 和电压指令 U，而 f^* 与 U 之间的关系是由 U/f 曲线发生器（U/f 模式形成）决定的。这样经 PWM 控制之后，变频器的输出频率 f 与输出电压 U 之间的关系，就是 U/f 曲线发生器所确定的关系。由图可见，转速的改变是靠改变频率的设定值 f^* 来实现的。电动机的实际转速由负载的大小，即转差率的大小来决定。负载变化时，在 f^* 不变的条件下，转子转速将随负载转矩变化而变化，故它常用于速度精度要求不十分严格或负载变动较小的场合。

U/f 控制是转速开环控制，无须速度传感器，控制电路简单，负载可以是通用标准异步电动机，所以通用性强，经济性好，是目前通用变频器产品中使用较多的一种控制方式。

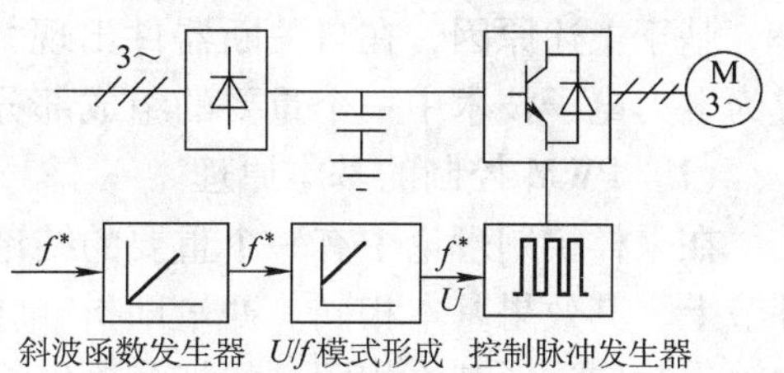

图 1—1—37　U/f 控制方式

2）转差频率控制。在没有任何附加措施的情况下，变频器为 U/f 控制方式，如果负载变化，转速也会随之变化，转速的变化量与转差率成正比。这时 U/f 控制的静态调速精度显然较差，为提高调速精度，常采用转差频率控制方式。

根据速度传感器的检测，可以求出转差频率 Δf，再把它与速度设定值 f^* 相叠加，以该叠加值作为逆变器的频率设定值 f_1^*，就实现了转差补偿。这种实现转差补偿的死循环控制方式称为转差频率控制方式。与 U/f 控制方式相比，其调速精度大为提高。但是，转差频率控制方式使用速度传感器求取转差频率，要针对具体电动机的机械特性调整控制参数，因而这种控制方式的通用性较差。

3）向量控制。上述 U/f 控制方式和转差频率控制方式的控制思想都是建立在异步电动机的静态数学模型上的，因此，动态性能指数不高。对于轧钢、造纸设备等对动态性能要求较高的场合，可以采用向量控制变频器。

采用向量控制方式的目的，主要是提高变频调速的动态性能。根据交流电动机的动态数学模型，利用坐标变换的手段，将交流电动机的定子电流分解成磁场分量电流和转矩分量电流，并分别加以控制，即模仿自然解耦的直流电动机的控制方式，对电动机的磁场和转矩分别进行控制，以获得类似于直流调速系统的动态性能。

4．脉宽调制技术

脉宽调制控制方式就是对逆变电路开关器件的通断进行控制，使输出端得到一系列幅值相等而宽度不等的脉冲，其脉冲宽度按正弦规律变化，用这些脉冲来代替正弦波所需要的波形。也就是在输出波形的一个周期中产生若干个脉冲，使各脉冲的等值电压为正弦波状，所获得的输出平滑且低次谐波少。按一定的规则对各脉冲的宽度进行调制，既可改变逆变电路输出电压的大小，也可以改变输出频率的大小。

如图 1—1—38 所示为电压型相控交—直—交型变频电路。为了使输出电压和输出频率都得到控制，变频器通常由一个可控整流电路和一个逆变电路组成，控制整流电路以改变输出电压，控制逆变电路来改变输出频率。如图 1—1—39 所示为电压型 PWM 交—直—交变频电路。图 1—1—39 中的可控整流电路在这里由不可控整流电路代替，逆变电路采用自关断器件。这种 PWM 型变频电路的主要特点有：可以得到相当接近正弦波的输出电压；整流电路采用二极管，可获得接近于 1 的功率因子；电路结构简单；通过对输出脉冲宽度的控制可改变输出电压，加快了变频过程的动态响应。

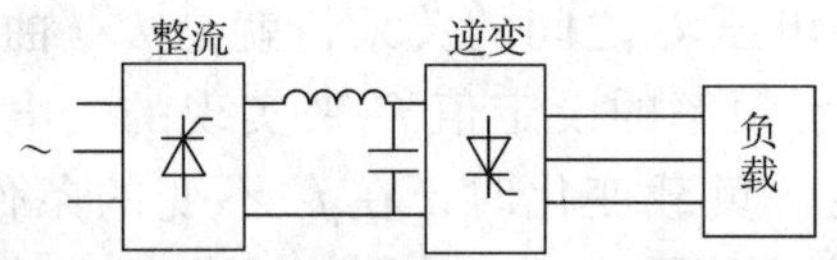

图 1—1—38　电压型相控交—直—交变频电路

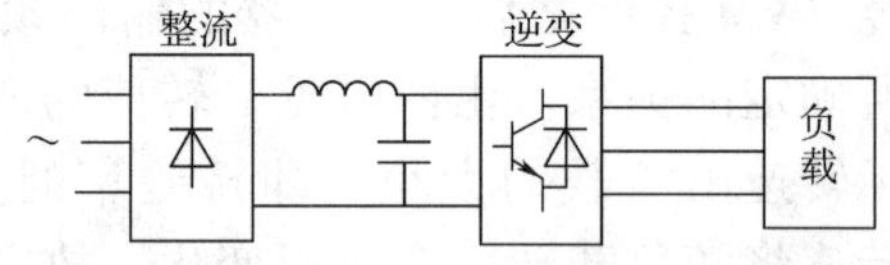

图 1—1—39　电压型 PWM 交—直—交变频电路

基于上述原因，在自关断器件出现并成熟后，PWM 控制技术就获得了很快的发展，已成为电力电子技术中一个重要的组成部分。

（1）PWM 控制的基本原理

在采样控制理论中有一个重要的结论，即冲量相等而形状不同的窄脉冲加在具有惯性的环节上，其效果基本相同。冲量即指窄脉冲的面积。这里所说的效果基本相同，是指该环节的输出响应波形基本相同。如把各输出波形用傅里叶变换分析，则它们的低频段特性非常接近，仅在高频段略有差异。如图 1—1—40 所示，图 a 为矩形脉冲，图 b 为三角形脉冲，图 c

为正弦半波脉冲，它们的面积（即冲量）都等于1。把它们分别加在具有相同惯性的同一环节上，输出响应基本相同。脉冲越窄，输出响应的差异越小。

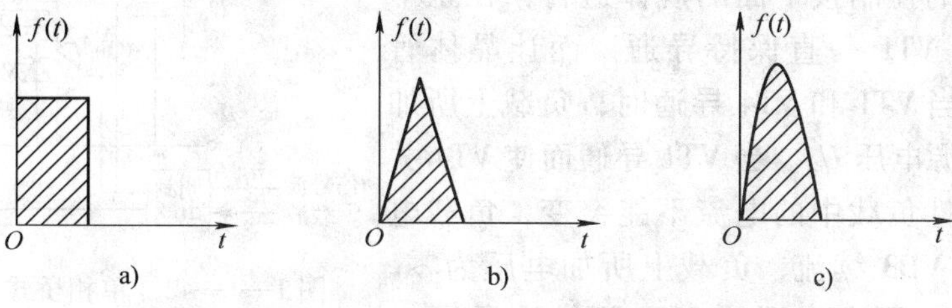

图1—1—40 冲量相等形状不同的三种窄脉冲

a）矩形脉冲 b）三角形脉冲 c）正弦半波脉冲

上述结论是PWM控制的重要理论基础。下面来分析如何用一系列等幅而不等宽的脉冲代替正弦波。

把如图1—1—41a所示的正弦半波波形分成N等份，就可把正弦半波看成由N个彼此相连的脉冲所组成的波形。这些脉冲宽度相等，都等于π/N，但幅值不等，且脉冲顶部不是水平直线，而是曲线，各脉冲的幅值按正弦规律变化。如果把上述脉冲序列用同样数量的等幅而不等宽的矩形脉冲序列代替，使矩形脉冲的中点和相应正弦等分的中点重合，且使矩形脉冲和相应正弦部分面积（冲量）相等，就可得到如图1—1—41b所示的脉冲序列，这就是PWM波形。可以看出，各脉冲的宽度是按正弦规律变化的。根据冲量相等效果相同的原理，PWM波形和正弦半波是等效的。对于正弦波的负半周期，也可以用同样的方法得到PWM波形。像这种脉冲的宽度按正弦规律变化而和正弦波等效的PWM波形，也称为SPWM（Sinusoidal PWM）波形。

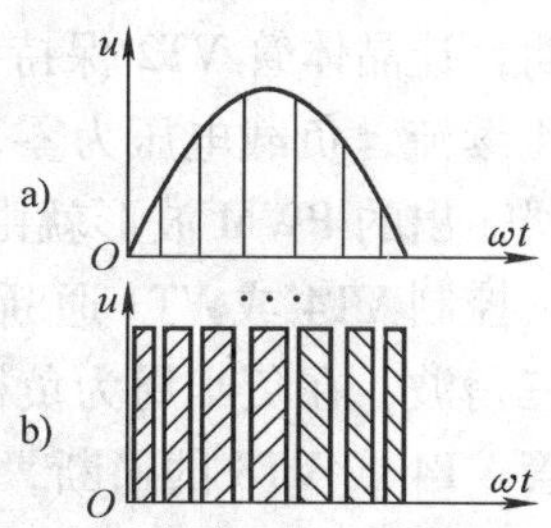

图1—1—41 原理图

a）正弦半波脉冲序列

b）矩形脉冲序列（PWM波形）

在PWM波形中，各脉冲的幅值是相等的，要改变等效输出正弦波的幅值时，只要按同一比例系数改变各脉冲的宽度即可。因此，如图1—1—39所示的交—直—交变频器中，整流电路采用不可控的二极管电路即可，PWM逆变电路输出的脉冲电压就是直流侧电压的幅值。

根据上述原理，在给出了正弦波频率、幅值和半个周期内的脉冲数后，PWM波形各脉冲的宽度和间隔就可以准确计算出来。按照计算结果控制电路中各开关器件的通断，就可以得到所需要的PWM波形。但是，这种计算很烦琐，正弦波的频率、幅值等变化时，结果都要变化。较为实用的是采用调制的方法，即把希望得到的波形作为调制信号，把接收调制的信号作为载波，通过对载波的调制得到所期望的PWM波形。一般采用等腰三角波作为载波，因为等腰三角波上下宽度与高度呈线性关系且左右对称，当它与任何一个平缓变化的调制信号波相交时，如果在交点时刻控制电路中开关器件的通断，就可以得到宽度正比于信号波幅值的脉冲，这正好符合PWM控制要求。当调制信号波为正弦波时，所得到的就是SPWM波形。这种情况使用最广，这里所介绍的PWM控制主要就是指SPWM控制。当调制信号不是正弦波时，也能得到与调制信号等效的PWM波形。

如图1—1—42所示是采用电力晶体管作为开关器件的电压型单相桥式逆变电路，假设负载为电感性，对各晶体管的控制按下面的规律进行：在正半周期，让晶体管VT1一直保持导通，而让晶体管VT4交替通断。当VT1和VT4导通时，负载上所加的电压为直流电源电压U_d。当VT1导通而使VT4关断后，由于电感性负载中的电流不能突变，负载电流将通过二极管VD3续流，负载上所加电压为零。如负载电流较大，那么直到使VT4再一次导通之前，VD3一直持续导通。如负载电流较快地衰减到零，在VT4再一次导通之前，负载电压也一直为零。这样，负载上的输出电压u_0就可得到0和U_d交替的两种电平。同样，在负半周期，让晶体管VT2保持导通。当VT3导通时，负载被加上负电压$-U_d$，当VT3关断时，VD4续流，负载电压为零，负载电压u_0可得到$-U_d$和0两种电平。这样，在一个周期内，逆变器输出的PWM波形就由$\pm U_d$和0三种电平组成。

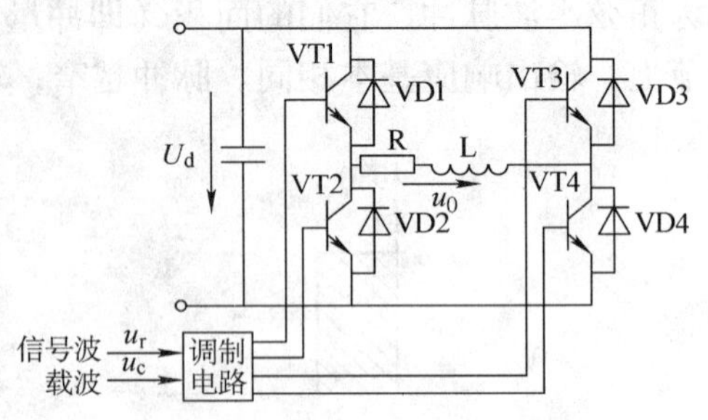

图1—1—42　单相桥式PWM逆变电路

控制VT4或VT3通断的方法如图1—1—43所示。载波u_c在信号波u_r的正半周为正极性的三角波，在负半周为负极性的三角波。调制信号u_r为正弦波。在u_r和u_c的交点时刻控制晶体管VT4或VT3的通断，在u_r的正半周，VT1保持导通，当$u_r > u_c$时，使VT4导通，负载电压$u_0 = U_d$，当$u_r < u_c$时，使VT4关断，$u_0 = 0$；在u_r的负半周，VT1关断，VT2保持导通，当$u_r < u_c$时，使VT3导通，$u_0 = -U_d$，当$u_r > u_c$时，使VT3关断，$u_0 = 0$。这样，就得到了SPWM波形。图中的虚线U_{0f}表示u_0中的基波分量。像这种在u_r的半个周期内三角波载波只在一个方向变化，所得到的PWM波形也只在一个方向变化的控制方式称为单极性PWM控制方式。

与单极性PWM控制方式不同的是双极性PWM控制方式。如图1—1—42所示的单相桥式逆变电路在采用双极性控制方式时的波形如图1—1—44所示。在双极性PWM控制方式中，u_r的半个周期内，三角波载波u_c是在正负两个方向变化的，所得到的PWM波形也是在两个方向变化的。在u_r的一个周期内，输出的PWM波形只有$\pm U_d$两种电平。仍然在调制信号u_r和载波信号u_c的交点时刻控制各开关器件的通断。在u_r的正、负半周期，对各开关器件的控制规律相同，当$u_r > u_c$时，给晶体管VT1和VT4以导通信号，给VT2、VT3以关断信号，输出电压$u_0 = U_d$。当$u_r < u_c$时，给VT2、VT3以导通信号，给VT1和VT4以关断信号，输出电压$u_0 = -U_d$。可以看出，同一半桥上下两个桥臂晶体管的驱动信号极性相反，处于互补工作方式。在电感性负载的情况下，若VT1和VT4处于导通状态时，给VT1和VT4以关断信号，而给VT2、VT3以导通信号后，则VT1和VT4立即关断，因为感性负载电流不能突变，VT2、VT3也不能立即导通，二极管VD2和VD3导通续流。当感性负载电流较大时，直到下一次VT1和VT4重新导通前，负载电流方向始终未变，VD2和VD3持续导通，而VT2和VT3始终未导通。当负载电流较小时，在负载电流下降到零之前，VD2和VD3续流，之后VT2和VT3导通，负载电流反向。不管VD2和VD3导通，还是VT2和VT3导通，负载电压都是$-U_d$。从VT2和VT3导通向VT1和VT4导通切换时，VD1和VD4的续流情况和上述情况类似。

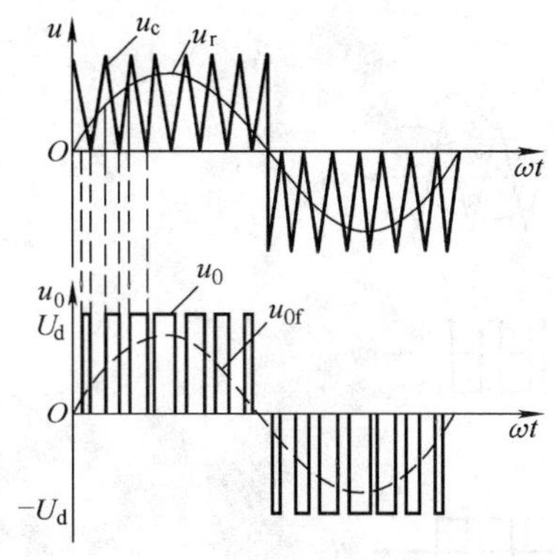

图1—1—43　单极性 PWM 控制原理

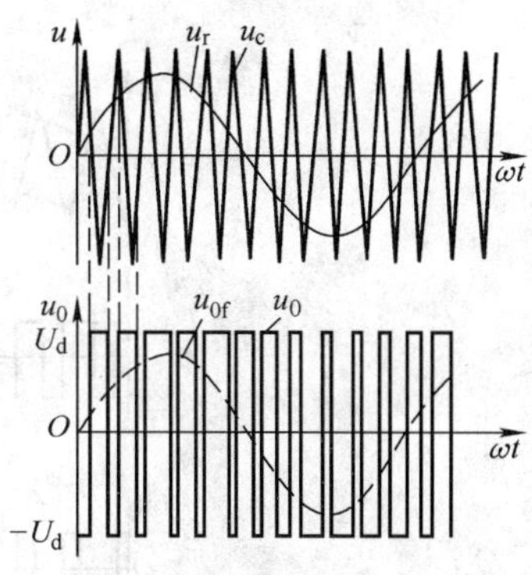

图1—1—44　双极性 PWM 波形

在 PWM 型逆变电路中，使用最多的是如图 1—1—45 所示的三相桥式逆变电路，其控制方式一般都采用双极性 PWM 控制方式。U、V 和 W 三相的 PWM 控制通常共享一个三角波载波 u_c，三相调制信号 u_{rU}、u_{rV} 和 u_{rW} 的相位依次相差 120°。U、V 和 W 各相功率开关器件的控制规律相同，现以 U 相为例来说明。当 $u_{rU}>u_c$ 时，给上桥臂晶体管 VT1 以导通信号，给下桥臂晶体管 VT4 以关断信号，则 U 相相对于直流电源假想中点 N′的输出电压 $u_{UN}'=U_d/2$。当 $u_{rU}<u_c$ 时，给 VT4 以导通信号，给 VT1 以关断信号，则 $u_{UN}'=-U_d/2$。VT1 和 VT4 的驱动信号始终是互补的。当给 VT1（VT4）加导通信号时，可能是 VT1（VT4）导通，也可能是二极管 VD1（VD4）续流导通，这要由感性负载中原来电流的方向和大小来决定，和单相桥式逆变电路双极性 PWM 控制时的情况相同。V 相和 W 相的控制方式和 U 相相同。

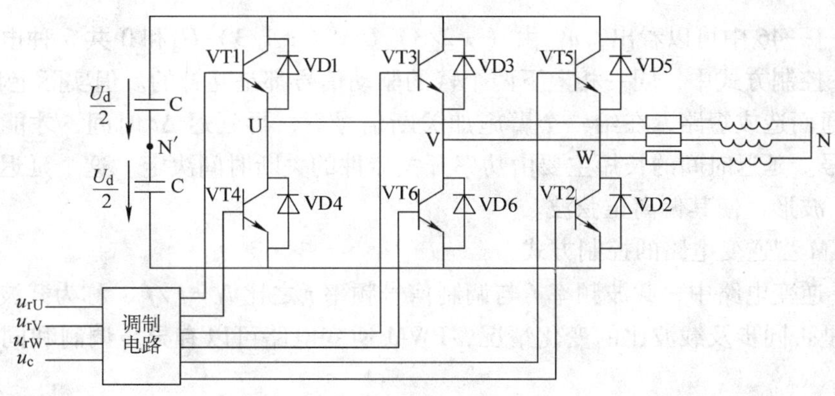

图1—1—45　三相桥式逆变电路

u'_{UN}、u'_{VN} 和 u'_{WN} 的波形如图 1—1—46 所示。这些波形都只有 $\pm U_d$ 两种电平。像这种逆变电路相电压（u'_{UN}、u'_{VN}、u'_{WN}）只能输出两种电平的三相桥式电路无法实现单极性控制。图 1—1—46 中，线电压 u_{UV} 的波形可由 $u'_{UN}-u'_{VN}$ 得出。当 VT1 和 VT6 导通时，$u_{UV}=U_d$，当 VT3 和 VT4 导通时，$u_{UV}=-U_d$，当 VT1 和 VT3 或 VT4 和 VT6 导通时，$u_{UV}=0$，因此逆变器输出线电压由 $\pm U_d$、0 三种电平构成。图 1—1—46 中的负载相电压可由下式求得。

$$u_{UN}=u'_{UN}-\frac{(u'_{UN}+u'_{VN}+u'_{WN})}{3} \tag{1—1—4}$$

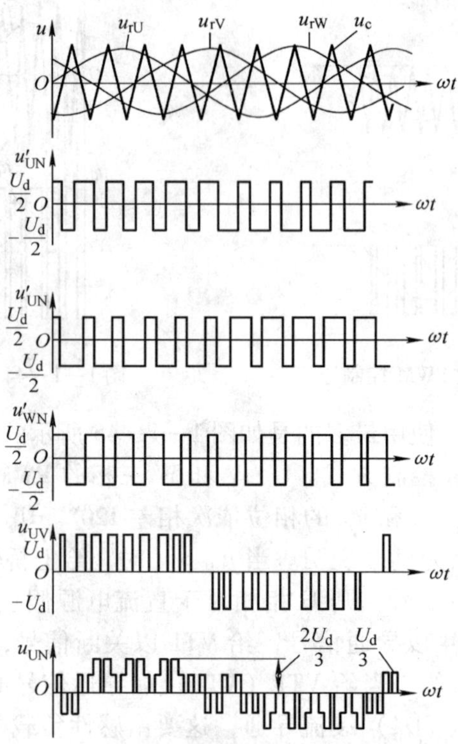

图 1—1—46　三相 PWM 逆变电路波形

从图 1—1—46 中可以看出，u_{UN}由（ ±2/3） U_d、（ ±1/3） U_d和 0 共 5 种电平组成。在双极性 PWM 控制方式中，同一相上下两个臂的驱动信号都是互补的。但实际上为了防止上、下两个臂直通而造成短路，在给一个臂施加关断信号后，再延迟 Δt 时间，才能给另一个臂施加导通信号。延迟时间的长短主要由功率开关器件的关断时间决定。这个延迟时间将影响输出的 PWM 波形，使其偏离正弦波。

（2）PWM 型逆变电路的控制方式

在 PWM 逆变电路中，载波频率f_c与调制信号频率f_r之比 $N=f_c/f_r$，称为载波比。根据载波和信号波是否同步及载波比的变化情况，PWM 逆变电路可以有异步调制和同步调制两种控制方式。

1）异步调制。载波信号和调制信号不保持同步关系的调制方式称为异步方式。如图 1—1—43 所示的波形就是异步调制三相 PWM 波形。在异步调制方式中，调制信号频率f_r变化时，通常保持载波频率f_c固定不变，因而载波比 N 是变化的。这样，在调制信号的半个周期内，输出脉冲的个数不固定，脉冲相位也不固定，正负半周期的脉冲不对称，同时，半周期内前后 1/4 周期的脉冲也不对称。

当调制信号频率较低时，载波比 N 较大，半周期内的脉冲数较多，正负半周期脉冲不对称和半周期内前后 1/4 周期脉冲不对称的影响都较小，输出波形接近正弦波。当调制信号频率增高时，载波比 N 减小，半周期内的脉冲数减少，输出脉冲的不对称性影响就变大，还会出现脉冲的跳动。同时，输出波形和正弦波之间的差异也变大，电路输出特性变坏。对于三相 PWM 型逆变电路来说，三相输出的对称性也变差。因此，在采用异步调制方式时，应该尽量提高载波频率，以使在调制信号频率较高时仍能保持较大的载波比，改善电路输出特性。

2）同步调制。载波比 N 等于常数，并在变频时使载波信号和调制信号保持同步的调制方式称为同步调制。在基本同步调制方式中，调制信号频率变化时载波比 N 不变。调制信号半个周期内输出的脉冲数是固定的，脉冲相位也是固定的。在三相 PWM 逆变电路中，通常共用一个三角波载波信号，且取载波比 N 为 3 的整数倍，以使三相输出波形严格对称，同时，为了使一相的波形正负半周期镜像对称，N 应取为奇数。如图 1—1—47 所示波形是 $N=9$ 时的同步调制三相 PWM 波形。

在逆变电路输出频率很低时，因为在半周期内输出脉冲的数目是固定的，所以由 PWM 产生的 f_c 附近的谐波频率也相应降低。这种频率较低的谐波通常不易滤除，如果负载为电动机，就会产生较大的转矩脉动和噪声，给电动机的正常工作带来不利影响。

3）分段同步调制。为克服上述缺点，一般都采用分段同步调制的方法，即把逆变电路的输出频率范围划分成若干个频段，每个频段内都保持载波比 N 为恒定，不同频段的载波比不同。在输出频率的高频段采用较低的载波比，以使载波频率不致过高，在功率开关器件所允许的频率范围内。在输出频率的低频段采用较高的载波比，以使载波频率不致过低而对负载产生不利的影响。各频段的载波比应该都取 3 的整数倍且为奇数。

如图 1—1—48 所示为分段同步调制的一个例子，各频率段的载波比标在图中。为了防止频率在切换点附近时载波比来回跳动，在各频率切换点采用了滞后切换的方法。图 1—1—48 中切换点处的实线表示输出频率增高时的切换频率，虚线表示输出频率降低时的切换频率，前者略高于后者而形成滞后切换。在不同的频率段内，载波频率的变化范围基本一致，f_c 为 1.4～2 kHz。提高载波频率可以使输出波形更接近正弦波，但载波频率的提高受到功率开关器件允许最高频率的限制。另外，在采用微机进行控制时，载波频率还受到微机计算速度和控制算法计算量的限制。

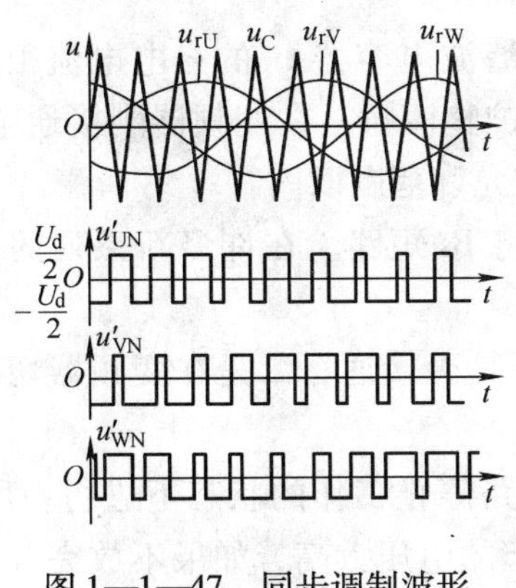

图 1—1—47 同步调制波形

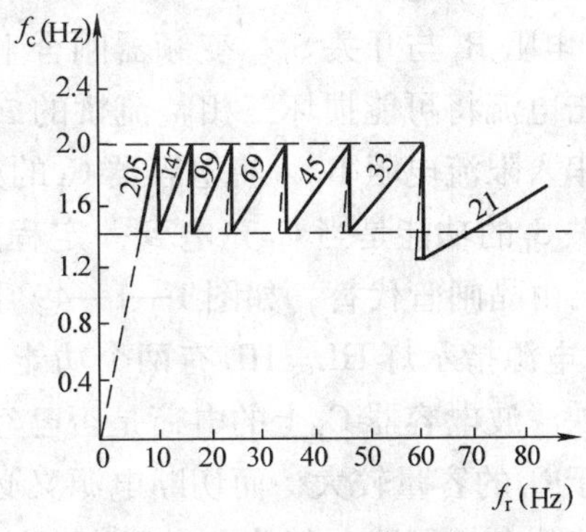

图 1—1—48 分段同步调制

同步调制方式比异步调制方式复杂一些，但使用微机控制时还是容易实现的。也有些电路在低频输出时采用异步调制方式，而在高频输出时切换到同步调制方式，这种方式可把两者的优点结合起来，和分段同步调制方式的效果接近。

5．脉宽调制（PWM）型变频器

PWM 型变频器的主电路如图 1—1—49 所示。由图 1—1—49 可知，PWM 逆变器的主电路就是基本逆变电路，区别在于 PWM 控制技术上。

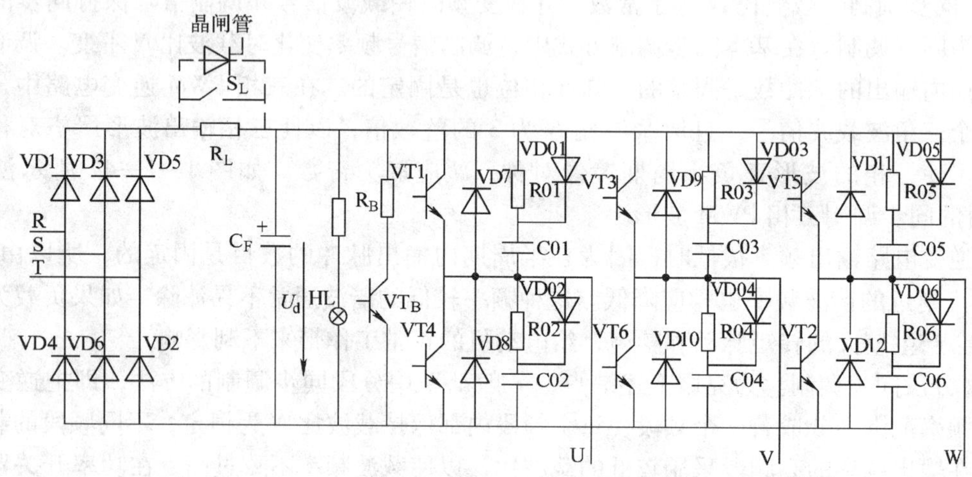

图 1—1—49 PWM 变频器的主电路

（1）交—直整流部分

1）整流二极管 VD1 ~ VD6。由 VD1 ~ VD6 组成三相整流桥，将三相交流电转换成直流电。若电源的线电压为 U_L，则三相全波整流后平均直流电压为：

$$U_d = 1.35U_L \tag{1—1—5}$$

若三相交流电源的线电压为 380 V，则全波整流后的平均电压为：

$$U_d = 1.35 \times 380\ \text{V} = 513\ \text{V}$$

2）滤波电容器 C_F。滤波电容器 C_F的功能是消除整流后的电压纹波。当负载变化时，使直流电压保持平稳。

3）电阻 R_L与开关 S_L。变频器刚合上电源的瞬间，滤波电容器 C_F的充电电流很大，过大的冲击电流将可能损坏三相整流桥的二极管。为了保护整流桥，在变频器刚接通电源时，电路中串入限流电阻 R_L，将电容器 C_F的充电电流限制在允许范围以内。

开关 S_L的功能是当 C_F充电到一定程度时 S_L接通，将 R_L短路。在许多新系列的变频器里，S_L已由晶闸管代替，如图 1—1—49 中虚线所示。

4）电源指示灯 HL。HL 有两个功能，一是表示电源是否接通；二是在变频器切断电源后，反映滤波电容器 C_F上的电荷是否已经释放完毕。

由于 C_F的容量较大，而切断电源又必须在逆变器电路停止工作的状态下进行，所以 C_F没有快速放电的回路，其放电时间往往长达数分钟；C_F上的电压太高，如果不放完，将对人身安全构成威胁。故在维修变频器时，必须等 HL 完全熄灭后才能接触变频器内部的导电部分。

（2）直—交逆变部分

1）逆变三极管 VT1 ~ VT6。逆变管是变频器实现变频的具体执行组件，是变频器的核心部分。图 1—1—49 中由 VT1 ~ VT6 组成逆变桥，将 VD1 ~ VD6 整流所得的直流电，再转换为频率可调的交流电。

2）续流二极管 VD7 ~ VD12。续流二极管的主要功能有：

①电动机是电感性负载，其电流具有无功分量。VD7 ~ VD12 为无功电流返回直流电源时提供通道。

②当频率下降、电动机处于再生制动状态时，再生电流将通过 VD7 ~ VD12 返回直流电路。

③在 VT1 ~ VT6 进行逆变的基本工作过程中，同一桥臂的两个逆变管，不停地交替导通和截止，在这交替导通和截止的过程中，需要 VD7 ~ VD12 提供通道。

3）缓冲电路

①每次逆变管 VT1 ~ VT6 由导通状态切换成截止状态的关断瞬间，集电极（C 极）和发射极（E 极）间的电压 U_{CE}将迅速地由接近 0 V 上升至直流电压值 U_d。过高的电压增长率将有可能导致逆变管的损坏。为了减小 VT1 ~ VT6 在每次关断时的电压增长率，在电路中接入了电容器 C_{01} ~ C_{06}。

②每次逆变管 VT1 ~ VT6 由截止状态切换成导通状态的接通瞬间，C_{01} ~ C_{06}上所充的电压（等于 U_d），将向 VT1 ~ VT6 放电。此放电电流的初始值很大，将叠加到负载电流上，导致 VT1 ~ VT6 的损坏。R_{01} ~ R_{06}的功能就是限制逆变管在接通瞬间 C_{01} ~ C_{06}的放电电流。

③当 R_{01} ~ R_{06}接入时，会影响 C_{01} ~ C_{06}在 VT1 ~ VT6 关断时减小电压增长率的效果。为此接入 VD_{01} ~ VD_{06}，其功能主要有两个：一是在 VT1 ~ VT6 的关断过程中，使 R_{01} ~ R_{06}不起作用；另一个是在 VT1 ~ VT6 的接通过程中，又迫使 C_{01} ~ C_{06}的放电电流流经 R_{01} ~ R_{06}。

不同型号的变频器中，缓冲电路的结构也不尽相同。

（3）制动电阻和制动单元

1）制动电阻 R_B

电动机在工作频率下降过程中，将处于再生制动状态，拖动系统的动能将要回馈到直流电路中，使直流电压 U_d不断上升，甚至可能达到危险的地步。因此，在电路中接入制动电阻 R_B，用来消耗这部分能量，使 U_d保持在允许范围内。

2）制动单元 VT_B

由大功率晶体管 GTR 及其驱动电路构成制动单元 VT_B。其功能是为放电电流 I_B流经 R_B提供通路。

在整流电路中采用自关断器件进行 PWM 控制，可使电网侧的输入电流接近正弦波，并且功率因子接近于 1，可彻底解决整流电路对电网的影响问题。

任务实施

一、任务准备

实施本任务所需的实训设备及工具材料见表 1—1—1。

表 1—1—1　　　　　　　　　　实训设备及工具材料

序号	分类	名称	型号规格	数量	备注
1	工具	电工常用工具	型号自定	1	
2	仪表	万用表		1	
3	设备器材	变频器	三菱 FR－E740 系列变频器	1	
			其他品牌变频器	若干	

二、认识变频器铭牌

在教师指导下，查找相关资料，认识如图 1—1—50 所示各品牌变频器的铭牌、外观和结构。

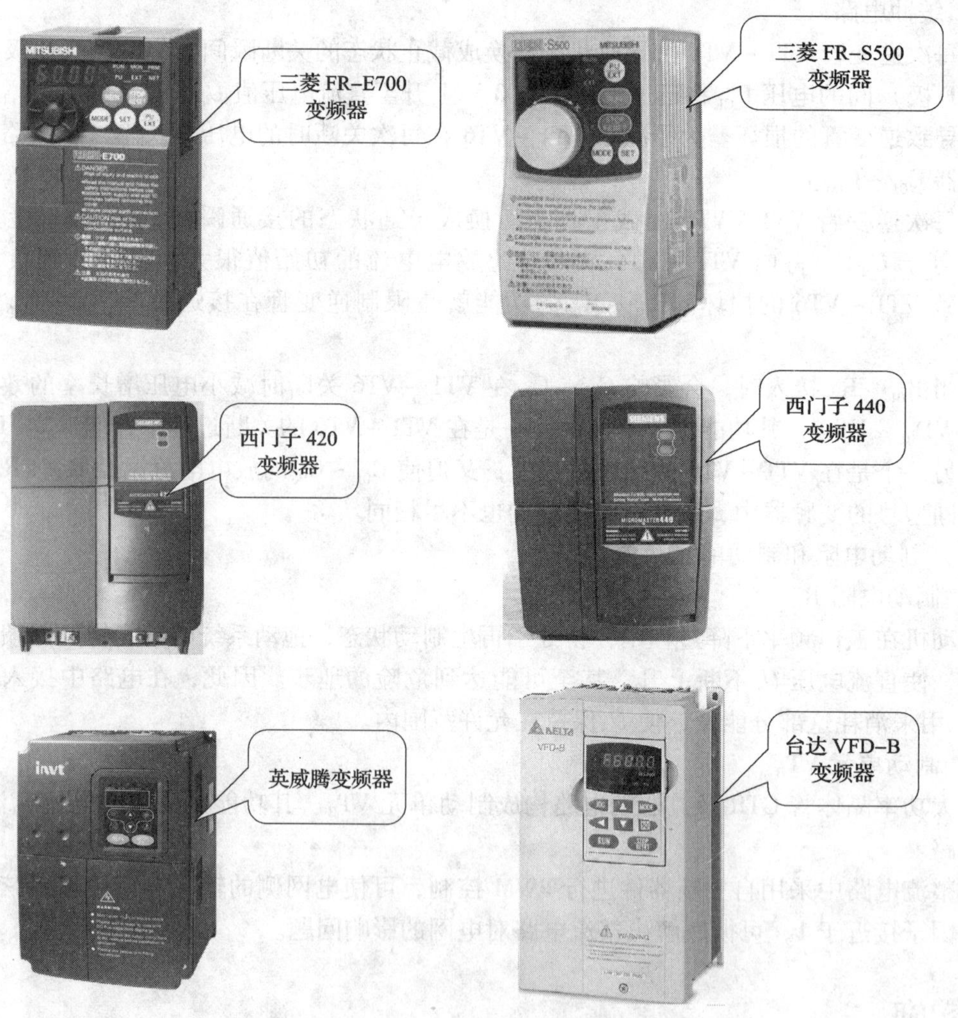

图 1—1—50　各种品牌变频器外形

三、变频器硬件拆装

（1）在教师指导下，按照图 1—1—6 和图 1—1—7 反复练习前盖板的拆卸与安装。

(2) 在教师指导下，按照图1—1—8反复练习配线盖板的拆卸与安装。

四、变频器控制逻辑方式切换

在教师指导下，按照图1—1—9所示反复练习控制逻辑方式切换。

任务测评

对任务实施的完成情况进行检查，并将结果填入表1—1—2所示测评表内。

表1—1—2　任务测评表

序号	考核内容	考核要求	评分标准	配分	得分
1	识读铭牌	能查找相关资料，正确识读各品牌变频器的铭牌	(1) 铭牌识读不正确，每处扣5分 (2) 不会查找相关资料扣5分	30分	
2	前盖板的拆卸与安装	能规范拆装前盖板	(1) 拆装方法不规范，每处扣10分 (2) 损坏元器件扣30分	30分	
3	配线盖板的拆卸与安装	能规范拆装配线盖板	(1) 拆装方法不规范，每处扣5分 (2) 损坏元器件扣30分	20分	
4	逻辑控制方式的切换	能合理进行逻辑控制方式的切换	(1) 切换方法不规范，每处扣5分 (2) 损坏元器件扣30分	20分	
5	安全文明生产	参照相关的法规，确保人身和设备安全	违反安全文明生产规程，扣5～10分		
备注			合计		
			教师签字：		

思考与练习

1. 简述前盖板拆卸与安装的方法步骤。
2. 简述配线盖板拆卸与安装的方法步骤。
3. 实现异步电动机调速有哪几种方案？
4. 变频调速时为什么要维持恒磁通控制？恒磁通控制的条件是什么？
5. 试分析变频器的基本组成。
6. 什么是电压型变频器和电流型变频器？其各有何特点？
7. 试分析PWM型变频器的工作原理。
8. 试说明PWM控制的基本原理。
9. PWM和PAM的区别是什么？
10. 试解释U/f模式的概念。
11. 什么叫异步调制？什么叫同步调制？两者各有什么特点？
12. 针对某一具体变频器，让学生借助有关工具书，进行铭牌识读，分析其类型、结构组成、工作原理和控制方式等，并进行拆装。

任务2　变频器的运行操作

学习目标

1. 熟悉变频器常用基本参数的意义。
2. 掌握变频器功能单元及参数设置方法。
3. 能独立操作变频器，控制电动机进行连续运行。

工作任务

机床工作台是工厂生产机械中的重要组成部分，其进给运动通常采用工进进给的方式，由电动机拖动实现。若利用变频器对三相笼型异步电动机进行控制，其接线图如图1—2—1a所示。电动机驱动机床工作台实现工进运行的曲线如图1—2—1b所示。现要求利用变频器面板（PU）操作控制电动机进行连续运行（运行频率分别为20 Hz和30 Hz），从而实现工作台的进给。

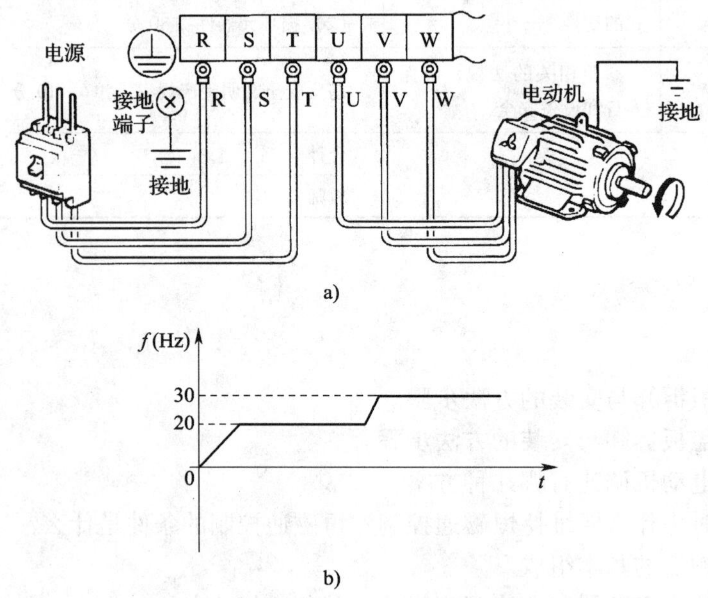

图1—2—1　利用变频器控制工作台的进给运动
a）电源、电动机、变频器接线图　b）电动机运行曲线

相关知识

一、变频器基本参数的意义

1. 变频器的基本功能参数

变频器的基本功能参数见表1—2—1。

表 1—2—1　　变频器的基本功能参数表

参数号	参数名称	设定范围	出厂设定值
Pr. 0	转矩提升	0~30%	3%或2%
Pr. 1	上限频率	0~120 Hz	120 Hz
Pr. 2	下限频率	0~120 Hz	0 Hz
Pr. 3	基准频率	0~400 Hz	50 Hz
Pr. 4	多段速度（高速）	0~400 Hz	60 Hz
Pr. 5	多段速度（中速）	0~400 Hz	30 Hz
Pr. 6	多段速度（低速）	0~400 Hz	10 Hz
Pr. 7	加速时间	0~3 600 s	5 s
Pr. 8	减速时间	0~3 600 s	5 s
Pr. 9	电子过流保护	0~500 A	依据额定电流整定
Pr. 10	直流制动动作频率	0~120 Hz	3 Hz
Pr. 11	直流制动动作时间	0~10 s	0.5 s
Pr. 12	直流制动电压	0~30%	4%
Pr. 13	启动频率	0~60 Hz	0.5 Hz
Pr. 14	适用负荷选择	0~3	0
Pr. 15	点动频率	0~400 Hz	5 Hz
Pr. 16	点动加、减速时间	0~360 s	0.5 s
Pr. 17	MRS 端子输入选择	0，2	0
Pr. 20	加、减速参考频率	1~400 Hz	50 Hz
Pr. 77	参数禁止写入选择	0，1，2	0
Pr. 78	逆转防止选择	0，1，2	0
Pr. 79	操作模式选择	0，1，2，3，4，6，7	0

2. 基本功能参数的意义

（1）转矩提升（Pr. 0）

Pr. 0 主要用于设定电动机启动时的转矩大小，通过设定此参数，补偿电动机绕组上的电压降，改善电动机低速时的转矩性能，假定基准频率电压为 100%，用百分数设定 0 时的电压值。设定过大，将导致电动机过热；设定过小，启动力矩不够，一般最大值设定为 10%，如图 1—2—2 所示。

（2）上限频率（Pr. 1）和下限频率（Pr. 2）

Pr. 1 和 Pr. 2 是两个设定电动机运转上限和下限频率的参数。Pr. 1 设定输出频率的上限，如果运行频率设定值高于此值，则输出频率被箝位在上限频率值上；Pr. 2 设定输出频率的下限，若运行频率设定值低于这个值，运行时输出频率被箝位在下限频率值上。在这两个值确定之后，电动机的运行频率就在此范围内设定，如图 1—2—3 所示。

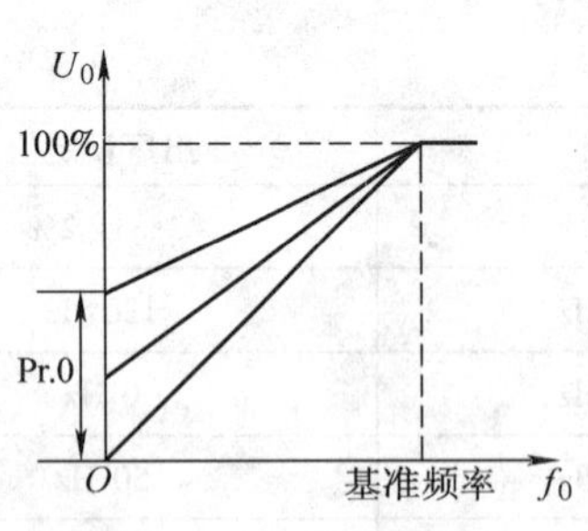

图 1—2—2　Pr. 0 参数意义图

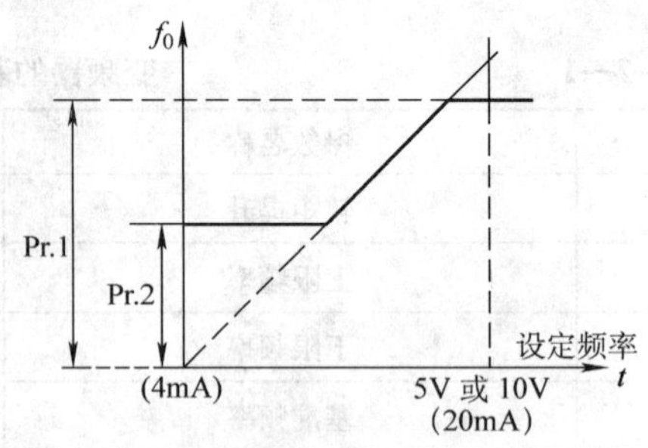

图 1—2—3　Pr. 1、Pr. 2 参数意义图

（3）基准频率（Pr. 3）

Pr. 3 主要用于调整变频器输出到电动机的额定值。当用标准电动机时，通常设定为电动机的额定频率；当需要电动机运行在工频电源与变频器切换时，设定与电源频率相同。

（4）多段速度（Pr. 4、Pr. 5、Pr. 6）

用 Pr. 4、Pr. 5、Pr. 6 将多段运行速度预先设定，经过输入端子进行切换。各输入端子的状态与参数之间的对应关系见表 1—2—2。

表 1—2—2　　各输入端子的状态与参数之间的对应关系表

输入端子状态	RH	RM	RL	RM、RL	RH、RL	RH、RM	RH、RM、RL
参数号	Pr. 4	Pr. 5	Pr. 6	Pr. 24	Pr. 25	Pr. 26	Pr. 27

Pr. 24、Pr. 25、Pr. 26 和 Pr. 27 也是多段速度的运行参数，与 Pr. 4、Pr. 5、Pr. 6 组成七种速度的运行参数。

设定多段速度参数时需注意以下几点：

①在变频器运行期间，每种速度（频率）均能在 0 ~ 400 Hz 范围内被设定。

②多段速度在 PU 运行和外部运行中都可以被设定。

③多段速度比主速度优先。

④运行期间参数值可以改变。

⑤以上各参数之间的设定没有优先级。

在以上七种速度的基础上，借助于端子 REX 信号，又可实现八种速度，其对应的参数是 Pr. 232 ~ Pr. 239，见表 1—2—3。

表 1—2—3　　各输入端子的状态与参数之间的对应关系表

对应端子	REX	REX、RL	REX、RM	REX、RM、RL	REX、RH	REX、RH、RL	REX、RH、RM	REX、RH、RM、RL
参数号	Pr. 232	Pr. 233	Pr. 234	Pr. 235	Pr. 236	Pr. 237	Pr. 238	Pr. 239

注：REX 端子通过 Pr. 180 ~ Pr. 186 的参数设定来确定。

（5）加、减速时间（Pr. 7、Pr. 8）及加、减速基准频率（Pr. 20）

Pr. 7、Pr. 8 用于设定电动机加速、减速时间，Pr. 7 的值设得越小，加速时间越快；Pr. 8 的值设得越大，减速越慢。Pr. 20 是加、减速基准频率，Pr. 7 设的值就是从 0 加速到 Pr. 20 所设定的基准频率的时间；Pr. 8 设的值就是从 Pr. 20 所设定的基准频率减速到 0 的时间，如

图 1—2—4 所示。

（6）电子过流保护（Pr. 9）

通过设定电子过流保护的电流值，可防止电动机过热，可以得到最优的保护性能。设定过流保护需注意以下事项：

1）当变频器带动两台或三台电动机时，此参数的值应设为“0”，即不起保护作用，每台电动机外接热继电器来保护。

2）特殊电动机不能用过流保护和外接热继电器保护。

3）当变频器控制一台电动机运行时，此参数的值应设为 1 ~ 1. 2 倍的电动机额定电流。

（7）点动运行频率（Pr. 15）和点动加、减速时间（Pr. 16）

Pr. 15 参数设定点动状态下的运行频率。当变频器在［外部操作］模式时，用输入端子选择点动功能（接通控制端子 SD 与 JOG 即可）；当点动信号 ON 时，用启动信号（STF 或 STR）进行点动运行；当变频器在［PU 操作］模式时，用操作单元上的操作键（FWD 或 REV）实现点动操作。用 Pr. 16 参数设定点动状态下的加、减速时间，如图 1—2—5 所示。

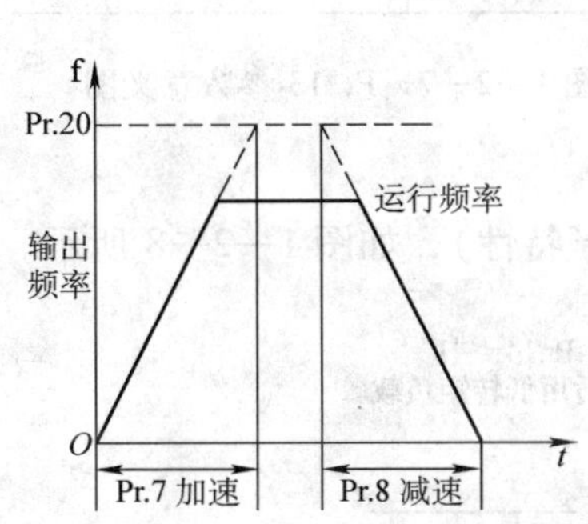

图 1—2—4　Pr. 7、Pr. 8 参数意义图

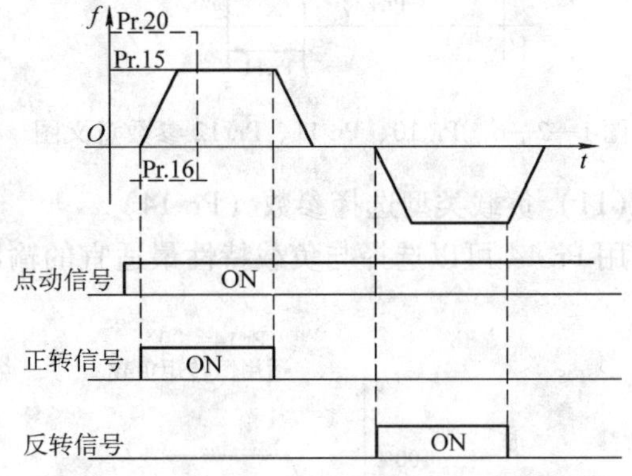

图 1—2—5　Pr. 15、Pr. 16 参数意义图

（8）操作模式选择（Pr. 79）

操作模式选择是一个比较重要的参数，用于确定变频器在什么模式下运行，其设定值及对应的工作模式见表 1—2—4。

表 1—2—4　Pr. 79 设定值及其相对应的工作模式

Pr. 79 设定值	工作模式
0	外部/PU 切换模式（通过 PU/EXT 可切换外部、PU 运行模式），电源接通时为外部运行模式
1	PU 操作模式（参数单元操作）
2	外部操作模式（控制端子接线控制运行）
3	外部/PU 组合运行模式 1，用参数单元设定运行频率，外部信号控制电动机启停
4	外部/PU 组合运行模式 2，外部输入运行频率，用参数单元控制电动机启停
6	切换模式
7	外部运行模式（PU 运行互锁）

（9）直流制动相关参数（Pr. 10、Pr. 11、Pr. 12）

Pr. 10 是直流制动时的动作频率，Pr. 11 是直流制动时的动作时间（作用时间），Pr. 12 是直流制动时的电压（转矩），通过这三个参数的设定，可以提高电动机停止的准确度，使之符合负载的运行要求，如图 1—2—6 所示。

（10）启动频率（Pr. 13）

Pr. 13 参数设定在电动机开始启动时的频率，如果设定频率（运行频率）设定值较此值小，电动机不运转。若 Pr. 13 的值低于 Pr. 2 的值，即使没有运行频率（即为“0”），启动后电动机也将运行在 Pr. 2 的设定值。Pr. 13 参数示意图如图 1—2—7 所示。

f_0
O
Pr.10
t
U_0
Pr.12
O
t
Pr.11

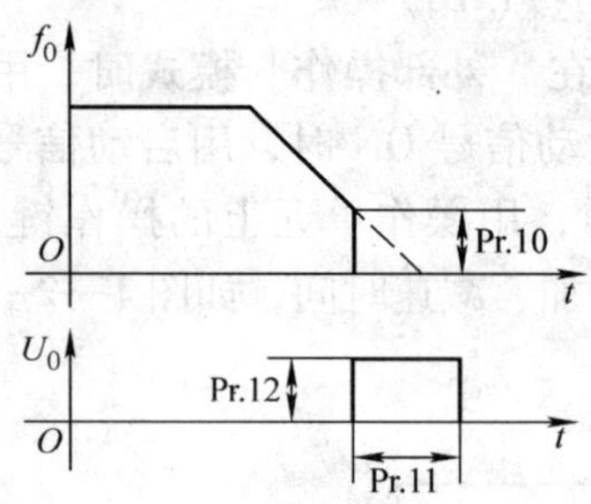

图 1—2—6　Pr. 10、Pr. 11、Pr. 12 参数意义图

f_0
频率
设定
范围
Pr.13
O
频率设定信号
t
启动
ON

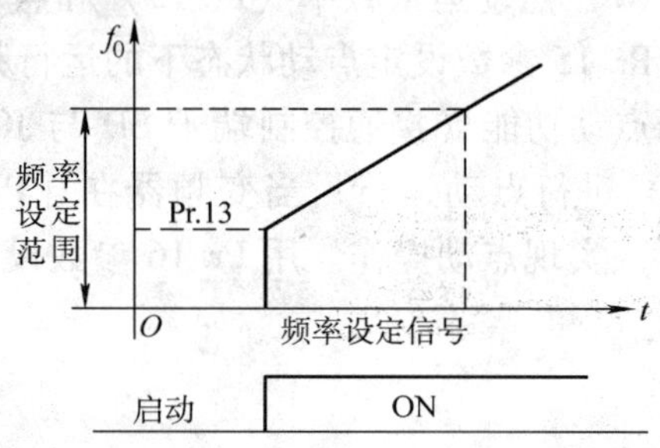

图 1—2—7　Pr. 13 参数意义图

（11）负载类型选择参数（Pr. 14）

用 Pr. 14 可以选择与负载特性最适宜的输出特性（U/f 特性），如图 1—2—8 所示。

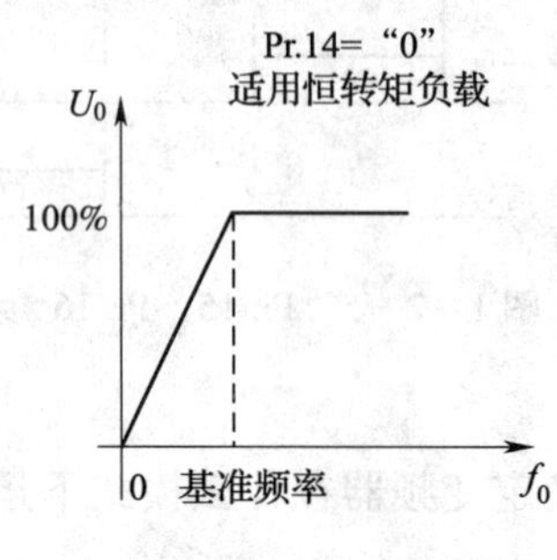

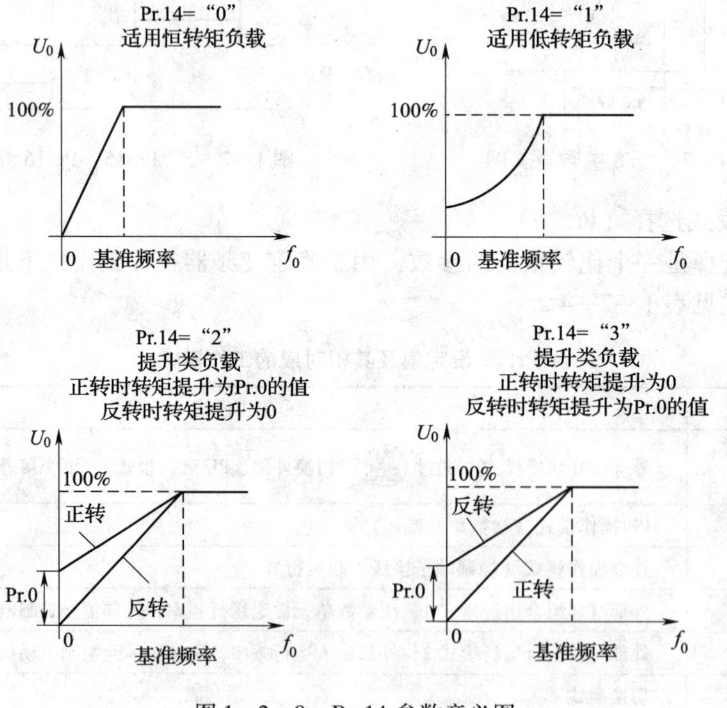

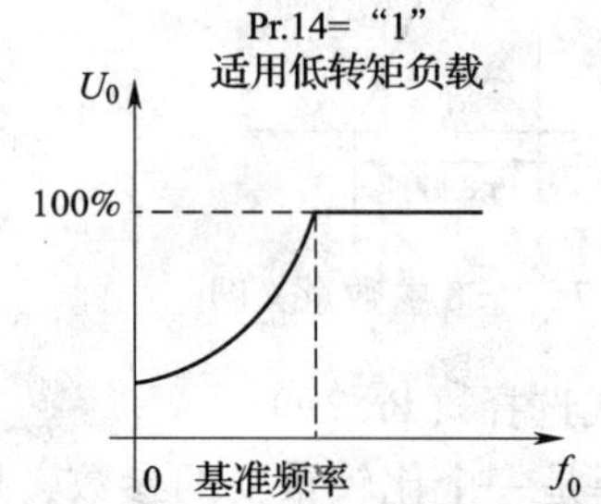

Pr.14=“0”
适用恒转矩负载
U_0
100%
0　基准频率
f_0
Pr.14=“1”
适用低转矩负载
U_0
100%
0　基准频率
f_0
Pr.14=“2”
提升类负载
正转时转矩提升为Pr.0的值
反转时转矩提升为0
U_0
100%
正转
Pr.0
反转
0
基准频率
f_0
Pr.14=“3”
提升类负载
正转时转矩提升为0
反转时转矩提升为Pr.0的值
U_0
100%
反转
Pr.0
正转
0
基准频率
f_0

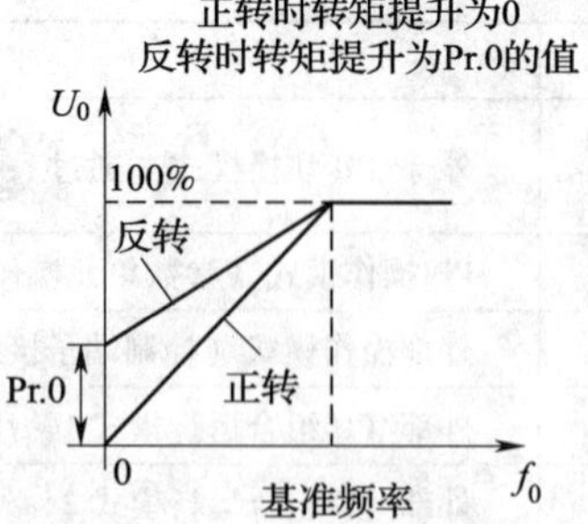

图 1—2—8　Pr. 14 参数意义图

（12）MRS 端子输入选择（Pr. 17）

用于选择 MRS 端子的逻辑，如图 1—2—9 所示。

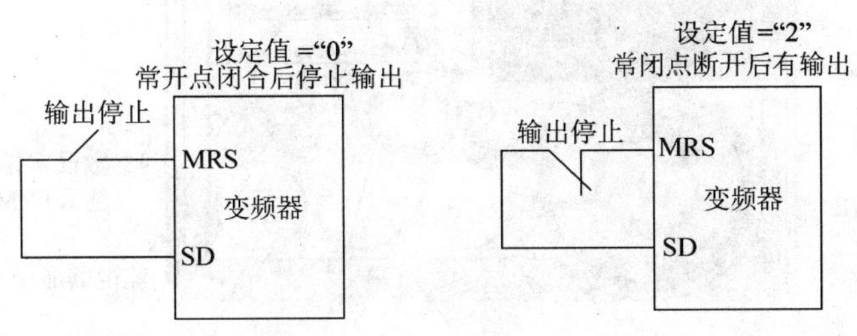

图 1—2—9　MRS 端子输入选择

（13）参数禁止写入选择（Pr. 77）和逆转防止选择（Pr. 78）

Pr. 77 用于禁止或允许参数写入，主要用于防止参数被意外改写；Pr. 78 用于泵类设备，防止反转，具体设定值见表 1—2—5。

表 1—2—5　Pr. 77、Pr. 78 的设定值及其相应菜单

参数号	设定值	功能
Pr. 77	0	在“PU”模式下，仅限于停止时可以写入（出厂设定值）
	1	不可写入参数，但 Pr. 75、Pr. 77、Pr. 79 参数可以写入
	2	即使运行时也可以写入
Pr. 78	0	正转和反转均可（出厂设定值）
	1	不可反转
	2	不可正转

二、功能单元操作及参数设定方法

1. 功能单元

通用变频器的功能单元根据变频器生产厂家的不同而千差万别，但是它们的基本功能相同，主要有以下几个方面：

（1）显示频率、电流、电压等。

（2）设定操作模式、操作命令、功能码。

（3）读取变频器运行信息和故障报警信息。

（4）监视变频器运行。

（5）变频器运行参数的自整定。

（6）故障报警状态的复位。

如图 1—2—10 所示是三菱公司 FR－E740 系列变频器的操作面板。其各旋钮和按键的功能见表 1—2—6。

2. 基本操作（出厂时设定值）

变频器操作面板的基本操作包括运行模式切换、监视器设定、频率设定、参数设定等，其操作方法如图 1—2—11 所示。

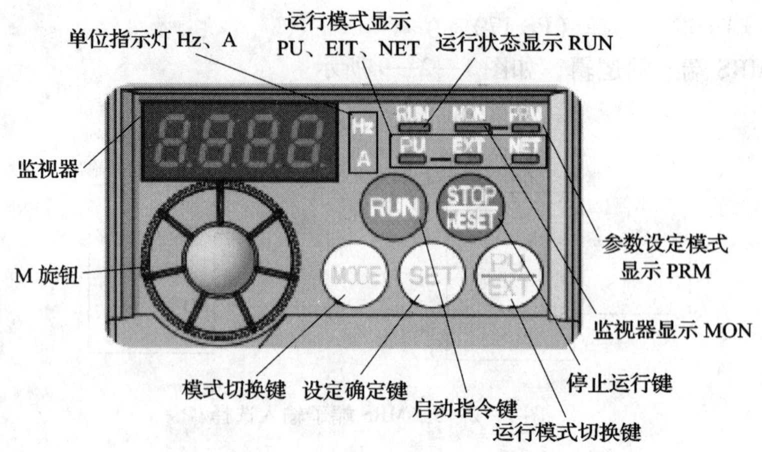

图 1—2—10　操作面板的名称和功能

表 1—2—6　旋钮和按键的功能

旋钮和按键	功　能
M 旋钮（三菱变频器旋钮）	旋动该旋钮用于变更频率设定、参数的设定值 按下该旋钮可显示以下内容：监视模式时的设定频率；校正时的当前设定值；报警历史模式时的顺序
模式切换键 MODE	用于切换各设定模式 和运行模式切换键（PU/EXT）同时按下也可以用来切换运行模式。长按此键（2 s）可以锁定操作
设定确定键 SET	各设定的确定 运行中按此键则监视器出现以下显示： 运行频率→输出电流→输出电压→运行频率
运行模式切换键	用于切换 PU/外部运行模式 使用外部运行模式（通过外接的频率设定电位器和启动信号启动的运行）时请按此键，使表示运行模式的 EXT 处于亮灯状态（切换至组合模式时，可同时按 MODE 键 0.5 s，或者变更参数 Pr. 79） PU：PU 运行模式 EXT：外部运行模式 也可以解除 PU 停止
启动指令键	在 PU 模式下，按此键启动运行 通过 Pr. 40 的设定，可以选择旋转方向
停止运行键	在 PU 模式下，按此键停止运转 保护功能（严重故障）生效时，也可以进行报警复位
运行模式显示	PU：PU 运行模式时亮灯 EXT：外部运行模式时亮灯 NET：网络运行模式时亮灯
监视器（4 位 LED）	显示频率、参数编号等

续表

旋钮和按键	功　能
监视数据单位显示	Hz：显示频率时亮灯 A：显示电流时亮灯 （显示电压时熄灯，显示设定频率监视时闪烁）
运行状态显示（RUN）	变频器动作中亮灯或者闪烁 亮灯：正转运行中 缓慢闪烁（1.4 s 循环）：反转运行中 下列情况下出现快速闪烁（0.2 s 循环）： 1）按键或输入启动指令都无法运行时 2）有启动指令，但频率指令在启动频率以下时 3）输入了 MRS 信号时
参数设定模式显示 MON	参数设定模式时亮灯
监视器显示	监视模式时亮灯

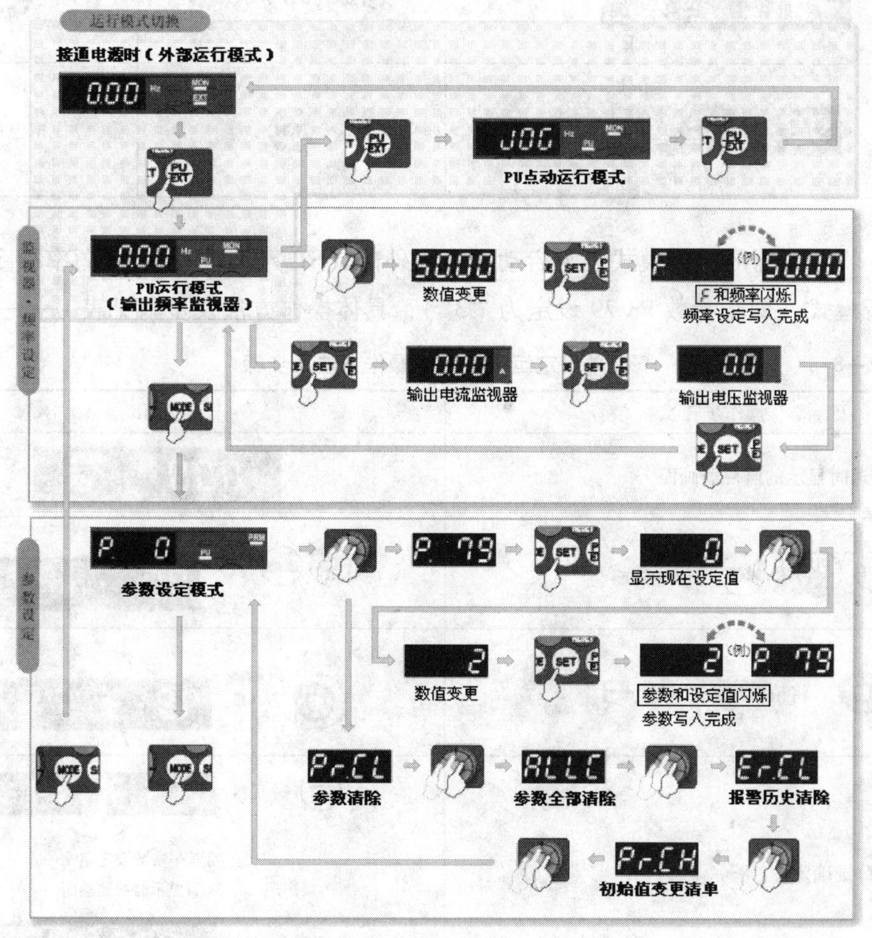

图 1—2—11　变频器基本操作

3. 简单设定运行模式（简单设定模式）

通过简单的操作，利用启动指令和频率指令的组合进行 Pr. 79 运行模式选择设定。参数 Pr. 79 运行模式介绍见表 1—2—7。

表 1—2—7　　参数 Pr. 79 运行模式介绍

操作面板显示	运行方法	
	启动指令	频率指令
79-1（PU 闪烁，PRM 闪烁）	RUN	旋钮
79-2（EXT 闪烁，PRM 闪烁）	外部（STF、STR）	模拟电压输入
79-3（PU、EXT 闪烁，PRM 闪烁）	外部（STF、STR）	旋钮
79-4（PU 闪烁，PRM 闪烁）	RUN	模拟电压输入

例如，将变频器的运行模式设为启动指令为外部（STF/STR）输入、频率指令通过旋钮输入的运行模式（即将参数 Pr. 79 设定为“3”），具体操作方法及步骤见表 1—2—8。

表 1—2—8　　简单设定运行模式的操作方法及步骤

操作步骤	显示
1. 电源接通时显示的监视器画面	0.00 Hz MON EXT
2. 同时按住 PU/EXT 和 MODE 按钮 0.5 s	PU/EXT MODE ⇨ 79-- PRM 闪烁
3. 旋转旋钮，将值设定为“79-3”	旋钮 ⇨ 79-3 PU EXT PRM 闪烁
4. 按 SET 键确定	SET ⇨ 79-3 79-- 闪烁…参数设定完成 3s 后显示监视器画面 0.00 Hz MON PU EXT

4. 锁定操作

锁定操作可以防止参数变更、防止意外启动或停止，使操作面板的 M 旋钮、键盘操作无效化。具体方法为：将 Pr. 161 设置为“10 或 11”，然后按住 MODE 键 2 s 左右，此时 M 旋钮与键盘操作均变为无效。

在 M 旋钮、键盘操作无效的状态下，旋转 M 旋钮或者进行键盘操作将显示 HOLd（2 s 之内无 M 旋钮及键盘操作时则回到监视画面）。如果要再次使 M 旋钮与键盘操作有效，需按住 MODE 键 2 s 左右。

例如，设定键盘锁定的操作方法及步骤见表 1—2—9。

表 1—2—9　　键盘锁定的操作方法及步骤

操作步骤	显示
1. 电源接通时显示的监视器画面	0.00　Hz　MON　EXT
2. 按 PU/EXT 键，进入 PU 运行模式	PU 显示灯亮 PU/EXT ⇨ 0.00　PU
3. 按 MODE 键，进入参数设定模式	PRM 显示灯亮 MODE ⇨ P.　0　PRM （显示以前读取的参数编号）
4. 旋转 M 旋钮，将参数编号设定为“P.161”（Pr. 161）	⇨ P.161
5. 按 SET 键，读取当前的设定值。显示设定值为“0”（初始值）	SET ⇨ 0
6. 旋转 M 旋钮，将值设定为“10”	⇨ 10
7. 按 SET 键确定	SET ⇨ 10　P.161 闪烁…参数设定完成
8. 按 MODE 键 2 s 左右，变为键盘锁定模式	MODE ⇨ HOLd　Hz　MON　PU 持续按 2s

注：操作锁定状态下依然有效的功能为 STOP/RESET 键执行的停止与复位。

5．监视输出电流和输出电压

在监视模式中按 SET 键可以切换输出频率、输出电流、输出电压的监视器显示。具体的操作步骤见表1—2—10。

表1—2—10　　监视模式设定的操作步骤

操作步骤	显示
1．运行中按 SET 键使监视器显示输出频率	60.00 Hz亮灯
2．无论在哪种运行模式下，运行中或停止后按 SET 键，监视器上将显示输出电流	SET ⇨ 1.00 A亮灯
3．再次按 SET 键，监视器上将显示输出电压	SET ⇨ 220.0 Hz、A熄灭

6．变更参数的设定值

以改变参数Pr. 1上限频率的设定值为例，其操作方法及步骤见表1—2—11。

表1—2—11　　变更参数设定值的操作步骤

操作步骤	显示
1．电源接通时显示监视器画面	0.00
2．按 PU/EXT 键，进入PU运行模式	PU显示灯亮 PU/EXT ⇨ 0.00
3．按 MODE 键，进入参数设定模式	PRM显示灯亮 MODE ⇨ P. 0 （显示以前读取的参数编号）
4．旋转 ，将参数编号设定为"P. 1"（Pr. 1）	⇨ P. 1
5．按 SET 键，读取当前的设定值。显示"120.0"（初始值120.0 Hz）	SET ⇨ 120.0
6．旋转 ，将值设定为"50.00"（50.00 Hz）	⇨ 50.00
7．按 SET 键确定	SET ⇨ 50.00　P. 1 闪烁…参数设定完成

如果此时显示器交替显示功能码 Pr. 1 和参数 50. 00，则表示参数设定成功（即已将上限频率设定为 50 Hz）。否则设定失败，须重新设定。

旋转旋钮键可读取其他参数。按 SET 键可再次显示设定值。按两次 SET 键可显示下一个参数。按两次 MODE 键可返回频率监视画面。

7. 参数清除、全部清除

设定 Pr. CL 参数清除、ALLC 参数全部清除为"1"，可使参数恢复为初始值。（如果设定 Pr. 77 参数写入选择为"1"，则无法清除。）

参数清除操作的方法步骤见表 1—2—12。

表 1—2—12　　参数清除操作的方法步骤

操作步骤	显示
1. 电源接通时显示监视器画面	0.00 Hz MON EXT
2. 按 PU/EXT 键，进入 PU 运行模式	PU 显示灯亮 PU/EXT ⇨ 0.00 PU
3. 按 MODE 键，进入参数设定模式	PRM 显示灯亮 MODE ⇨ P. 0 PRM （显示以前读取的参数编号）
4. 旋转旋钮，将参数编号设定为 Pr.CL (ALLC)	参数清除 ⇨ Pr.CL 参数全部清除 ALLC
5. 按 SET 键，读取当前的设定值。显示"0"（初始值）	SET ⇨ 0
6. 旋转旋钮，将值设定为"1"	⇨ 1
7. 按 SET 键确定	参数清除 SET ⇨ 1　Pr.CL 参数全部清除 ALLC 闪烁…参数设定完成

任务实施

一、任务准备

实施本任务所需的实训设备及工具材料见表 1—2—13。

表 1—2—13　　　　实训设备及工具材料

序号	分类	名称	型号规格	数量	备注
1	工具	电工常用工具		1	
2	仪表	万用表	型号自定	1	
3	设备器材	变频器	三菱 FR－E740 系列变频器	1	
		三相笼型异步电动机	1.1 kW	1	
4	耗材	导线		若干	

二、变频器的基本操作训练

1. 变频器的面板操作

（1）仔细阅读变频器面板介绍，练习在监视模式下（MON 灯亮）显示 Hz、A、V 的方法，以及变频器的运行方式，即 PU 运行（PU 灯亮）和外部运行（EXT 灯亮）以及二者之间的切换方法。

（2）全部清除操作

为了调试能够顺利进行，开始运行前参照表 1—2—12 进行一次“全部清除”的操作（全部清除并不是将参数的值清 0，而是将参数恢复为出厂值）。

（3）参数预置

变频器运行前，通常要根据负载和用户的要求，给变频器预置一些参数，如上、下限频率及加、减速时间等。在教师指导下，查参数表得出上列有关参数的功能码，并将上限频率预置为 50 Hz；下限频率预置为 5 Hz；加速时间预置为 10 s；减速时间预置为 10 s。例如，查参数表可得，上限频率的功能码为 Pr. 1，设置上限频率的具体操作步骤参见表 1—2—11。

（4）修改给定频率

例如，将给定频率修改为 40 Hz 的具体步骤如下：

1）按下 MODE 键至运行模式，选择 PU 运行（PU 灯亮）。

2）按动 MODE 键至频率设定模式。

3）旋转 键修改给定频率为 40 Hz。

2. 变频器的 PU 运行

变频器正式投入运行前应进行试运行。试运行时电动机应旋转平稳，无不正常的振动和噪声，能够平滑地增速和减速。

（1）设定连续运行频率（30 Hz）进行试运行

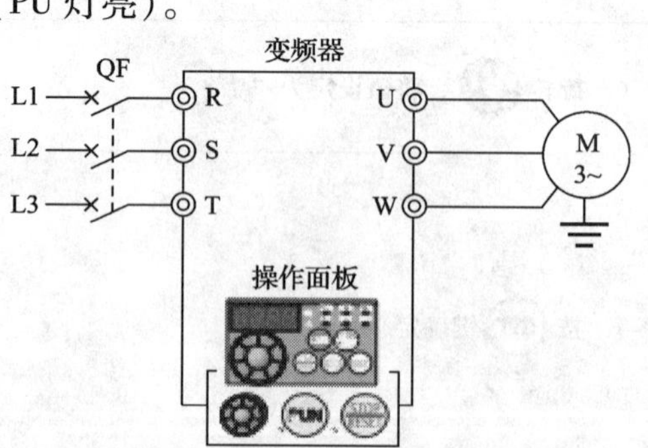

图 1—2—12　变频器试运行接线图

1）变频器试运行接线图如图1—2—12所示。

2）具体操作方法及步骤见表1—2—14。

表1—2—14　　具体操作方法及步骤

操作步骤	显　示
1. 电源接通时显示监视器画面	0.00 Hz MON EXT
2. 按 PU/EXT 键，进入PU运行模式	PU 显示灯亮 PU/EXT ⇨ 0.00 PU
3. 旋转 M旋钮 键到想要设定的频率，闪烁约5 s	⇨ 30.00 闪烁约5 s
4. 在数值闪烁期间按 SET 键设定频率 （若不按 SET 键，数值闪烁约5 s后显示将变为“0.00”（0.00 Hz）。这种情况下请返回“步骤3”重新设定频率）	SET ⇨ 30.00 F 闪烁…频率设定完成
5. 闪烁约3 s后显示将返回“0.00”（监视显示），此时按下 RUN 键试运行（要变更设定频率，请执行第3项、第4项操作，从之前设定的频率开始）	3 s后 RUN ⇨ 0.00 → 30.00 Hz RUN MON PU
6. 按 STOP/RESET 键停止	STOP/RESET ⇨ 30.00 → 0.00 Hz MON PU

（2）将M旋钮作为电位器使用进行试运行

例：变频器控制电动机运行时，将频率从0 Hz调整为50 Hz，进行试运行。

将M旋钮作为电位器使用进行试运行时，首先要设置参数Pr. 161频率设定/键盘锁定操作选择为“1”，即设定M旋钮为电位器模式。

具体操作方法及步骤见表1—2—15。

表1—2—15　　具体操作方法及步骤

操作步骤	显示
1. 电源接通时显示监视器画面	0.00 Hz MON EXT

续表

操作步骤	显示
2. 按 PU/EXT 键，进入 PU 运行模式	PU 显示灯亮 
3. 将 Pr. 161 变更为“1”	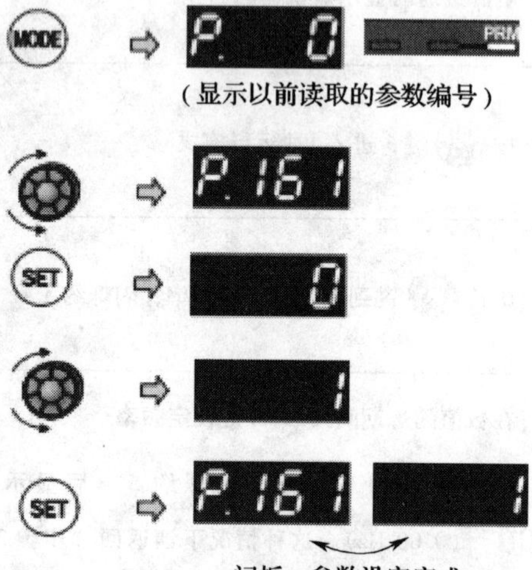 PRM 显示灯亮 （显示以前读取的参数编号） 闪烁…参数设定完成
4. 按 RUN 键运行变频器	
5. 运行中，旋转 ，将值设定为“5000”（50.00 Hz）。闪烁的数值即为设定频率，而没有必要按 SET 键	 闪烁约 5s

三、利用变频器面板（PU）操作控制电动机进行连续运行

PU 运行就是利用变频器的面板直接输入给定频率和启动信号。

1. 主电路接线

主电路接线就是将变频器与电源及电动机进行连接，如图 1—2—1a 所示。

2. 确定变频器参数

按照图 1—2—1b 所示变频器运行曲线和控制要求确定变频器有关参数，见表 1—2—16。

表 1—2—16 参数设定表

参数名称	参数号	设置数据
上升时间	Pr. 7	4 s
下降时间	Pr. 8	3 s
加、减速基准频率	Pr. 20	50 Hz

续表

参数名称	参数号	设置数据
基准频率	Pr. 3	50 Hz
上限频率	Pr. 1	50 Hz
下限频率	Pr. 2	0 Hz
运行模式	Pr. 79	1

运行频率分别设定为：第一次，20 Hz；第二次，30 Hz。

3. 设定变频器参数并调试运行

（1）将电源、电动机及变频器连接好，经检查无误后，方可通电。

（2）按操作面板上的【MODE】键，显示“参数设定”画面，在此画面下设定参数 Pr. 79 = “1”，“PU” 灯亮。

（3）按表 1—2—16 依次设定相关参数。

（4）再按操作面板上的【MODE】键，切换到“频率设定”画面下，设定运行频率为 20 Hz。

（5）返回“监视模式”，观察“MON”和“Hz”灯亮。

（6）按【RUN】键，电动机运行在设定的运行频率上（20 Hz）。

（7）按【STOP】键停止。

（8）再在“频率设定”画面下改变运行频率为 30 Hz，重复第（6）步，反复练习。

（9）练习完毕后切断电源开关，待变频器指示灯熄灭后再拆线，以防触电，整理工具，清理现场。

（1）切不可将 R、S、T 与 U、V、W 端子接错，否则，会烧坏变频器。

（2）电动机为 Y 形接法。

（3）操作完成后注意断电，并且清理现场。

（4）运行中若出现报警现象，要复位后方可重新运行。

任务测评

对任务实施的完成情况进行检查，并将结果填入表 1—2—17 所示测评表内。

表 1—2—17　　任务测评表

序号	考核内容	考核要求	评分标准	配分	得分
1	接线	能正确使用工具及仪表，按照电路图准确地接线	（1）元件安装不符合要求，每处扣 2 分 （2）接线有违反电工手册相关规定的，每处扣 2 分	30 分	

续表

<table>
<tr><th>序号</th><th colspan="2">考核内容</th><th>考核要求</th><th>评分标准</th><th>配分</th><th>得分</th></tr>
<tr><td>2</td><td colspan="2">操作模式</td><td>能合理选择操作模式</td><td>（1）操作模式设置步骤错误，每处扣 2 分
（2）操作模式选择不合理，扣 10 分</td><td>10 分</td><td></td></tr>
<tr><td>3</td><td colspan="2">参数设定</td><td>能根据任务要求，正确设置变频器参数</td><td>（1）参数设置错误，每处扣 5 分
（2）漏设参数，每处扣 5 分</td><td>20 分</td><td></td></tr>
<tr><td rowspan="2">4</td><td rowspan="2">运行频率设定</td><td>20 Hz</td><td rowspan="2">能根据任务要求，正确设定运行频率</td><td rowspan="2">（1）运行频率 20 Hz 设定错误，扣 10 分
（2）运行频率 30 Hz 设定错误，扣 10 分</td><td rowspan="2">20 分</td><td rowspan="2"></td></tr>
<tr><td>30 Hz</td></tr>
<tr><td>5</td><td colspan="2">运行操作调试</td><td>能正确进行参数设置，现场调试变频器的运行</td><td>（1）不能修改参数，每处扣 5 分
（2）系统功能不正确，每处扣 10 分</td><td>20 分</td><td></td></tr>
<tr><td>6</td><td colspan="2">安全文明生产</td><td>参照相关的法规，确保人身和设备安全</td><td>违反安全文明生产规程，扣 5 ~ 10 分</td><td></td><td></td></tr>
<tr><td rowspan="2">备注</td><td rowspan="2" colspan="3"></td><td>合计</td><td></td><td></td></tr>
<tr><td colspan="3">教师签字：</td></tr>
</table>

思考与练习

1. 简述多段速度参数的设置方法。
2. 什么是电子过流保护？设定此参数应注意什么？
3. 说明操作模式选择参数（Pr. 79）的设置方法。
4. 说明负载类型选择参数（Pr. 14）的设置方法。
5. 简述操作面板各按键的名称和功能，并进行相应的实际操作。
6. 简述变频器 PU 运行模式的定义。
7. 简述变频器 PU 运行模式调试步骤。
8. 工作台在快退运行中为了减缓启动停止时的冲击，适当的延长加、减速时间即可实现。运行曲线如图 1—2—13 所示。图中刚开始慢速运行频率为 8 Hz，一段时间后加速至 45 Hz，快到目标位置时减速至 10 Hz 频率运行，接近运行目标时慢速停下，试用“PU”方式运行此曲线。

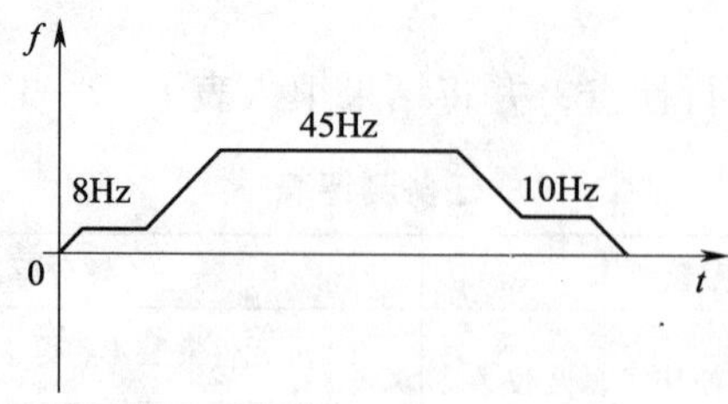

图 1—2—13　工作台运行曲线

任务3 变频器的外部运行操作

学习目标

1. 熟悉变频器各端子的功能并能正确使用。
2. 会对三菱 FR－E740 系列变频器进行接线。
3. 能独立安装、调试变频器的外部操作。

工作任务

某升降机中变频器控制三相笼型异步电动机运行的曲线如图 1—3—1 所示，主电路接线如图 1—2—1a 所示，外部控制电路接线图如图 1—3—2 所示。当用外部接线的方式控制电动机的正、反转运行，由外接电位器（1 W、1 kΩ 的电位器）来控制运行频率时，该如何对变频器进行外部运行操作？

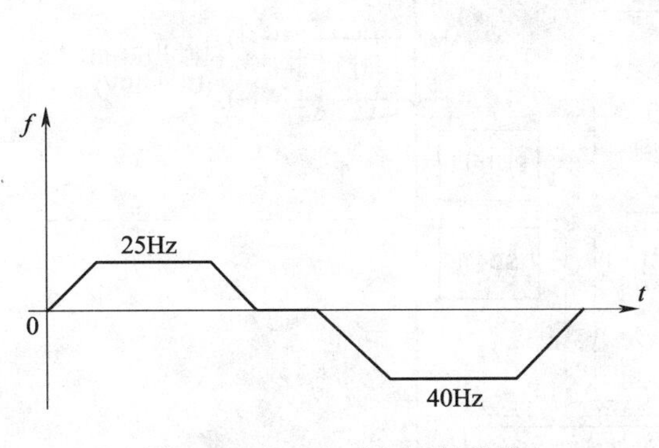

图 1—3—1 电动机运行曲线

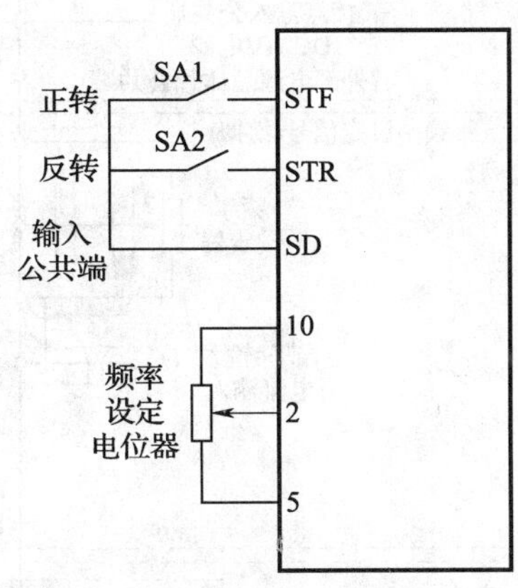

图 1—3—2 外部控制模式接线图

相关知识

一、变频器的标准接线与端子功能

各种系列的变频器都有其标准接线端子，它们的这些接线端子与其自身功能的实现密切相关，但都大同小异。变频器接线主要有两部分：一部分是主电路接线；另一部分是控制电路接线。

1. 基本原理接线图

FR－E740 系列变频器的基本原理接线如图 1—3—3 所示。

2. 主回路端子

（1）主接线端子，如图 1—3—4 所示。

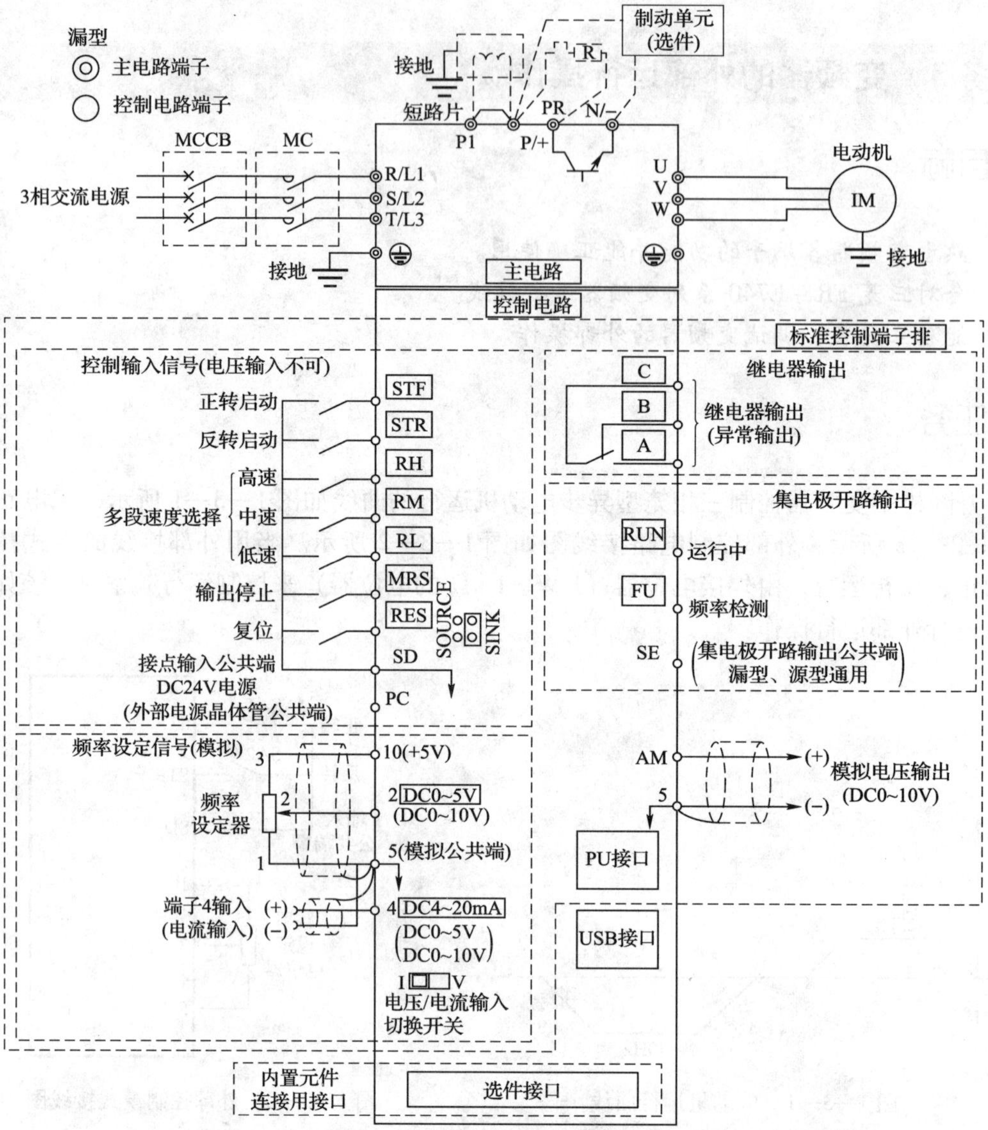

漏型
主电路端子
控制电路端子
制动单元
(选件)
接地
R
短路片
P1
P/+
PR
N/-
MCCB
MC
3相交流电源
R/L1
S/L2
T/L3
接地
U
V
W
电动机
IM
接地
主电路
控制电路
标准控制端子排
控制输入信号(电压输入不可)
正转启动 STF
反转启动 STR
多段速度选择 高速 RH
中速 RM
低速 RL
输出停止 MRS
复位 RES
接点输入公共端 SD
DC24V电源
(外部电源晶体管公共端) PC
SOURCE
SINK
继电器输出
C
B
A
继电器输出
(异常输出)
集电极开路输出
RUN 运行中
FU 频率检测
SE （集电极开路输出公共端
漏型、源型通用）
频率设定信号(模拟)
3
2
1
频率
设定器
10(+5V)
2 DC0~5V
(DC0~10V)
5(模拟公共端)
端子4输入
(电流输入)
(+)
(−)
4 DC4~20mA
(DC0~5V
DC0~10V)
I V
电压/电流输入
切换开关
AM
5
(+)
(−)
模拟电压输出
(DC0~10V)
PU接口
USB接口
内置元件
连接用接口
选件接口

图 1—3—3　变频器的基本原理接线图

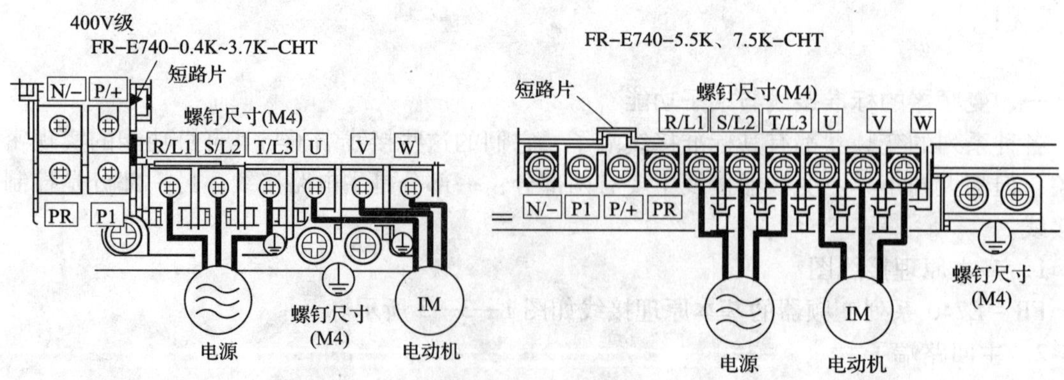

图 1—3—4　主接线端子

(2) 主接线端子功能

主接线端子的名称及功能说明见表1—3—1。

表1—3—1 主接线端子的名称及功能说明

端子记号	端子名称	端子功能说明
R/L1、S/L2、T/L3	交流电源输入	连接工频电源 当使用高功率因子变流器(FR－HC)及共直流母线变流器(FR－CV)时不要连接任何东西
U、V、W	变频器输出	连接三相笼型异步电动机
P/＋、PR	制动电阻器连接	在端子P/＋、PR间连接选购的制动电阻器(FR－ABR)
P/＋、N/－	制动单元连接	连接制动单元(FR－BU2)、共直流母线变流器(FR－CV)以及高功率因子变流器(FR－HC)
P/＋、P1	直流电抗器连接	拆下端子P/＋、P1间的短路片，连接直流电抗器
⏚	接地	变频器机架接地用，必须接地

3. 控制回路端子

(1) 标准控制回路端子的端子排列

标准控制回路端子的端子排列如图1—3—5所示。

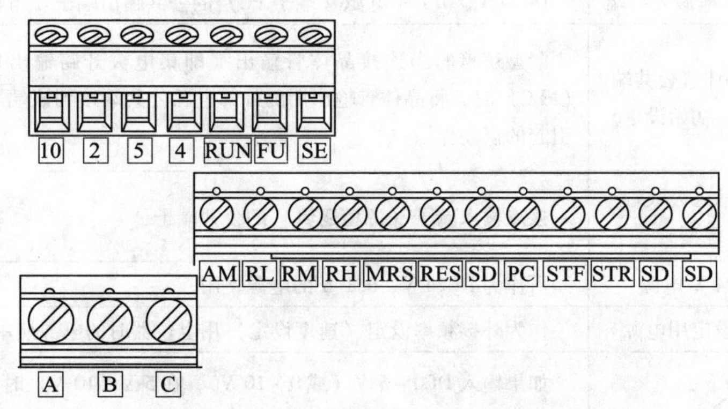

图1—3—5 标准控制回路端子的端子排列

(2) 控制回路端子功能

1) 输入信号端子

控制回路输入信号端子的名称及功能说明见表1—3—2。

表1—3—2 控制回路输入信号端子的名称及功能说明

种类	端子记号	端子名称	端子功能说明	
接点输入	STF	正转启动	STF信号ON时为正转、OFF时为停止指令	STF、STR信号同时ON时变成停止指令
	STR	反转启动	STR信号ON时为反转、OFF时为停止指令	

续表

种类	端子记号	端子名称	端子功能说明
接点输入	RH RM RL	多段速度选择	用 RH、RM 和 RL 信号的组合可以选择多段速度
	MRS	输出停止	MRS 信号 ON（20 ms 以上）时，变频器输出停止 用电磁制动停止电动机时用于断开变频器的输出
	RES	复位	复位用于解除保护回路动作时的报警输出。使 RES 信号处于 ON 状态 0.1 s 或以上，然后断开 初始设定为始终可进行复位。但进行了 Pr. 75 的设定后，仅在变频器报警发生时可进行复位。复位所需时间约为 1 s
	SD	接点输入公共端（漏型，初始设定）	接点输入端子（漏型逻辑）
		外部晶体管公共端（源型）	源型逻辑时当连接晶体管输出（即集电极开路输出），例如可编程控制器（PLC）时，将晶体管输出用的外部电源公共端接到该端子时，可以防止因漏电引起的误动作
		DC24 V 电源公共端	DC24 V、0.1 A 电源（端子 PC）的公共输出端子。与端子 5 及端子 SE 绝缘
	PC	外部晶体管公共端（漏型，初始设定）	漏型逻辑时当连接晶体管输出（即集电极开路输出），例如可编程控制器（PLC）时，将晶体管输出用的外部电源公共端接到该端子时，可以防止因漏电引起的误动作
		接点输入公共端（源型）	接点输入端子（源型逻辑）的公共端子
		DC24 V 电源	可作为 DC24 V、0.1 A 的电源使用
频率设定	10	频率设定用电源	作为外接频率设定（速度设定）用电位器时的电源使用
	2	频率设定（电压）	如果输入 DC0 ~ 5 V（或 0 ~ 10 V），在 5 V（10 V）时为最大输出频率，输入输出成正比。通过 Pr. 73 进行 DC0 ~ 5 V（初始设定）和 DC0 ~ 10 V 输入的切换操作
	4	频率设定（电流）	如果输入 DC4 ~ 20 mA（或 0 ~ 5 V，0 ~ 10 V），在 20 mA 时为最大输出频率，输入输出成比例。只有 AU 信号为 ON 时端子 4 的输入信号才会有效（端子 2 的输入将无效）。通过 Pr. 267 进行 4 ~ 20 mA（初始设定）和 DC0 ~ 5 V、DC0 ~ 10 V 输入的切换操作。电压输入（0 ~ 5 V/0 ~ 10 V）时，请将电压/电流输入切换开关切换至“V”
	5	频率设定公共端	频率设定信号（端子 2 或 4）及端子 AM 的公共端子。切勿接地

2）输出信号端子

控制回路输出信号端子的名称及功能说明见表 1—3—3。

表 1—3—3　　控制回路输出信号端子的名称及功能说明

<table>
<tr><th>种类</th><th>端子记号</th><th>端子名称</th><th colspan="2">端子功能说明</th></tr>
<tr><td>继电器</td><td>A、B、C</td><td>继电器输出
（异常输出）</td><td colspan="2">指示变频器因保护功能动作而停止输出的接点
异常时：B－C 间不导通（A－C 间导通）；正常时：B－C 间导通（A－C 间不导通）</td></tr>
<tr><td rowspan="3">集电极开路</td><td>RUN</td><td>变频器正在运行</td><td colspan="2">变频器输出频率为启动频率（初始值0.5 Hz）或以上时为低电平，正在停止或正在直流制动时为高电平</td></tr>
<tr><td>FU</td><td>频率检测</td><td colspan="2">输出频率为任意设定的检测频率以上时为低电平，未达到时为高电平</td></tr>
<tr><td>SE</td><td>集电极开路
输出公共端</td><td colspan="2">端子 RUN、FU 的公共端子</td></tr>
<tr><td>模拟</td><td>AM</td><td>模拟电压输出</td><td>可以从多种监视项目中选一种作为输出
输出信号与监视项目的大小成比例</td><td>输出项目：
输出频率
（初始设定）</td></tr>
</table>

3）通信信号端子

控制回路通信信号端子的名字及功能说明见表 1—3—4。

表 1—3—4　　控制回路通信信号端子的名称及功能说明

种类	端子记号	端子名称	端子功能说明
RS－485	—	PU 界面	通过 PU 接口，可进行 RS－485 通信 ● 标准规格：EIA－485（RS－485） ● 传输方式：多站点通信 ● 通信速率：4 800～38 400 bps ● 总长距离：500 m
USB	—	USB 界面	与个人计算机通过 USB 连接后，可以实现 FR Configurator 的操作 ● 界面：USB1.1 标准 ● 传输速度：12 Mbps ● 连接器：USB

（3）接线注意事项

1）端子 SD、SE 以及端子 5 是输入输出信号的公共端端子，切不可将该公共端端子接大地。

2）控制电路端子的接线应使用屏蔽线或双绞线，而且必须与主电路、强电电路分开接线，屏蔽层应可靠接地。

3）由于控制电路的输入信号是微电流，所以在插入接点时，为了防止接触不良，微信号接点应使用两个以上并联的接点或使用双接点，如图 1—3—6 所示。

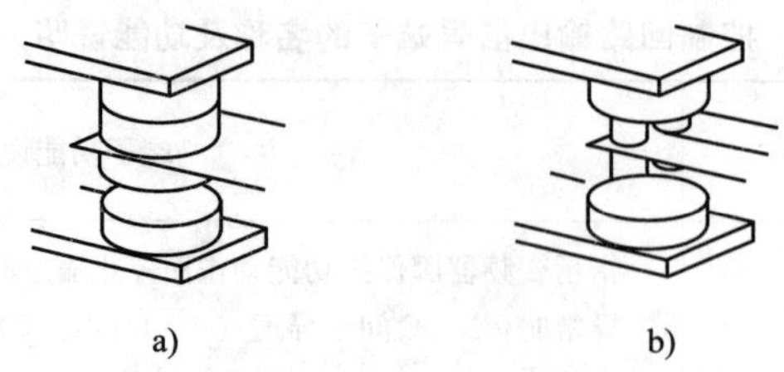

图 1—3—6　微信号接点

a）微信号用接点　b）双接点

4）切忌向控制电路的接点输入端子（例如，STF）输入电压。

5）继电器输出（异常输出）端子 A、B、C 上务必接继电器线圈或指示灯。

二、外部控制模式

外部控制模式也称外部运行操作，就是用变频器控制端子上的外部接线控制电动机启停和运行频率的一种方法。目前是通过 Pr. 79 的值来进行操作模式的切换，此时参数单元操作无效，实际中这种操作模式应用较多。

例如，通过外部端子控制电动机 3 段速运行（RH 为 40 Hz、RM 为 30 Hz、RL 为 10 Hz）。

1. 控制分析

（1）用端子 STF（STR）－SD 发出启动指令。

（2）通过端子 RH－SD、RM－SD、RL－SD 进行频率设定。

（3）“EXT”须亮灯（如果“PU”亮灯，请用 PU/EXT 进行切换）。

（4）端子初始值：RH 为 50 Hz、RM 为 30 Hz、RL 为 10 Hz（如需变更频率应通过 Pr. 4、Pr. 5、Pr. 6 进行设置）。

（5）2 个（或 3 个）端子同时设置为 ON 时可以实现 7 速运行。

2. 接线图

通过外部端子控制电动机 3 段速运行的接线图如图 1—3—7 所示。

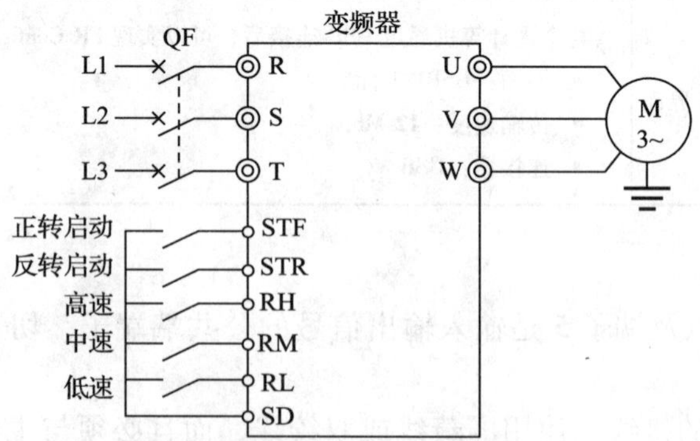

图 1—3—7　通过外部端子控制电动机 3 段速运行接线图

3. 操作步骤

用外部指令控制电动机 3 段速运行的操作步骤见表 1—3—5。

表1—3—5 用外部指令控制电动机3段速运行的操作步骤

操作步骤	显示
1. 电源ON→运行模式确认。在初始设定状态下开启电源，将变为外部运行模式“EXT”。若不是指示为“EXT”，需使用 PU/EXT 键设为外部“EXT”运行模式。上述操作仍不能切换运行模式时，可通过设置参数Pr. 79为“2”，切换到外部运行模式	ON 0.00 Hz MON EXT
2. 将Pr. 4变更为“40 Hz”	高速 中速 低速 ON
3. 将高速开关（RH）设置为ON	
4. 将启动开关（STF或STR）设置为ON，显示“40.00”（40.00 Hz）。［RUN］指示灯在正转时亮灯，反转时闪烁 RM为ON时显示30 Hz，RL为ON时显示10 Hz	正转 反转 ON 40.00 Hz RUN MON EXT
5. 停止。将启动开关（STF或STR）设置为OFF，电动机将随Pr. 8减速时间停止，［RUN］指示灯熄灭	正转 反转 OFF 0.00 Hz MON EXT 停止

任务实施

一、任务准备

实施本任务所需的实训设备及工具材料见表1—3—6。

表1—3—6 实训设备及工具材料

序号	分类	名称	型号规格	数量	备注
1	工具	电工常用工具		1	
2	仪表	万用表	型号自定	1	
3	设备器材	变频器	三菱FR－E740系列变频器	1	
		三相笼型异步电动机	1.1 kW	1	
		低压断路器		1	
		按钮		2	
		开关		3	
4	耗材	导线		若干	

二、外部控制模式的操作练习

1. 启动、停止操作练习

（1）按照图1—2—1a所示接线图完成主电路接线。

（2）按照图 1—3—2 完成控制电路接线。

（3）设定参数 Pr. 79 = “2”，操作单元上“EXT”灯亮。

（4）接通 SD 与 STF 端子，转动电位器，电动机正向加速运行。

（5）断开 SD 与 STF 端子，电动机停止。

（6）接通 SD 与 STR 端子，转动电位器，电动机反向加速运行。

（7）断开 SD 与 STR 端子，电动机停止。

2. 通过模拟信号控制电动机运行

（1）控制分析

从变频器向频率设定器供给 5 V 的电源（端子 10）。

（2）接线图

通过模拟信号控制电动机运行的外部控制接线图如图 1—3—8 所示。

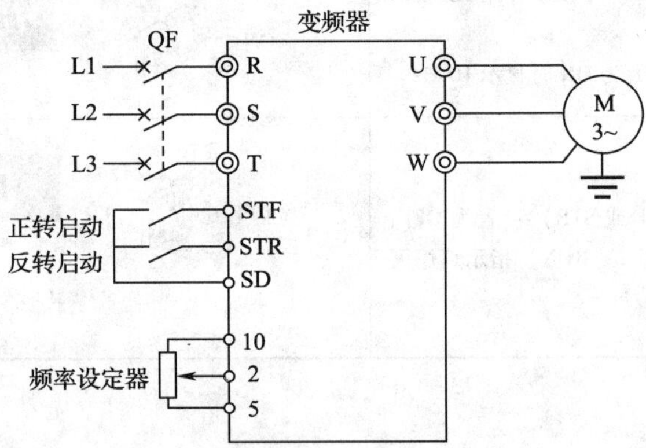

图 1—3—8　通过模拟信号控制电动机运行的外部控制接线图

（3）操作步骤

通过模拟信号控制电动机运行的具体操作步骤见表 1—3—7。

表 1—3—7　　通过模拟信号控制电动机运行的具体操作步骤

操作步骤	显示
1. 电源 ON→运行模式确认。在初始设定状态下开启电源，将变为外部运行模式“EXT”。若不是指示为“EXT”，需使用 PU/EXT 键设为外部“EXT”运行模式。上述操作仍不能切换运行模式时，可通过设置参数 Pr. 79 为“2”，切换到外部运行模式	ON　0.00　Hz　MON　EXT
2. 启动。将启动开关（STF 或 STR）设置为 ON，无频率指令时［RUN］按钮会快速闪烁	正转　反转　ON　闪烁　0.00　Hz　RUN　MON　EXT

续表

操作步骤	显示
3. 加速→恒速。将电位器（频率设定器）缓慢向右拧到底，显示屏上的频率数值随 Pr. 7 加速时间而增大，变为"50.00"（50.00 Hz）。［RUN］按钮在正转时亮灯，反转时缓慢闪烁	50.00 Hz RUN MON EXT
4. 减速。将电位器（频率设定器）缓慢向左拧到底，显示屏上的频率数值随 Pr. 8 减速时间而减小，变为"0.00"（0.00 Hz），电动机停止运行。［RUN］按钮快速闪烁	闪烁 0.00 Hz RUN MON EXT 停止
5. 停止。将启动开关（STF 或 STR）设置为 OFF，［RUN］指示灯熄灭	正转 反转 OFF 0.00 Hz MON EXT

三、升降机升降运行的外部操作

1. 主电路和控制电路接线

按图 1—2—1a 和图 1—3—2 所示接线图完成主电路和控制回路的接线。

2. 确定变频器参数

按照图 1—3—1 所示运行曲线和控制要求确定变频器有关参数，见表 1—3—8。

表 1—3—8　　参数设定表

参数名称	参数号	设置数据
上升时间	Pr. 7	5 s
下降时间	Pr. 8	4 s
加、减速基准频率	Pr. 20	45 Hz
基准频率	Pr. 3	45 Hz
上限频率	Pr. 1	45 Hz
下限频率	Pr. 2	0 Hz
运行模式	Pr. 79	2

3. 设定变频器参数并调试运行

（1）主电路和控制电路接线完成后，经检查无误后，方可通电。

（2）在"PU 模式"下，按表 1—3—8 依次设定变频器的参数。

（3）设定 Pr. 79 = "2"，"EXT" 灯亮。

（4）接通 SD 与 STF，转动电位器，电动机正向逐渐加速至 25 Hz。

（5）断开 SD 与 STF，电动机停止。

（6）接通 SD 与 STR，转动电位器，电动机反向逐渐加速至 40 Hz。

（7）断开 SD 与 STR，电动机停止。

（8）练习完毕后切断电源开关，待变频器指示灯熄灭后再拆线，以防触电，整理工具，清理现场。

（1）切不可将 R、S、T 与 U、V、W 端子接错，否则，会烧坏变频器。

（2）当 STR 和 STF 同时与 SD 接通时，相当于发出停止信号，电动机停止。

（3）绝对不能用操作面板上的【STOP】键停止电动机，否则报警（清除最简捷的方法是关掉电源，重新开启）。

任务测评

对任务实施的完成情况进行检查，并将结果填入表 1—3—9 所示测评表内。

表 1—3—9　　任务测评表

<table>
<tr><th>序号</th><th colspan="2">考核内容</th><th>考核要求</th><th>评分标准</th><th>配分</th><th>得分</th></tr>
<tr><td>1</td><td colspan="2">接线</td><td>能正确使用工具及仪表，按照电路图准确地接线</td><td>（1）元件安装不符合要求，每处扣 2 分
（2）接线有违反电工手册相关规定的，每处扣 2 分</td><td>20 分</td><td></td></tr>
<tr><td rowspan="2">2</td><td rowspan="2">外部控制模式的操作</td><td>正转</td><td rowspan="2">能正确进行外部控制模式的操作</td><td rowspan="2">（1）参数设置错误，每处扣 2 分
（2）电动机不正转，扣 10 分
（3）电动机不反转，扣 10 分
（4）电动机不能停止，扣 10 分</td><td rowspan="2">40 分</td><td rowspan="2"></td></tr>
<tr><td>反转</td></tr>
<tr><td rowspan="2">3</td><td rowspan="2">升降机升降运行操作</td><td>参数设置</td><td rowspan="2">能根据任务要求，合理设定运行参数，调试升降机升降运行操作</td><td rowspan="2">（1）不会修改参数，每处扣 2 分
（2）参数设置错误，每处扣 2 分
（3）升降机不能正转 25 Hz 运行，扣 20 分
（4）升降机不能反转 40 Hz 运行，扣 20 分</td><td rowspan="2">40 分</td><td rowspan="2"></td></tr>
<tr><td>运行调试</td></tr>
<tr><td>4</td><td colspan="2">安全文明生产</td><td>参照相关的法规，确保人身和设备安全</td><td>违反安全文明生产规程，扣 5 ~ 10 分</td><td></td><td></td></tr>
<tr><td rowspan="2">备注</td><td colspan="3" rowspan="2"></td><td>合计</td><td></td><td></td></tr>
<tr><td colspan="3">教师签字：</td></tr>
</table>

思考与练习

1. 简述主接线端子的功能。
2. 简述控制回路端子的功能。
3. 简述变频器外部控制模式的定义。
4. 画出变频器外部控制模式的接线图。
5. 简述变频器外部操作调试步骤。

6. 用变频器外部控制模式控制电动机的运行，运行曲线如图 1—3—9 所示。用外接电位器（1 W，1 kΩ 的电位器）控制运行频率，试按要求设置参数、接线并调试运行。若不需考虑低速运行，正向直接加速到 45 Hz 运行，反向直接加速到 50 Hz 运行，如何实现？

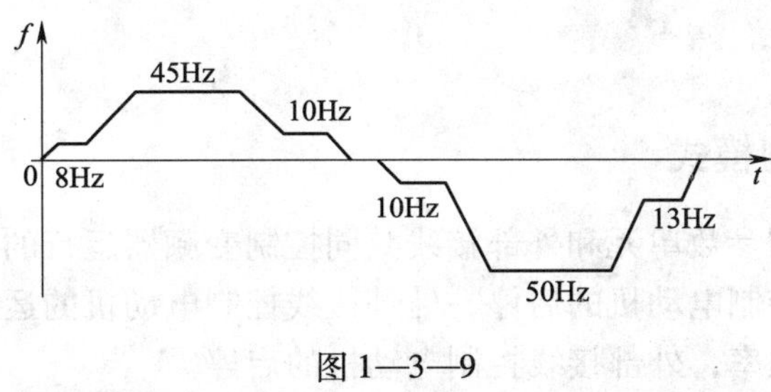

图 1—3—9

任务 4　变频器的组合运行操作

学习目标

1. 了解变频器的两种组合控制模式。
2. 能够掌握变频器组合控制模式的接线、参数设置及调试运行方式。

工作任务

工厂车间内在各个工段之间运送钢材等重物时常使用的平板车，是正反转变频调速的应用实例，它的运行速度曲线如图 1—4—1 所示。本任务要求用外部按钮控制电动机的启停，接线图如图 1—4—2 所示，用面板（PU）调节电动机的运行频率，实现平板车的自动往返运行控制。

图 1—4—1 中的正方向是平板车装载时的运行速度，反方向是放下重物后空载返回的速度，前进、后退的加、减速时间由变频器的加、减速参数来设定。当前进到接近放下重物的位置 B 时，减速到 10 Hz 运行，以减小停止时的惯性；同样，当后退到接近装载的位置 D 时，减速到 10 Hz 运行，减小停止时的惯性。

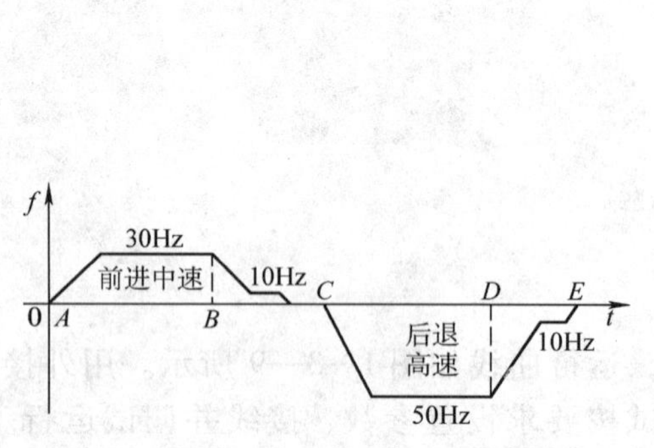

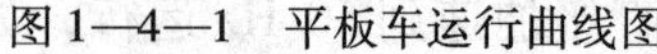

图 1—4—1 平板车运行曲线图

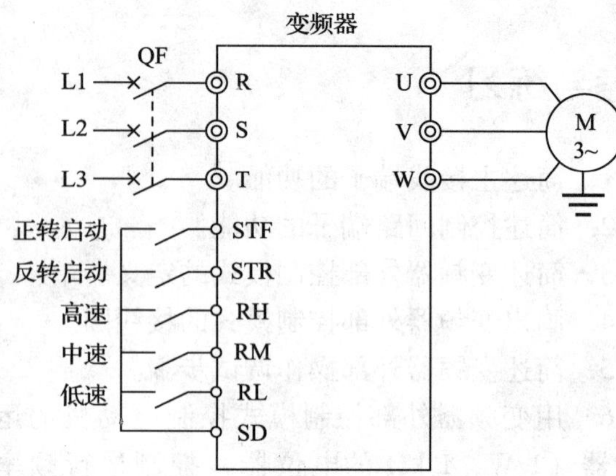

图 1—4—2 外部按钮控制电动机的启停接线图

相关知识

变频器的组合控制模式

组合运行操作是应用参数单元和外部接线共同控制变频器运行的一种方法，一般来说有两种：一种是参数单元控制电动机的启停，外部接线控制电动机的运行频率；另一种是参数单元控制电动机的运行频率，外部接线控制电动机的启停。

当需用外部信号启动电动机，用 PU 调节频率时，将“操作模式选择”设定为“3”（Pr. 79 = “3”）；当需用 PU 启动电动机，用电位器或其他外部信号调节频率时，则将“操作模式选择”设定为“4”（Pr. 79 = “4”）。

1. 外部信号控制电动机启停，操作面板 PU 设定运行频率

如图 1—4—3 所示为外部信号控制启停、PU 控制频率（假设频率设定为 50 Hz）的组合操作控制接线图。这种组合运行模式的具体操作步骤见表 1—4—1。此时，外部频率设定信号不起作用。

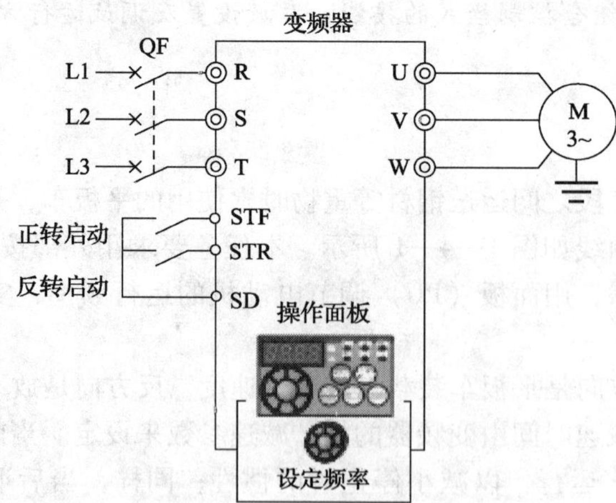

图 1—4—3 PU 控制频率的组合操作控制接线图

表 1—4—1　　**PU 控制频率的组合运行的操作步骤**

操作步骤	显示
1．电源接通时显示监视器画面	 0.00 Hz MON EXT
2．将 Pr. 79 设置为“3”，［PU］和［EXT］指示灯亮	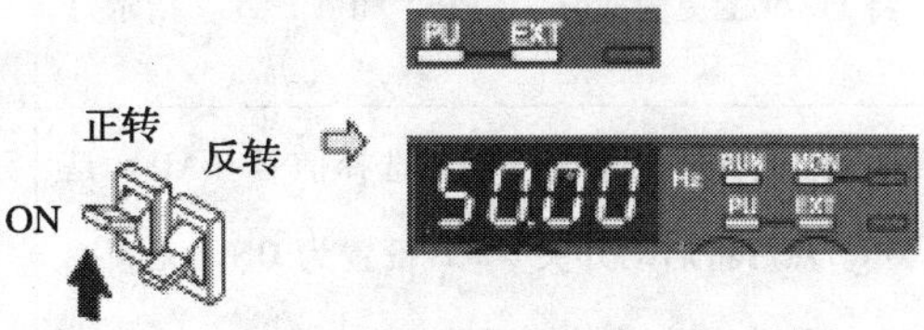 PU EXT
3．将启动开关（STF 或 STR）设置为 ON。［RUN］指示灯在正转时亮灯，反转时闪烁。电动机以在操作面板的频率设定模式中设定的频率运行	正转 反转 ON ⇨ 50.00 Hz RUN MON PU EXT
4．旋转  [旋钮] 改变运行频率，设定的频率将闪烁约 5 s	 ⇨ 40.00 闪烁约 5s
5．在数值闪烁期间按  SET 键确定频率。（若不按  SET 键，数值闪烁约 5 s 后显示将变为“0.00”。这种情况下请返回“步骤 3”重新设定频率）	 SET ⇨ 40.00 F 闪烁 …频率设定完成
6．将启动开关（STF 或 STR）设置为 OFF，电动机将随 Pr. 8 减速时间减速并停止。［RUN］指示灯熄灭	正转 反转 OFF ⇨ 停止

2．外部信号设定运行频率，操作面板控制电动机启停

如图 1—4—4 所示为由外部输入信号设定运行频率，操作面板控制电动机启停的组合操作接线图。这种组合运行模式的具体操作步骤见表 1—4—2。

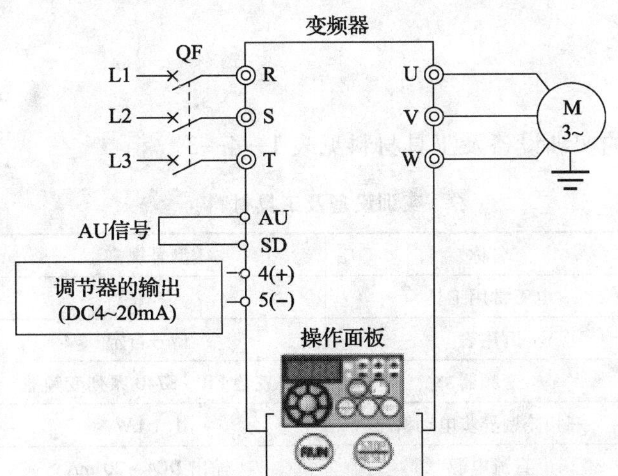

图 1—4—4　外部输入信号控制频率的组合操作接线图

表1—4—2　　外部输入信号控制频率的组合运行的操作步骤

操作步骤	显示
1. 电源接通时显示监视器画面	0.00 Hz MON EXT
2. 将Pr. 79变更为“4”，［PU］和［EXT］指示灯亮	PU EXT
3. 启动。首先确认端子4输入选择信号（AU）是否为ON。然后将启动开关 RUN 设置为ON。无频率指令时［RUN］按钮会快速闪烁	RUN ⇨ 闪烁 0.00 Hz RUN MON PU EXT
4. 加速→恒速。输入20 mA电流，显示屏上的频率数值随Pr. 7加速时间而增大，变为“50.00”（50.00 Hz）。［RUN］按钮在正转时亮灯，反转时缓慢闪烁	调节器的输出(DC4~20mA) ⇨ 50.00 Hz RUN MON PU EXT
5. 减速。输入4 mA电流，显示屏上的频率数值随Pr. 8减速时间而减小，变为“0.00”（0.00 Hz），电动机停止运行。［RUN］按钮快速闪烁	闪烁 调节器的输出(DC4~20mA) ⇨ 0.00 Hz RUN MON PU EXT 停止
6. 停止执行。将 STOP RESET 设置为OFF，［RUN］按钮指示灯熄灭	STOP RESET ⇨ 0.00 Hz MON PU EXT

任务实施

一、任务准备

实施本任务所需的实训设备及工具材料见表1—4—3。

表1—4—3　　实训设备及工具材料

序号	分类	名称	型号规格	数量	备注
1	工具	电工常用工具		1	
2	仪表	万用表	型号自定	1	
3	设备器材	变频器	三菱FR－E740系列变频器	1	
		三相笼型异步电动机	1.1 kW	1	
		直流电源	输出DC4～20 mA	1	
4	耗材	导线		若干	

二、组合运行模式的操作练习

1．外部信号控制电动机启停，操作面板设定运行频率

（1）按图1—4—3所示接线图完成主电路和控制回路的接线，经检查无误后，方可通电。

（2）变频器运行前，在“PU”（参数单元）模式下根据表1—4—4给变频器预置相关参数。

表1—4—4　　参数设置表

参数号	设定值	功能
Pr. 79	3	组合操作模式1
Pr. 1	50	上限频率
Pr. 2	2	下限频率
Pr. 3	50	基准频率
Pr. 20	50	加、减速基准频率
Pr. 7	5	加速时间
Pr. 8	3	减速时间
Pr. 9	1	电子过流保护（电动机250 W）

（3）按表1—4—1所列操作步骤设定变频器控制模式参数并调试运行。

2．外部信号设定运行频率，操作面板控制电动机启停

（1）按图1—4—4所示接线图完成主电路和控制回路的接线，经检查无误后，方可通电。

（2）变频器运行前，在“PU”（参数单元）模式下根据表1—4—5给变频器预置相关参数。

表1—4—5　　参数设置表

参数号	设定值	功能
Pr. 79	4	组合操作模式2
Pr. 1	50	上限频率
Pr. 2	2	下限频率
Pr. 3	50	基准频率
Pr. 20	50	加、减速基准频率
Pr. 7	5	加速时间
Pr. 8	3	减速时间
Pr. 9	1	电子过流保护（电动机250 W）

（3）按表1—4—2所列操作步骤设定变频器控制模式参数并调试运行。

三、平板车运行的变频器控制

1．控制分析

图1—4—1中运行曲线有以下优点：

（1）节省一个周期的运行时间，提高了工作效率。

（2）停车前的缓冲速度保证了停车精度，消除了对正位置的时间。

（3）由于加、减速按恒加、减速运行，没有振动，运行平稳，提高了安全性。

2. 系统接线

按图 1—4—2 所示接线图完成主电路和控制回路的接线。

3. 确定变频器参数

根据图 1—4—1 所示运行曲线和控制要求确定变频器有关参数，见表 1—4—6。

表 1—4—6　　参数设置表

参数号	设定值	功能
Pr. 79	3	组合操作模式
Pr. 1	50	上限频率
Pr. 2	0	下限频率
Pr. 3	50	基准频率
Pr. 20	50	加、减速基准频率
Pr. 7	4	加速时间
Pr. 8	5	减速时间
Pr. 9	2	电子过流保护（电动机 300 W）
Pr. 4	50	高速后退频率
Pr. 5	30	中速前进频率
Pr. 6	10	低速运行频率

4. 设定变频器参数并调试运行

（1）主电路和控制电路接线完成后，经检查无误后通电。

（2）在“PU 模式”下，按表 1—4—6 依次设定变频器的参数。

（3）设定 Pr. 79 = “3”，“EXT”灯和“PU”灯同时亮。

（4）在接通 RM 与 SD 前提下，SD 与 STF 导通，平板车中速（30 Hz）前进，当运行到 B 点时，RM 与 SD 断开，SD 与 RL 导通，平板车低速（10 Hz）前进，运行到 C 点时平板车停止运行。

（5）在接通 RH 与 SD 前提下，SD 与 STR 导通，平板车高速（50 Hz）后退，当运行到 D 点时，RH 与 SD 断开，SD 与 RL 导通，平板车低速（10 Hz）返回，运行到 E 点时平板车停止运行。

（6）反复调试，使平板车按图 1—4—1 曲线运行。

（7）练习完毕后切断电源开关，待变频器指示灯熄灭后再拆线，以防触电，整理工具，清理现场。

（1）Pr. 4、Pr. 6 参数的设定在外部运行和 PU 操作（参数单元操作）下均可设定。

（2）运行期间同时接通 SD 与 STF 和 STR，电动机停止。

（3）电动机为 Y 形接法。

任务测评

对平板车变频器控制任务实施的完成情况进行检查，并将结果填入表 1—4—7 所示测评表内。

表 1—4—7　　任务测评表

序号	考核内容	考核要求	评分标准	配分	得分
1	接线	能正确使用工具及仪表，按照电路图准确地接线	（1）元件安装不符合要求，每处扣 2 分 （2）接线有违反电工手册相关规定的，每处扣 2 分	20 分	
2	参数设置	能根据任务要求正确设置变频器参数	（1）参数设置错误，每处扣 5 分 （2）漏设参数，每处扣 5 分	20 分	
3	运行调试	能根据任务要求，合理设定运行参数，调试平板车运行操作	（1）平板车不能正转 30 Hz 运行，扣 20 分 （2）平板车不能正转 10 Hz 运行，扣 10 分 （3）平板车不能反转 50 Hz 运行，扣 20 分 （4）平板车不能反转 10 Hz 运行，扣 10 分	60 分	
4	安全文明生产	参照相关的法规，确保人身和设备安全	违反安全文明生产规程，扣 5 ~ 10 分		
备注			合计		
			教师签字：		

思考与练习

1. 简述变频器组合操作的概念。
2. 画出变频器 PU 控制频率的组合操作接线图，并简述其工作原理。
3. 画出变频器外部控制频率的组合操作接线图，并简述其工作原理。
4. 如图 1—4—5 所示为某设备的运行曲线，试在 Pr. 79 = “3” 设定下按曲线上所标注的参数要求运行此曲线。

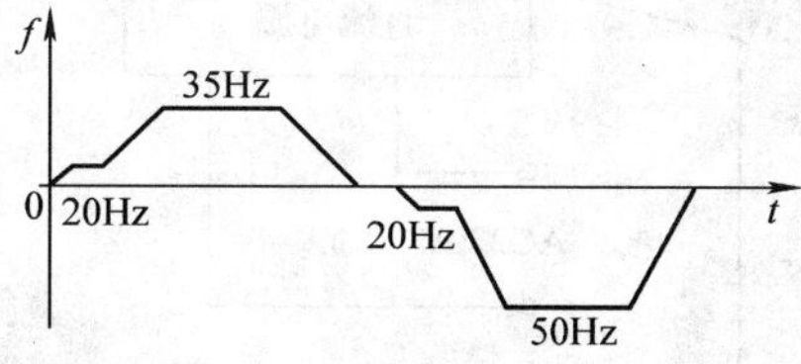

图 1—4—5　组合操作运行曲线

任务5　变频器的PID控制运行操作

学习目标

1. 掌握变频器PID控制的参数设定方法。
2. 掌握变频器PID控制的接线方法。
3. 理解PID控制的原理。

工作任务

PID控制也称比例微积分控制，属于死循环控制，是指用传感器检测被控量的实际值并回馈给变频器与被控量的目标信号相比较，如果实际值与目标值相比较有偏差，则通过PID的控制作用，使偏差为零，直到达到预定的控制目标。

变频器的PID控制是与传感器组件构成一个死循环控制系统，实现对被控制量的自动调节，其在温度、压力等参数要求恒定的场合应用十分广泛，是变频器在节能方面常用的一种方法。本任务将利用变频器的PID控制功能实现对如图1—5—1所示的恒压供水电路的控

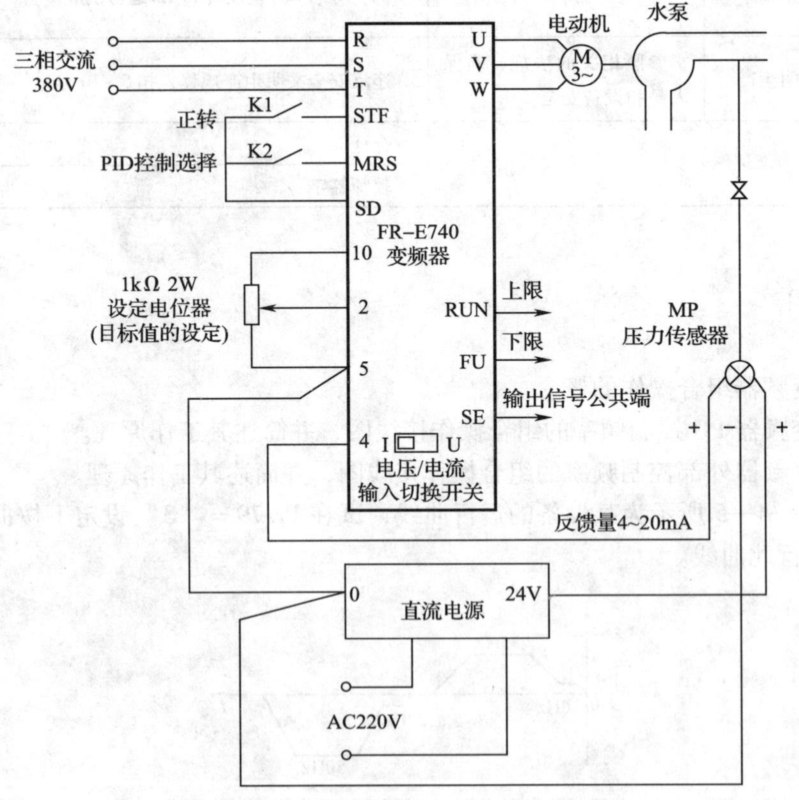

图1—5—1　PID运行接线图

制，从而掌握变频器 PID 控制方面的相关知识。图 1—5—1 中，4 端和 5 端是回馈信号输入端，MP 是压力传感器，将压力信号变为电压或电流信号。正常工作时，K1、K2 均合上。工作时回馈值与目标值比较，并按预置的 PID 值调整变频器的给定信号，从而达到改变电动机转速的目的。

相关知识

一、变频器的 PID 控制

通过变频器实现 PID 控制有两种情况：一是变频器内置的 PID 控制功能，给定信号通过变频器的端子输入，回馈信号也回馈给变频器的控制端，在变频器内部进行 PID 调节以改变输出频率；二是外部的 PID 调节器将给定量与回馈量比较后，输出给变频器，加到控制端子作为控制信号。

1. PID 循环控制

PID 循环控制是指将被控量的检测信号（即由传感器测得的实际值）回馈到变频器，并与被控量的目标信号相比较，以判断是否已经达到预定的控制目标。如尚未达到，则根据两者的差值进行调整，直至达到预定的控制目标为止。循环控制系统即闭环控制系统，其特点是系统被控对象的输出（被控制量）会反送回来影响控制器的输出，形成一个或多个循环。

PID 控制是利用 PI 控制和 PD 控制的优点组合成的控制。PI 控制是由比例控制 P 和积分控制 I 组合成的，根据偏差及时间变化，产生一个执行量。PD 控制是由比例控制 P 和微分控制 D 组成，根据改变动态特性的偏差速率，产生一个执行量。

回馈信号的接入有两种方法：

（1）给定输入法

变频器在使用 PID 功能时，将传感器测得的回馈信号直接接到给定信号端，其目标信号由键盘给定。

（2）独立输入法

变频器专门配置了独立的回馈信号输入端，有的变频器还为传感器配置了电源，其目标值可以由键盘给定，也可以由指定输入端输入。

2. PID 调节功能的预置

（1）预置 PID 调节功能

预置的内容是检测变频器的 PID 调节功能是否有效。这是十分重要的，因为变频器的 PID 调节功能有效后，其升、降速过程将完全取决于由 P、I、D 数据所决定的动态响应过程，而原来预置的“升速时间”和“降速时间”将不再起作用。

（2）目标值的预置

PID 调节的根本依据是回馈量与目标值之间进行比较的结果。因此，准确地预置目标值是十分重要的。主要有以下两种方法：

1）面板输入式。只需通过键盘输入目标值即可。目标值通常是被测量实际大小与传感器量程之比的百分数。例如，空气压缩机要求的压力（目标压力）为 6 MPa，所用压力表的量程是 0 ~ 10 MPa，则目标值为 60%。

2）外接给定式。由外接电位器进行预置，调整较方便。

3．变频器按 P、I、D 调节规律运行时的特点

（1）变频器的输出频率f_x只根据实际数值与目标数值的比较结果进行调整，与被控量之间无对应关系。

（2）变频器的输出频率f_x始终处于调整状态，其数值常不稳定。

二、变频器的内置 PID 功能

1．PID 功能信号的选择（Pr. 183）

参数 Pr. 183 是 PID 功能信号选择参数，当其值设置为 14 时，MRS 端子设定为 PID 控制的有效端子。按图 1—5—1 接线，合上开关 K2，则变频器选择内置的 PID 控制功能。

2．PID 动作的选择（Pr. 128）

参数 Pr. 128 是确定 PID 动作选择的参数。其功能分析见表 1—5—1。

表 1—5—1　　参数 Pr. 128 功能介绍

参数	名称	单位	初始值	范围	内容	功能
Pr. 128	PID 动作选择	1	0	0	PID 控制无效	
				20	PID 负作用	压力检测信号从端子 4 输入
				21	PID 正作用	

本任务闭环控制系统为负反馈系统，因此 Pr. 128 参数设置为“20”。

3．设定信号与回馈信号输入方式选择

本任务中 PID 目标值的预置采取外接给定式。在模拟量输入端子 10、2、5 外接电位器（1 kΩ，2 W）设定目标值，调整较方便。

变频器外部端子 4 和端子 5 是压力信号反馈输入端，反馈信号是 4 ~ 20 mA 的电流，注意须将模拟量输入端的电压/电流输入切换开关拨到电流侧。

4．控制参数 P、I、D 的选择

参数 Pr. 129 ~ Pr. 134 确定 PID 运行参数，详细功能见表 1—5—2。

表 1—5—2　　PID 运行参数功能介绍

参数号	作用	功能
Pr. 129	确定 PID 的比例调节范围	PID 的比例范围常数设定
Pr. 130	确定 PID 的积分时间	PID 的积分时间常数设定
Pr. 131	设定上限调节值	上限值设定参数
Pr. 132	设定下限调节值	下限值设定参数
Pr. 133	外部操作时设定值由 2 ~ 5 端子的电压确定，在 PU 或组合操作时由该参数设定控制值大小	PU 操作下控制设定值的确定
Pr. 134	确定 PID 的微分时间	PID 的微分时间常数设定

5．PID 控制相关输出端子的参数设定

PID 控制的输出端子由参数 Pr. 190、Pr. 191 设定，详细功能见表 1—5—3。

表 1—5—3　　PID 控制输出端子的参数功能介绍

参数号	设定值	作用	功能
Pr. 190	15	从 RUN 端子输出 PID 上限信号	RUN 端子功能选择
Pr. 191	14	从 FU 端子输出 PID 下限信号	FU 端子功能选择

任务实施

一、任务准备

实施本任务所需的实训设备及工具材料见表 1—5—4。

表 1—5—4　　实训设备及工具材料

序号	分类	名称	型号规格	数量	备注
1	工具	电工常用工具		1	
2	仪表	万用表	型号自定	1	
3	设备器材	变频器	三菱 FR－E740 系列变频器	1	
		三相笼型异步电动机	1.1 kW	1	
		水泵及其循环供水系统		1	
		直流电源	24 V 可调直流电源	1	
		压力传感器		1	
		电位器	1 kΩ，2 W	1	
4	耗材	导线		若干	

二、系统接线

按图 1—5—1 所示 PID 运行接线图完成恒压供水系统接线。

三、确定变频器运行参数

根据系统控制要求确定定义端子功能参数和 PID 运行参数。

1．定义端子功能参数确定

定义端子功能参数见表 1—5—5。

表 1—5—5　　定义端子功能参数设定表

序号	参数号	设定值
1	Pr. 183	14
2	Pr. 190	15
3	Pr. 191	14
4	Pr. 192	16

2．PID 运行参数确定

PID 运行参数见表 1—5—6。

表 1—5—6　　运行参数设定表

序号	参数号	设定值
1	Pr. 128	20
2	Pr. 129	30%
3	Pr. 130	10 s
4	Pr. 131	100%
5	Pr. 132	0
6	Pr. 133	50%
7	Pr. 134	3 s

四、设定变频器参数并调试运行

1. 完成系统接线经检查无误后，通电。

2. 按表 1—5—5 和表 1—5—6 设定参数。

3. 调节 2—5 端子间的电压到 2.5 V，设定 Pr. 79 = "2"，"EXT" 灯亮。

4. 将电压/电流输入切换开关切换至电流输入，SD 与 MRS，SD 与 STF 接通，电动机正转。改变 2—5 端子间的电压值，电动机转速可随之变化，始终稳定运行在设定值上。

5. 调节 4 ~ 20 mA 电流信号。电动机转速也会随之变化，稳定运行在设定值上。

6. 设 Pr. 79 = "1"，"PU" 灯亮，按【RUN】键和【STOP】键，控制电动机启停，稳定运行在 Pr. 133 的设定值上。

7. 练习完毕断电后拆线，并且清理现场。

操作提示

（1）电位器用 1 kΩ，1 W 的碳膜式电位器。

（2）通过设定 Pr. 190 ~ Pr. 192 的参数来确定输出信号端子的功能。

（3）采用变频器内部 PID 的功能时加、减速时间由积分时间的预置值决定，当不采用变频器内部 PID 的功能时，加、减速时间由相应的参数决定。

任务测评

对任务实施的完成情况进行检查，并将结果填入表 1—5—7 所示测评表内。

表 1—5—7　　任务测评表

序号	考核内容	考核要求	评分标准	配分	得分
1	接线	能正确使用工具及仪表，按照电路图准确地接线	（1）元件安装不符合要求，每处扣 2 分 （2）循环供水系统接线错误，每处扣 5 分 （3）接线有违反电工手册相关规定的，每处扣 2 分	30 分	

续表

序号	考核内容	考核要求	评分标准	配分	得分
2	基本参数设定	能根据任务要求，正确设置变频器参数	（1）参数设置错误，每处扣5分 （2）漏设参数，每处扣5分	10分	
3	PID运行参数	能正确设置变频器PID运行参数	（1）参数设置错误，每处扣5分 （2）漏设参数，每处扣5分	20分	
4	模拟调试	能正确进行PID功能调试	（1）调试方法错误，每处扣5分 （2）调试功能不成功扣40分	40分	
5	安全文明生产	参照相关的法规，确保人身和设备安全	违反安全文明生产规程，扣5～10分		
备注			合计 教师签字：		

思考与练习

1. 简述PID循环控制的概念。
2. 简述PID控制回馈信号的接入方法。
3. 简述变频器按P、I、D调节规律运行时的特点。
4. 简述变频器PID控制的调试方法。
5. 设计一恒转速变频器PID控制电路图，说明其参数设置方法及操作步骤，并进行实际接线和运行调试。

任务6　变频器的选择、安装与维护

学习目标

1. 掌握变频器的选择方法。
2. 了解变频器的安装条件和安装方法。
3. 能够进行变频器的日常维护与检查。

工作任务

某工厂车间用于吊运货物的行车，原来采用的是继电控制系统，因电路老化，故障频繁，影响了车间的生产，现要求使用三菱变频器对系统进行改造，实现行车的变频运行控制。驱动行车运行的三相异步电动机的型号是Y132S1－2，其额定电压是380 V、额定功率是5.5 kW、额定电流是11.1 A、额定转速是2 900 r/min，控制柜与行车电动机之间的左右最远距离为40 m，要求在工作频率为40 Hz时，线路电压降不超过2%。

在对一些继电控制系统设备进行变频改造时，首先应根据负载情况选择相应的变频器及其外部设备。在进行设备安装时应该注意变频器的安装环境、安装空间、主电路线径的选择、控制电路的接线方法等，并了解变频器通电前需检查的内容。变频调速系统正常运行时，需要对变频器进行日常维护与检查。

相关知识

一、变频器的选择

1．变频器容量的选择

（1）根据电动机电流选择变频器容量

采用变频器对异步电动机进行调速时，在异步电动机确定后，通常根据异步电动机的额定电流来选择变频器，或者根据异步电动机实际运行中的电流值（最大值）来选择变频器。

1）连续运行的场合。由于变频器供给电动机的电流是脉动电流，其脉动值比工频供电时的电流要大。因此须将变频器的容量留有适当的余量。

通常应使变频器的额定输出电流大于等于1.05～1.1倍电动机的额定电流（铭牌值）或电动机实际运行中的最大电流。

2）加、减速时变频器容量的选定。变频器的最大输出转矩是由变频器的最大输出电流决定的。一般情况下，对于短时间的加、减速而言，变频器允许达到额定输出电流的130%～150%（视变频器容量而定）。在短时加、减速时的输出转矩也可以增大；反之，如只需要较小的加、减速转矩时，也可降低选择变频器的容量。由于电流的脉动原因，此时应将变频器的最大输出电流降低10%后再进行选定。

3）频繁加、减速运转时变频器容量的选定。对于频繁加、减速运转时，可根据加速、恒速、减速等各种运行状态下变频器的电流值来确定变频器额定输出电流I_{INV}。

$$I_{INV}=[(I_1t_1+I_2t_2+\cdots+I_nt_n)/(t_1+t_2+\cdots+t_n)]K_0 \tag{1—6—1}$$

式中　I_1、I_2——各运行状态下的平均电流，A；

t_1、t_2——各运行状态下的时间，s；

K_0——安全系数（频繁运行时K_0取1.2，一般K_0取1.1）。

4）电流变化不规则的场合。运行中如果电动机电流不规则变化，此时不易获得运行特性曲线。这时，可使电动机在输出最大转矩时的电流限制在变频器的额定输出电流内进行选定。

5）电动机直接启动时所需变频器容量的选定。通常，三相异步电动机直接用工频启动时启动电流为其额定电流的5～7倍，直接启动时可按下式选取变频器：

$$I_{INV}\geqslant I_K/K_g \tag{1—6—2}$$

式中　I_K——在额定电压、额定频率下电动机启动时的堵转电流，A；

K_g——变频器的允许超载倍数，$K_g=1.3\sim1.5$。

6）多台电动机共享一台变频器供电。上述5条仍适用，但应考虑以下几点：

①在电动机总功率相等的情况下，由多台小功率电动机组成的一方电动机效率，比由台

数少但电动机功率较大的一方低，因此两者电流总值并不等，可根据各电动机的电流总值来选择变频器。

②在整定软启动、软停止时，一定要按启动最慢的那台电动机进行整定。

③若有一部分电动机直接启动时，可按下式进行计算：

$$I_{INV} \geqslant [N_2 I_K + (N_1 - N_2) I_N] / K_g \quad (1—6—3)$$

式中 N_1——电动机总台数；

N_2——直接启动的电动机台数；

I_K——电动机直接启动时的堵转电流，A；

I_N——电动机额定电流，A；

K_g——变频器允许超载倍数（1.3～1.5）；

I_{INV}——变频器额定输出电流，A。

多台电动机依次进行直接启动，到最后一台时，启动条件最不利。

7）容量选择注意事项

①并联追加投入启动。用1台变频器使多台电动机并联运转时，如果所有电动机同时启动加速，可按如前所述选择容量。但是对于一小部分电动机开始启动后再追加投入其他电动机启动的场合，此时变频器的电压、频率已经上升，追加投人的电动机将产生大的启动电流。因此，变频器容量与所有电动机同时启动时相比需要大些。

②大超载容量。根据负载的种类往往需要超载容量大的变频器。通用变频器超载容量通常多为125%、60 s或150%、60 s，需要超过此值的超载容量时必须增大变频器的容量。

③轻载电动机。电动机的实际负载比电动机的额定输出功率小时，多认为可选择与实际负载相称的变频器容量。对于通用变频器，即使实际负载小，使用比按电动机额定功率选择的变频器容量小的变频器并不理想。

（2）输出电压的选择

变频器的输出电压按电动机的额定电压选定。在我国低压电动机多数为380 V，可选用400 V系列变频器。应当注意变频器的工作电压是按 *U/f* 曲线变化的。变频器规格表中给出的输出电压是变频器的最大输出电压，即基频下的输出电压。

（3）输出频率的选择

变频器的最高输出频率根据机种不同而有很大不同，有50 Hz/60 Hz、120 Hz、240 Hz或更高。50 Hz/60 Hz的变频器，以在额定速度以下范围内进行调速运转为目的，大容量通用变频器几乎都属于此类。最高输出频率超过工频的变频器多为小容量。在50 Hz/60 Hz以上区域，由于输出电压不变，为恒功率特性，要注意在高速区转矩的减小。例如，车床根据工件的直径和材料改变速度，在恒功率的范围内使用；在轻载时采用高速可以提高生产率，只需注意不要超过电动机和负载的容许最高速度。

考虑以上各点，根据变频器的使用目的所确定的最高输出频率来选择变频器。

变频器内部产生的热量大，考虑到散热的经济性，除小容量变频器外几乎都是开启式结构，采用风扇进行强制冷却。变频器设置场所在室外或周围环境恶劣时，最好装在独立盘上，采用具有冷却热交换装置的全封闭式结构。

对于小容量变频器，在粉尘、油雾多的环境或者棉绒多的纺织厂也可采用全封闭式结构。

2. 变频器外围设备及其选择

变频器的运行离不开某些外围设备，这些外围设备通常都是选购件。选用外围设备通常是为了提高变频器的某些性能、对变频器和电动机进行保护以及减小变频器对其他设备的影响等。

变频器的外围设备如图 1—6—1 所示，下面分别说明其用途与注意事项等。

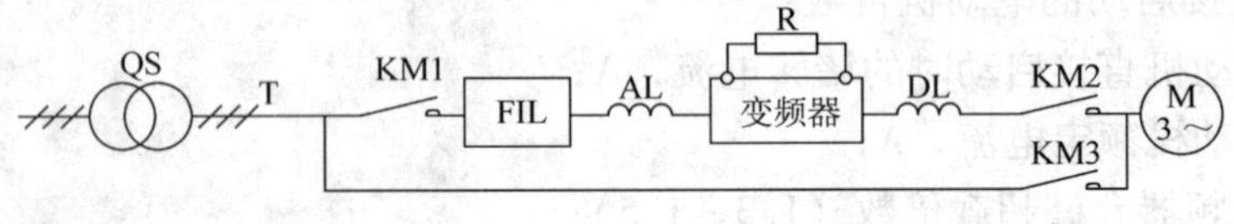

图 1—6—1　变频器的外围设备

（1）电源变压器 T

电源变压器将高压电源变换成通用变频器所需的电压等级，例如 220 V 量级或 400 V 量级等。变频器的输入电流含有一定量的高次谐波，使电源侧的功率因子降低。若再考虑变频器的运行效率，则变压器的容量常按下式取值：

$$变压器的容量(kVA)=\frac{变频器的输出功率}{变频器输入功率因数\times变频器效率}$$

其中，变频器功率因子在有输入交流电抗器 L1 时，取 0.8 ~ 0.85。无输入电抗器 L1 时，则取 0.6 ~ 0.8。变频器效率可取 0.95，变频器输出功率应为所接电动机的总功率。

变频器生产厂家所推荐的变压器容量的参考值，常按经验取变频器容量的 130% 左右。

（2）低压断路器 QS

低压断路器用于控制电源回路的通断。在出现过流或短路事故时自动切断电源，以防事故扩大。如果需要进行接地保护，也可采用漏电保护式开关。使用变频器无一例外地都应采用 QS，外形如图 1—6—2 所示。

图 1—6—2　低压断路器

（3）接触器 KM1

接触器 KM1 用于控制变频器电源的通断。在变频器保护功能起作用时，切断电源。对于电网停电后的复电，可以防止自动再投入，以保护设备及人身安全。

（4）无线电噪声滤波器 FIL

无线电噪声滤波器 FIL 用于限制变频器因高次谐波对外界的干扰，可酌情选用。

（5）交流电抗器 AL 和 DL

AL 用于抑制变频器输入侧的谐波电流，改善功率因子。选用与否视电源变压器与变频器容量的匹配情况及电网电压允许的畸变程度而定，一般情况以采用为好。DL 用于改善变频器输出电流的波形，降低电动机的噪声。

（6）制动电阻 R

制动电阻 R 用于吸收电动机再生制动的再生电能，可以缩短大惯量负载的自由停车时间。还可以在负载下放时，实现再生运行。

制动电阻阻值及功率计算比较复杂，一般用户可以参照表1—6—1所示的最小制动电阻，根据经验选取，也可以由试验来确定。

表1—6—1　　允许的最小制动电阻

电动机功率/kW	0.4	0.75	2.2	3.7	5.5	7.5	11	15	18.5～45
最小制动电阻/Ω	96	96	64	32	32	32	20	20	12.8

（7）接触器KM2和KM3

接触器KM2和KM3用于变频器和工频电网之间的切换运行。在这种方式下，KM2是必不可少的。它和KM3之间的联锁可以防止变频器的输出端接到工频电网上。一旦出现变频器输出端误接到工频电网的情况，将损坏变频器。如果不需要变频器与工频电网的切换功能，可以不要KM2。注意，有些机种要求KM2只能在电动机和变频器处于停机状态时动作。

二、变频器的安装

1. 安装环境

变频器是精密的电子设备，为了确保其稳定运行，计划安装时，应对其工作场所和环境进行考虑，以使其充分发挥应有的功能。如图1—6—3所示为不宜安装使用变频器的场所。因为在这些场所安装或使用变频器，有可能导致变频器动作异常或发生故障。

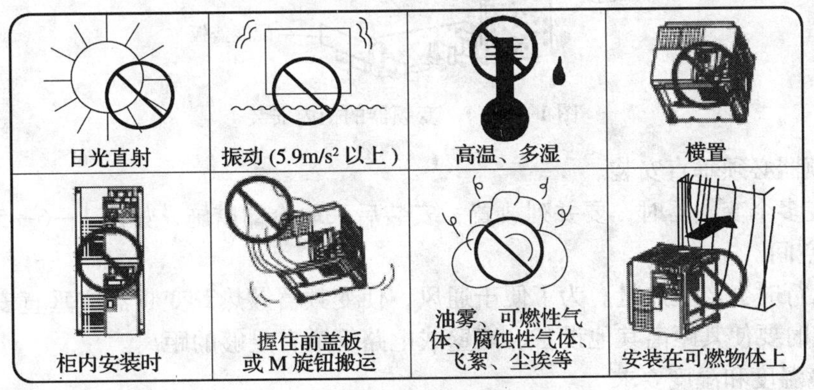

图1—6—3　不宜安装变频器的场合

（1）设置变频器场所的条件

1）结构房或电气室应湿气少，无水浸的顾虑。

2）无易燃、易爆气体，腐蚀性气体和液体、粉尘少。

3）变频器易于搬入和搬出。

4）定期的变频器维修和检查易于进行。

5）应备有通风口或换气装置，以排出变频器产生的热量。

6）应与易受高次谐波干扰的装置隔离。

（2）长期维持变频器可靠运行的条件

1）环境温度：－10～＋50℃。

2）相对湿度：20%～90%RH。

3）海拔：1 000 m 以下。设置环境为 1 000 m 以上时，每超过 100 m，额定容量减少 10%。

4）振动：设置场所的振动加速度应限制在 0.6 g 以内，振动加速度超值时会使变频器的紧固件松动，引起继电器和接触器等触点部件误动作，可能导致不稳定运行。所以在振动场所应用变频器时，应采用防振措施，并进行定期检查、维护和加固。

2．变频器的柜内安装

（1）柜内安装变频器时，取下前盖板和配线盖板后进行固定，如图 1—6—4 所示。

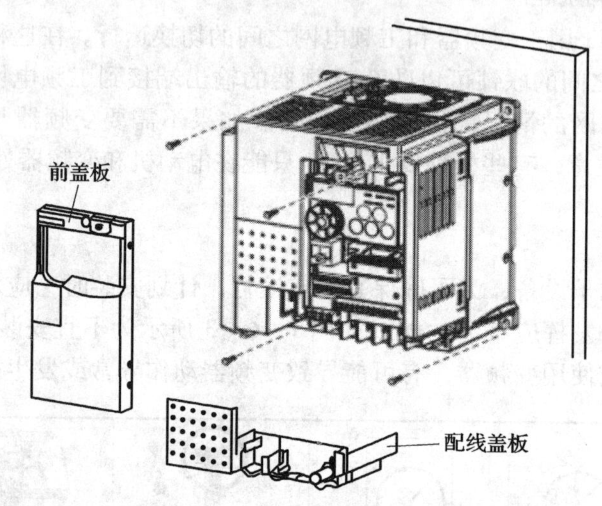

图 1—6—4　变频器的柜内安装

（2）变频器必须垂直安装。

（3）安装多个变频器时，要并列放置，安装后采取冷却措施，如图 1—6—5 所示。

3．安装空间

变频器运行时会产生热量。为了便于通风，使变频器散热，变频器应垂直安装，不可倒置，并且安装时要使其距离其他设备、墙壁或电路管道有足够的距离。

（1）环境温度和湿度要求

很多生产现场将变频器安装在电控柜内，为达到环境温度和湿度要求，要确保足够的安装空间，同时应注意散热问题，如图 1—6—6 所示。

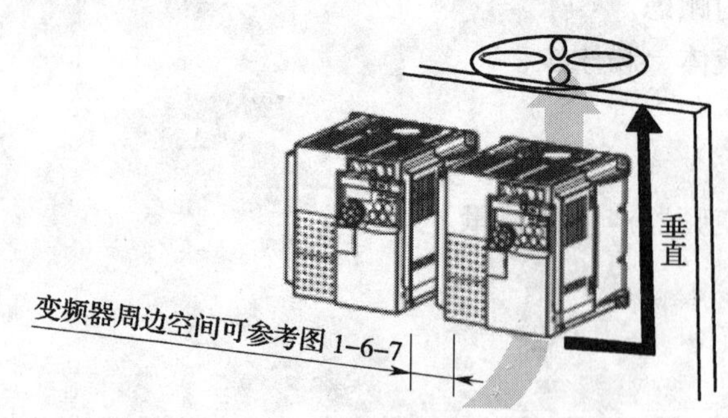

图 1—6—5　多台变频器的柜内安装要求

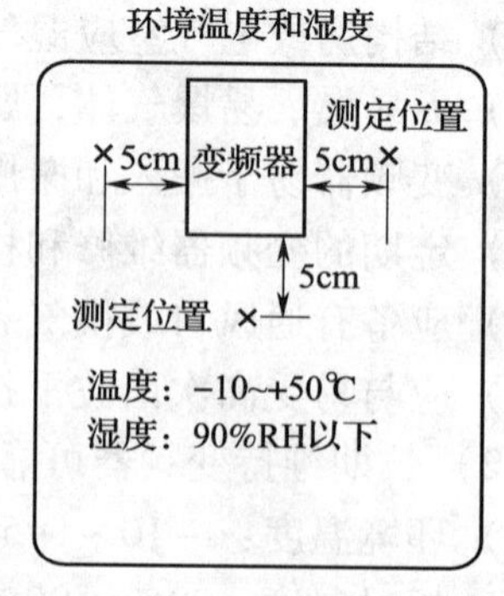

图 1—6—6　变频器安装环境要求

变频器的最高允许温度为 $T_i = 50℃$，如果电控柜的周围温度 $T_a = 40℃$（max），则必须使柜内温度在 $T_i - T_a = 10℃$ 以下。

（2）周边空间尺寸要求

在环境温度 40°C 以下使用时可以密集安装（0 间隔），环境温度若超过 40°C，变频器横向周边空间应在 1 cm 以上，若容量达 5.5 kW 以上横向周边空间应在 5 cm 以上。如图 1—6—7 所示为变频器安装空间示意图。

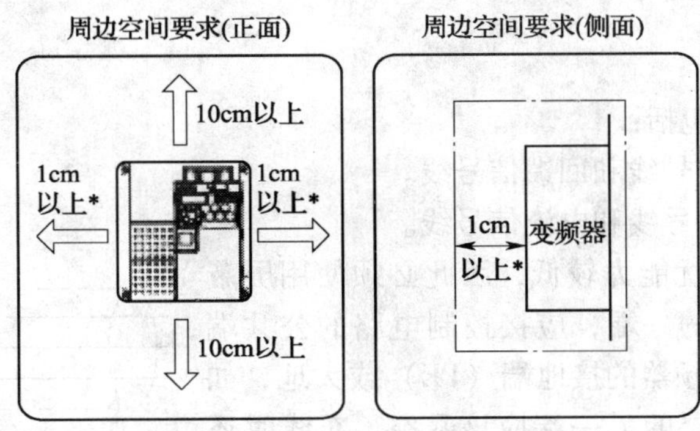

图 1—6—7　变频器安装空间

4. 主电路线径的选择

（1）电源与变频器之间的导线

一般来说，电源与变频器之间的导线和同容量普通电动机的电线选择方法相同。考虑到其输入侧的功率因子往往较低，应本着宜大不宜小的原则来决定线径。

（2）变频器与电动机之间的导线

因为频率下降时，电压也要下降，在电流相等的条件下，线路电压降 ΔU 在输出电压中的比例将上升，而电动机得到电压的比例则下降，有可能导致电动机发热。所以，在决定变频器与电动机之间导线的线径时，最关键的因素便是线路电压降 ΔU 的影响。一般要求：

$$\Delta U \leqslant (2 \sim 3)\% U_N \quad (1—6—4)$$

ΔU 的计算公式是：

$$\Delta U = \sqrt{3}\, I_{MN} R_0 l / 1\,000 \quad (1—6—5)$$

式中　I_{MN}——电动机的额定电流，A；

R_0——单位长度（每米）导线的电阻，mΩ/m；

l——导线的长度，m。

常用电动机引出线的单位长度电阻值见表 1—6—2。

表 1—6—2　**电动机引出线的单位长度电阻值**

标称截面积（mm^2）	1.0	1.5	2.5	4.0	6.0	10.0	16.0	25.0	35.0
R_0（mΩ/m）	17.8	11.9	6.92	4.40	2.92	1.73	1.10	0.69	0.49

【例】某电动机的主要额定资料如下：$P_{MN} = 30$ kW，$U_{MN} = 380$ V，$I_{MN} = 57.6$ A，$n_{MN} = 1\,460$ r/min。变频器与电动机之间的距离为 40 m，要求在工作频率为 40 Hz 时，线路电压降

不超过2%。

解：由式1—6—4得允许的电压降为：

$$\Delta U \leqslant 0.02 \times 380 \times (40/50) = 6.08\ (\mathrm{V})$$

又由式1—6—5得

$$6.08 \geqslant (\sqrt{3} \times 57.6 \times R_0 \times 40) / 1\,000$$

求得 $R_0 \leqslant 1.52\ \mathrm{m\Omega/m}$，故由表1—6—2可知，应选截面积为16 $\mathrm{mm^2}$的导线。

5. 控制电路的接线

（1）模拟量控制线

模拟量控制线主要包括：

1）输入侧的给定信号线和回馈信号线。

2）输出侧的频率信号线和电流信号线。

模拟量信号的抗干扰能力较低，因此必须使用屏蔽线。屏蔽层靠近变频器的一端，应接控制电路的公共端（COM），而不要接到变频器的接地端（PE）或大地，如图1—6—8所示。屏蔽层的另一端应该悬空。布线时还应该遵守以下原则：

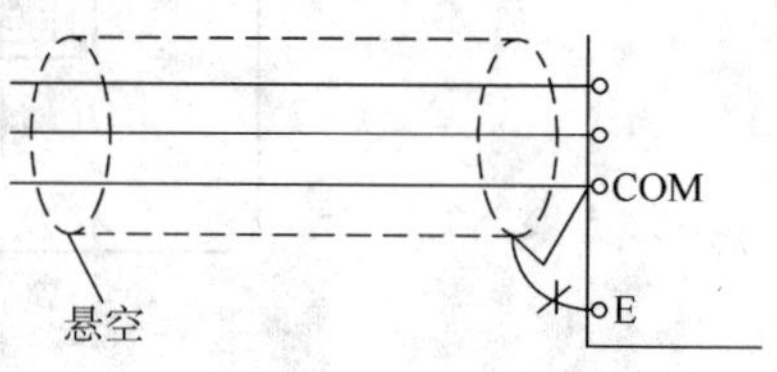

图1—6—8　屏蔽线的接法

①尽量远离主电路100 mm以上。

②尽量不和主电路交叉，如必须交叉时，应采取垂直交叉的方式。

（2）开关量控制线

如启动、点动、多挡转速控制等的控制线，都是开关量控制线。一般来说，模拟量控制线的接线原则也都适用于开关量控制线。但开关量的抗干扰能力较强，故在距离不远时，允许不使用屏蔽线，但同一信号的两根线必须互相绞在一起。如果操作台离变频器较远，应该先将控制信号转变成能远距离传送的信号，再将能远距离传送的信号转变成变频器所要求的信号。

（3）变频器的接地

从安全及降低噪声的需要出发，为防止漏电和干扰侵入或辐射，变频器必须接地。根据电气设备技术标准规定，接地电阻应小于或等于国家标准规定值，且用较粗的短线接到变频器的专用接地端子PE上。当变频器和其他设备，或有多台变频器一起接地时，每台设备应分别和地相接，而不允许将一台设备的接地端和另一台设备的接地端相接后再接地，如图1—6—9所示。

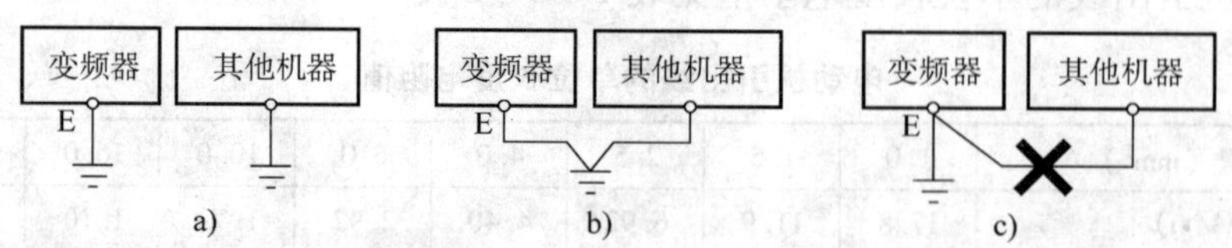

图1—6—9　变频器接地方式

a）专用地线（好）　b）共享地线（正确）　c）共通地线（不正确）

（4）大电感线圈的浪涌电压吸收电路

接触器、电磁继电器的线圈及其他各类电磁铁的线圈都具有很大的电感。在接通和断开的瞬间，由于电流的突变，它们会产生很高的感应电动势，因而在电路内会形成峰值很高的浪涌电压，导致内部控制电路的误动作。所以，在所有电感线圈的两端，必须接入浪涌电压吸收电路。在大多数情况下，可采用阻容吸收电路，如图 1—6—10a 所示；在直流电路的电感线圈中，也可以只用一个二极管，如图 1—6—10b 所示。

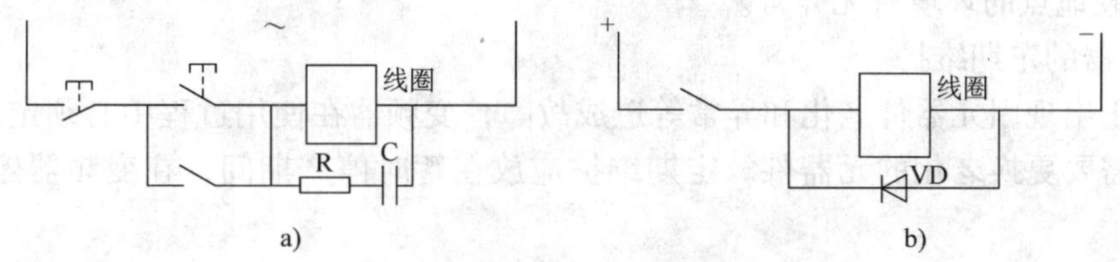

图 1—6—10　浪涌电压吸收电路

a）阻容吸收电路　b）直流吸收电路

进行主电路连接时应注意以下几点：

1）主电路电源端子 R、S、T，经接触器和低压断路器与电源连接，不用考虑相序。

2）变频器的保护功能动作时，继电器的常闭触点控制接触器电路，会使接触器断开，从而切断变频器的主电路电源。

3）不应以主电路的通断来进行变频器的运行、停止操作。须用控制面板上的运行键（RUN）和停止键（STOP）或用控制电路端子 FWD（REV）来操作。

4）变频器输出端子（U、V、W）最好经热继电器再接至三相电动机上，当旋转方向与设定不一致时，要调换 U、V、W 三相中的任意两相。

5）变频器的输出端子不要连接到电力电容器或浪涌吸收器上。

6．通电前的检查

变频器安装、接线完成后，通电前应进行下列检查：

（1）外观、构造检查。包括检查变频器的型号是否有误、安装环境有无问题、装置有无脱落或破损、电缆直径和种类是否合适、电气连接有无松动、接线有无错误、接地是否可靠等。

（2）绝缘电阻的检查。测量变频器主电路绝缘电阻时，必须将所有输入端（R、S、T）和输出端（U、V、W）都连接起来后，再用 500 V 兆欧表测量绝缘电阻，其值应在 10 MΩ 以上。而控制电路的绝缘电阻应用万用表的高阻挡测量，不能用兆欧表或其他有高电压的仪表测量。

（3）电源电压检查。检查主电路电源电压是否在容许电源电压值以内。

三、变频器的日常维护与检查

变频器是以半导体组件为核心构成的静止装置，会由于温度、湿度、尘埃、振动等使用环境的影响及零部件老化等原因而发生故障。另外，变频器中使用滤波电容器、冷却风扇等消耗性器件，因此日常检查和定期维护必不可少。使用合理、维护得当可延长变频器的使用寿命，并减少突发故障造成的停产损失。

1. 变频器的日常检查

在变频器运行过程中，可以从设备外部目视检查运行状况有无异常。主要检查项目有：

（1）电源电压是否在允许范围内。

（2）冷却系统是否运转正常。

（3）变频器、电动机等是否过热、变色或有异味。

（4）变频器、电动机是否有异常振动和声音。

（5）安装地点的环境有无异常。

2. 变频器的定期维护

为了防止出现因元器件老化和异常等造成故障，变频器在使用过程中必须定期进行保养维护，根据需要更换老化的元器件。定期维护应放在暂时停产期间，在变频器停机后进行。主要项目有：

（1）对紧固件进行必要的紧固。

（2）清扫冷却系统积尘。

（3）检查绝缘电阻是否在允许范围内。

（4）检查导体、绝缘物是否有腐蚀、变色或破损。

（5）确认保护电路等的动作，确认各部分的动作波形。

（6）检查冷却风扇、滤波电容器、接触器等的工作情况。

需定期检查更换的元器件及参考检查更换时间见表1—6—3。

表1—6—3　　参考检查更换时间表

名称	参考更换时间	更换方法
冷却风扇	2～3年	更换为新品
平滑电容	5年	更换为新品
熔断器	10年	更换为新品
印制电路板上的铝制电解电容	5年	更换为新品（检查后决定）
定时器		检查动作时间后决定

注意使用条件：①周围温度，年平均30℃；②负载率，80%以下；③使用率，12 h/d以下。

3. 变频器维护时的注意事项

（1）操作前必须切断电源，且在主电路滤波电容器放电完毕后，电源指示灯HL熄灭后再进行作业，以确保操作者的安全。

（2）在出厂前，生产厂家都已对变频器进行了初始设定，一般不能任意改变这些设定。而在改变了初始设定后又希望恢复初始设定值时，一般需进行初始化操作。

（3）在新型变频器的控制电路中使用了许多CMOS芯片，用手指直接触摸电路板将会使这些芯片因静电作用而损坏，因此切忌用手指直接触摸电路板。

（4）在通电状态下不允许进行改变接线或拔插连接器件等操作。

（5）在变频器工作过程中不允许对电路信号进行检查。这是因为连接测量仪表时所出现的噪声以及误操作可能会使变频器出现故障。

（6）当变频器发生故障而无故障显示时，注意不能再轻易通电，以免引起更大的故障。这时应断电后做电阻特性参数测试，初步查找故障原因。

任务实施

一、任务准备

实施本任务所需的实训设备及工具材料见表 1—6—4。

表 1—6—4　　实训设备及工具材料

序号	分类	名称	型号规格	数量	备注
1	工具	电工常用工具		1	
2	仪表	万用表	型号自定	1	
3	设备器材	变频器	三菱 FR－E740 系列变频器	1	
		三相笼型异步电动机	5.5 kW	1	
		控制柜	规格自定	1	
		冷却风扇	型号功率自定	1	
		低压断路器	型号容量自定	1	
		交流接触器	型号容量自定	6	
		变频器的相关辅助器件	自定	若干	
4	耗材	导线	多种线径	若干	

二、变频器的柜内安装练习

在教师指导下，根据安装要求在控制柜内安装变频器并调试。柜内安装过程中要注意接线工艺和安全文明生产。

三、变频器的日常维护与检查练习

在教师指导下，根据变频器的日常检查、定期维护的要求及注意事项反复进行练习。

四、平板车继电控制系统的变频器改造

1. 根据系统的控制要求选择变频器、低压断路器、交流接触器、主电路和控制电路的导线、相关辅助器件及耗材。

2. 根据设备的控制要求设计变频器改造的安装图样。

3. 图样、变频器及相关器件耗材的选择经老师检查认可后，进行安装。安装过程中注意接线工艺和安全文明生产。

4. 装接完成后按照变频器通电前的检查要求，认真检查。

5. 经老师检查无误后，方可进行模拟调试运行。

任务测评

对任务实施的完成情况进行检查，并将结果填入表 1—6—5 所示测评表内。

表1—6—5 任务测评表

序号	考核内容	考核要求	评分标准	配分	得分
1	变频器的选择	能根据使用场合，合理选择变频器	（1）根据电动机电流选择变频器，选择不合理扣10分 （2）根据输出电压选择变频器，选择不合理扣10分 （3）根据输出频率选择变频器，选择不合理扣10分	30分	
2	外围设备的选择	能根据变频器的型号及使用场合，合理选择外围设备	（1）外围设备选择不合理，每处扣5分 （2）外围设备选择错误，每处扣10分	20分	
3	变频器的安装	能合理选择主、控电路的线径，并正确安装变频器	（1）主电路线径选择不合理，扣5分 （2）控制电路线径选择不合理，扣5分 （3）变频器安装不合理，每处扣5分 （4）通电前检查方法错误，每处扣5分 （5）接线有违反电工手册相关规定的，每处扣2分	30分	
4	变频器的维护	能进行变频器的日常维护与检查	（1）不能理会变频器的日常检查内容，每处扣2分 （2）不能理会变频器的定期维护项目内容，每处扣2分 （3）不清楚变频器维护时的注意事项，每处扣2分	20分	
5	安全文明生产	参照相关的法规，确保人身和设备安全	违反安全文明生产规程，扣5~10分		
备注			合计		
			教师签字：		

思考与练习

1. 简述安装变频器的注意事项。
2. 简述变频器的日常维护项目。
3. 简述变频器的定期维护项目。

4．简述变频器维护时的注意事项。

5．某机电设备上电动机的主要额定参数如下：$P_{MN}=7.5$ kW，$U_{MN}=380$ V，$I_{MN}=15$ A，$n_{MN}=2\ 900$ r/min。变频器与电动机之间的距离为 40 m，要求在工作频率为 40 Hz 时，线路电压降不超过 2%。试选择合适的变频器及相关电器，并选择变频器与电动机之间导线线径来实现变频器控制电动机运行。

课题二　车床主轴变频调速控制

车床在金属切削机床中应用最为广泛，主要用于切削具有旋转表面的工件，如车削工件的外圆、内圆、端面、螺纹等。车床技术水平的高低及其占金属切削加工机床总拥有量的百分比，是衡量一个国家工业制造整体水平的重要标志之一。在机械加工过程中，由于产品工艺的要求，经常对主轴或刀具的旋转提出不同的运行速度要求，这对于提高加工效率，扩大加工材料范围，提升加工质量，降低损耗，减少噪声有着重要的意义。变频器在这些方面有着得天独厚的优势，特别是配合 PLC 控制的变频器，可以进行较为复杂的程序控制，满足机械加工要求，实现自动加工。用变频器和 PLC 对主轴进行有效控制是当前车床技术改造中的一项重要内容。

任务 1　电动机变频单向运行控制

学习目标

1. 了解普通车床主拖动系统的基本参数。
2. 会根据控制要求，合理选择变频器。
3. 能正确安装电动机变频单向运行控制的主电路和控制电路。
4. 能合理设置电动机变频单向运行控制系统中变频器的相关参数。
5. 会联机调试电动机变频单向运行控制系统。

工作任务

在车床切削运动中，承受主要切削功率的运动称为主动动，即工件的运动。主运动的拖动系统通常采用电磁离合器配合齿轮箱进行调速，此调速系统存在体积大、结构复杂、噪声大、电磁离合器损坏率较高、调速性能差等缺点。而采用变频器控制主轴的运动，既能满足生产工艺要求，又可克服上述不足，提高车床的综合性能，同时达到节能目的。

本任务根据车床主轴拖动系统的基本参数，合理选择变频器的容量及控制方式，实现主轴电动机连续单方向运行控制。

相关知识

一、普通车床的结构与拖动系统

1. 普通车床结构

普通车床的基本结构如图 2—1—1 所示，主要部件如下：

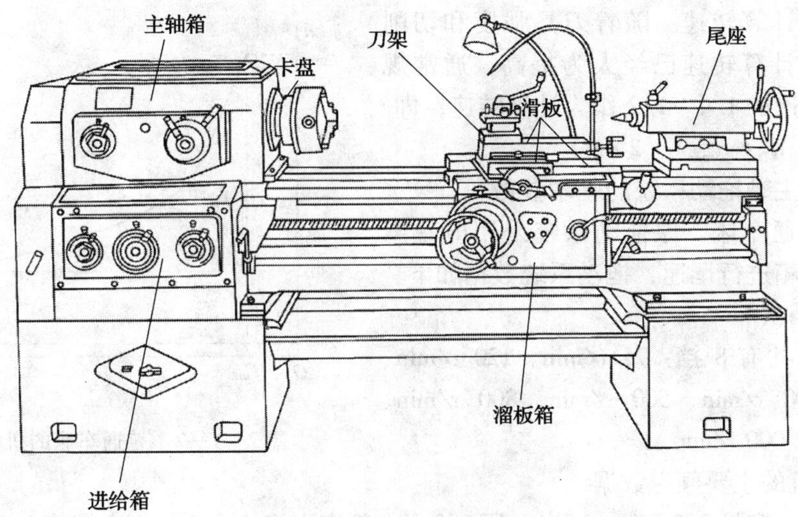

图 2—1—1　普通车床的外形

（1）主轴箱

主轴箱用于调节主轴的转速（即工件的转速）。

（2）进给箱

进给箱在自动进给时，用于和齿轮箱配合，控制刀具的进给运动。

（3）溜板箱

溜板箱通过齿轮和齿条或丝杠和开合螺母，推动车刀作进给运动。

（4）刀架

刀架用于固定车刀。

（5）尾座

尾座用于顶住工件，是固定工件用的辅助部件。

2. 车床的拖动系统

普通车床的拖动系统主要包括以下两种运动：

（1）主运动

工件的旋转运动为普通车床的主运动，带动工件旋转的拖动系统为主拖动系统。

（2）进给运动

进给运动主要是刀架的移动。由于在车削螺纹时，刀架的移动速度必须和工件的旋转速度严格配合，故中小型车床的进给运动通常由主电动机经进给传动链拖动，并无独立的进给拖动系统。

二、普通车床主运动的负载性质

在低速段，普通车床允许的最大进刀量都是相同的，负载转矩也相同，属于恒转矩区；而在高速段，由于受床身机械强度和振动及刀具强度等的影响，速度越高，允许的最大进刀量越小，负载转矩也越小，但切削功率保持相同，属于恒功率区。车床主轴的机械特性如图 2—1—2 所示。

恒转矩区和恒功率区的分界转速，称为计算转速，用 n_D 表示。n_D 点以下是恒转矩区，n_D 点以上是恒功率区。在老系列产品中，一般规定：从最低速起，以全部转速挡次的最高转速的1/3作为计算转速。随着刀具强度和切削技术的提高，计算转速已经大为提高，通常规定：以最高转速的1/4～1/2作为计算转速，即

$$n_D \approx n_{max}/（2\sim4）$$

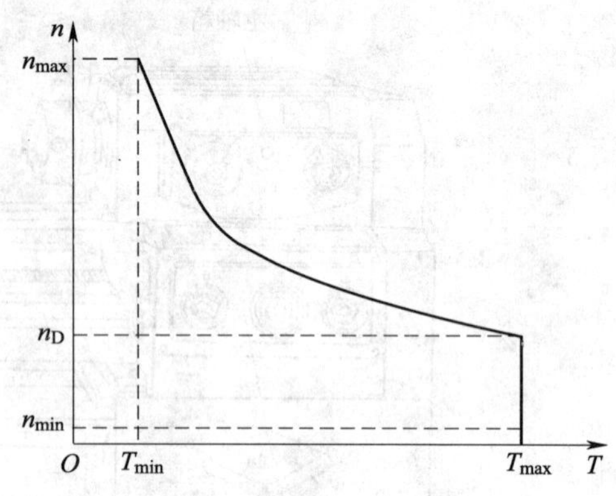

图2—1—2　普通车床的机械特性

三、车床主轴拖动系统的基本参数

某型号普通车床，原拖动系统采用电磁离合器配合齿轮箱进行调速，拖动系统数据如下：

1. 转速挡次

主轴转速共有8挡：75 r/min、120 r/min、200 r/min、300 r/min、500 r/min、800 r/min、1 200 r/min、2 000 r/min。

2. 电动机的主要额定数据

电动机额定容量2.2 kW；额定电压380 V；额定电流4.8 A；额定转速1 440 r/min；过载能力2.5倍。

3. 控制方式

由手柄的8个位置来控制4个电磁离合器的分与合，得到齿轮的8种组合，从而得到8挡转速。

任务实施

一、任务准备

实施本任务所需的实训设备及工具材料见表2—1—1。

表2—1—1　　实训设备及工具材料

序号	分类	名称	型号规格	数量	备注
1	工具	电工常用工具	型号自定	1	
2	仪表	万用表、测速仪	型号自定	1	
3	设备器材	三菱 FR－E740 系列变频器		1	
		FR－E740 系列使用说明书		1	
		三相异步电动机		1	
		连接导线		若干	

二、变频器的选择

1. 变频器容量的选择

考虑到车床在低速车削毛坯时常常出现较大的过载现象，且过载时间有可能超过1 min。因此，变频器的容量应比正常的配用电动机容量加大一挡。

上述车床中电动机的容量是2.2 kW，故选择如下：

变频器容量：S_N=6.9 kV·A（配用P_{MN}=3.7 kW电动机）。

额定电流：I_N=9 A。

2. 电动机的保护

电动机保护的有关计算如下：

变频器的电流取用比：

$$I=\frac{I_{\mathrm{MN}}}{I_{\mathrm{N}}}\times100\%=\frac{4.8}{9.0}\times100\%=53\%$$

在变频器的热保护功能中，将保护电流的百分数预置为55%。

3. 变频器控制方式的选择

车床除了在车削毛坯时负荷大小有较大变化外，在以后的车削过程中，负荷的变化通常是很小的。因此，就切削精度而言，选择 U/f 控制方式是能够满足要求的。但在低速切削时，需要预置较大的 U/f。因为在负载较轻的情况下，电动机的磁路常处于饱和状态，励磁电流较大；但在退刀后，电动机处于空载状态，磁路极易饱和，励磁电流发生畸变，变频器容易跳闸。

通过上述对变频器容量的计算、控制方式的选择，结合本例，可选择 U/f 控制方式的变频器，型号为：FR－E740－3.7K－CHT。

三、安装外部控制电路

电动机变频单向运行控制的外部控制电路如图2—1—3所示。

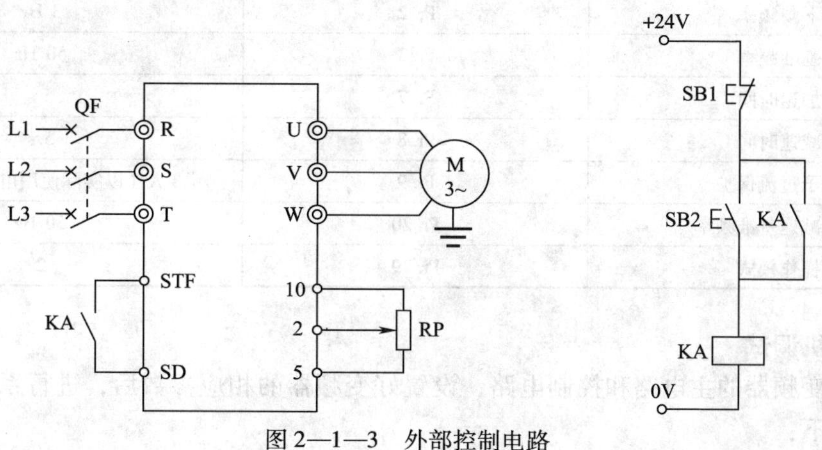

图2—1—3 外部控制电路

接线注意事项

（1）如果电源是单相交流电源，电源线接到L1、N端即可。电源线千万不要接到U、V、W端上，否则将损坏变频器。

（2）为了不影响信号传输，信号线和动力线最好分开布线，至少分开10 cm以上。

（3）为了安全起见，输入电源不要直接与变频器连接，最好通过电磁接触器及漏电断电器或无熔丝断路器与变频器接头相连。

（4）端子SD和端子5是公共端子，请不要接地。

（5）接线后，零碎线头必须清除干净，否则可能造成变频器异常、失灵和故障，必须始终保持变频器清洁。在控制台上打孔时，请注意不要使碎片、粉末等进入变频器中。

（6）长距离布线时，由于受到布线的寄生电容充电电流的影响，会使快速响应电流限制功能降低，接于二次侧的仪器误动作而产生故障。因此，请注意总接线长度。

（7）变频器和电动机间的接线距离较长时，特别是低频率输出情况下，会由于主电路电缆的电压下降而导致电动机的转矩下降。为使电压下降在2%以内，请选用适当型号的电线接线。

（8）运行以后，如需再次改变接线，必须在电源切断后10 min以上，用万用表检查电压后进行，因为变频器断电后一段时间内，电容上仍然有危险的高压电存在。

四、变频器参数设置

按照表2—1—2所示设置变频器参数。采用外部运行模式，运行频率由端子2和端子5之间的调节器来调节，启动由外部信号STF和SD控制。

表2—1—2　　功能参数表

参数名称	参数号	设定值
提升转矩	Pr. 0	5%
上限频率	Pr. 1	50 Hz
下限频率	Pr. 2	3 Hz
基准频率	Pr. 3	50 Hz
加速时间	Pr. 7	5 s
减速时间	Pr. 8	5 s
电子过流保护	Pr. 9	3 A（以实际使用电动机为准）
加、减速基准频率	Pr. 20	50 Hz
操作模式	Pr. 79	2

五、联机调试

安装好变频器的主电路和控制电路，设置好变频器的相应参数后，进行系统联机调试。具体步骤如下：

（1）合上电源，把万用表调至交流750 V挡位，分别检测L1、L2和L3端的电压是否是380 V，并记录到表2—1—3中。

（2）用万用表测U、V、W端的电压及电流，看变频器输出的电压、电流是否为电动机所需的额定电压、额定电流，并记录到表2—1—3中。

（3）观察电动机旋转的方向是否为所设定的方向，如果电动机的旋转方向与所设定的方向相反，则按控制方案中的旋转方向进行修改。

表2—1—3　　电压与电流记录表

测量端子	电压	电流
L1、L2、L3		
U、V、W		
电动机		

（4）保持电源不变，通过改变变频器的输出频率（从小到大，不要超过设定的上限频率和下限频率），观察电动机转速的变化，把变频器调至显示状态，分别查看在不同频率下，电动机的转速、电压、电流，记录到表2—1—4中，分析所得数据并给出结论。

表2—1—4　　电动机运行情况记录表

序号	频率/Hz	电压/V	电流/A	转速/（r/min）
1				
2				
3				
4				
5				

任务测评

对任务实施的完成情况进行检查，并将结果填入表2—1—5所示测评表内。

表2—1—5　　任务测评表

序号	考核内容	考核要求	评分标准	配分	得分
1	电路设计	能根据项目要求，正确设计电路	（1）设计电路不正确，每处扣5分 （2）画图不符合标准，每处扣2分	30分	
2	参数设置	能根据项目要求，正确设置变频器参数	（1）参数设置错误，每处扣5分 （2）漏设参数，每处扣5分	30分	
3	接线	能正确使用工具及仪表，按照电路图准确地接线	（1）元件安装不符合要求，每处扣2分 （2）接线有违反电工手册相关规定的，每处扣2分	10分	
4	调试	能正确进行参数设置，现场调试变频器的运行	（1）不能正确修改参数，每处扣10分 （2）不能正确调试变频器，每处扣10分	30分	
5	安全文明生产	参照相关的法规，确保人身和设备安全	违反安全文明生产规程，扣5～10分		
备注			合计		
			教师签字：		

知识拓展

变频器外围设备的选择

配套的外围设备必须根据变频器容量和额定值来选择。变频器外围设备的选择可参考表2—1—6，FR－E740变频器的额定值见表2—1—7。

表 2—1—6　　　　变频器外围设备选择参考表

适用变频器		电机输出（kW）	无铅丝断路器（MCCB）＊1 或漏电断路源（ELB）＊4		电磁接触器（MC）
			标准	带电抗器时	
3相400V	FR－E740－0.4 K－CHT	0.4	30 AF 5 A	30 AF 5 A	S－N10
	FR－E740－0.75 K－CHT	0.75	30 AF 5 A	30 AF 5 A	S－N10
	FR－E740－1.5 K－CHT	1.5	30 AF 10 A	30 AF 10 A	S－N10
	FR－E740－2.2 K－CHT	2.2	30 AF 15 A	30 AF 10 A	S－N10
	FR－E740－3.7 K－CHT	3.7	30 AF 20 A	30 AF 15 A	S－N20、S－N21
	FR－E740－5.5 K－CHT	5.5	30 AF 30 A	30 AF 20 A	S－N20、S－N21
	FR－E740－7.5 K－CHT	7.5	30 AF 30 A	30 AF 30 A	S－N20、S－N21

表 2—1—7　　　　变频器额定值

型号 FR－E740－□K－CHT		0.4	0.75	1.5	2.2	3.7	5.5	7.5
适用电机容量（kW）＊1		0.4	0.75	1.5	2.2	3.7	5.5	7.5
输出	额定容量（kV·A）＊2	1.2	2.0	3.0	4.6	7.2	9.1	13.0
	额定电流（A）＊6	1.6 (1.4)	2.6 (2.2)	4.0 (3.8)	6.0 (5.4)	9.5 (8.7)	12	17
	过载额定电流＊3	150% 60 s、200% 3 s（反限时特性）						
	电压＊4	3 相 380～480 V						
电源	额定输入交流电压·频率	3 相 380～480 V 50 Hz/60 Hz						
	交流电压容许波动范围	325～528 V 50 Hz/60 Hz						
	频率容许波动范围	±5%						
	额定容量（kV·A）＊5	1.5	2.5	4.5	5.5	9.5	12	17
保护结构（JEM 1030）		封闭式（IP20）、全封闭结构系列为 IP40						
冷却方式		自冷		强制风冷				
大约质量（kg）		1.4	1.4	1.9	1.9	1.9	3.2	3.2

＊1. 适用电动机表示使用三菱标准 4 极电动机时的最大适用容量。

＊2. 额定输出容量是指输出电压为 440 V 时的容量。

＊3. 过载额定电流的%值表示相对于变频器额定输出电流的比率。反复使用时，必须等变频器和电动机降到 100% 负载时的温度以下。

＊4. 最大输出电压不能高于电源电压。在设定范围内可以更改最大输出电压。但是变频器输出侧电压的峰值为电源电压的$\sqrt{2}$倍左右。

＊5. 电源容量随着电源侧的阻抗（包括输入电抗器和电线）值的变化而变化。

＊6. 环境温度超过 40℃（全封闭结构为 30℃）的状态下，将 Pr. 72 PWM 频率选择设定为 2 kHz 以上进行低噪声运行时，额定输出电流为表中（ ）内的值。

思考与练习

1. 某精密车床调速用的电磁离合器损坏率较高，配件难找，又十分昂贵，故拟对主轴进行变频调速改造。已知原拖动系统概况如下：

（1）转速挡位。负载侧有 12 挡转速：25 r/min、50 r/min、105 r/min、130 r/min、180 r/min、210 r/min、260 r/min、360 r/min、560 r/min、800 r/min、1 120 r/min、1 600 r/min。

（2）电动机的主要数据如下：

1）额定容量：4.5 kV·A。

2）额定转速：1 440 r/min。

3）过载能力：2.5。

试根据电动机的主要参数，选择变频器容量。

2. 设计一个控制电路，实现电动机连续正转和点动，并通过变频器控制电动机的启动和停止。

任务 2　PLC、变频器控制电动机正、反转

学习目标

1. 理解变频器输入端子的操作控制方式。
2. 掌握 PLC 和变频器组合控制电动机正、反转的控制方法。
3. 能够进行 PLC 与变频器的连接和控制程序的编制。
4. 会根据功能要求设置变频器有关参数。

工作任务

在前面的任务中，由变频器控制的车床主轴电动机只能单方向运行控制。但在实际的生产实践应用中，常需要实现电动机的正、反转控制。传统的控制方式是通过继电器、接触器控制改变电源相序的方法实现的。而利用变频器进行调速控制时，只需改变变频器内部逆变电路换流器件的开关顺序（通过控制变频器 STF、STR 两个端子与 SD 的接通与断开来实现），即可以达到对输出进行换相的目的，实现电动机的正、反转切换，而不需要专门设置正、反转切换装置。

本任务将利用 FX2N－32MR 可编程序控制器（PLC）控制变频器，实现车床主轴电动机的正、反转控制。利用 PLC 与变频器组合对电动机进行正、反转控制，只需利用 PLC 的输出端子来控制变频器的 STF、STR 两个端子即可。

相关知识

一、三菱 FX2N 系列 PLC 介绍

1. FX2N 系列 PLC 的型号表示方法

FX2N 系列 PLC 的型号表示方法如图 2—2—1 所示。

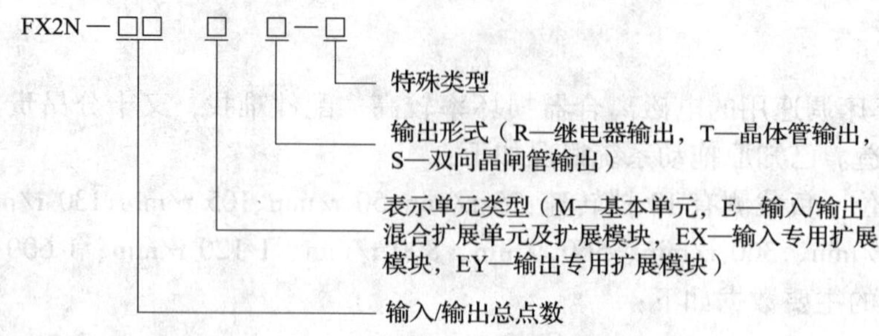

图2—2—1　FX2N 系列 PLC 的型号表示方法

例如：型号“FX2N－32MR”表示该 PLC 为 FX2N 系列、AC 电源、DC 输入的基本单元、I/O 总点数为 32 点、继电器输出方式。

2．FX2N 系列 PLC 内部元器件分类及编号

（1）输入继电器 X0 ~ X267（八进制）共 184 点

由于 PLC 投入运行后只是在输入采样阶段才依次读入各输入状态和数据，在输入刷新阶段才将输出的状态和数据送到相应的外设，因而需要有一定数量的读/写存储单元（RAM）以供存放 I/O 映像区。

输入继电器 X0 ~ X177 是一种位元件（状态量），每个输入状态与开关量 I/O 映像区中 8 个 16 位寄存器的每一位的位状态相对应。专用于接收和存储外部开关量信号，能提供无数对常开、常闭接点用于内部编程。每个输入继电器线圈通过输入接口与一个输入端子相连。

输入继电器有两个特点：一是状态只能由外部信号驱动，无法用程序驱动，因此在梯形图中只见其接点而不会出现其线圈符号；二是输入继电器接点只能用于内部编程，无法驱动外部负载，其输入响应时间为 10 ms。

（2）输出继电器 Y0 ~ Y267（八进制）共 184 点

输出继电器 Y0 ~ Y267 也是位元件，其输出状态与 I/O 映像区中 8 个 16 位寄存器每一位的位状态相对应。输出继电器有两个作用：一是能提供无数对常开、常闭接点用于内部编程；二是能提供一对常开接点驱动外部负载，其输出响应时间为 10 ms。输出继电器状态只能由程序驱动，外部信号无法直接改变其状态。

（3）辅助继电器 M0 ~ M1023、M8000 ~ M8255（十进制）共 1 280 点

辅助继电器 M0 ~ M1023、M8000 ~ M8255 是一种位元件，每个辅助继电器状态与系统 RAM 的软器件存储区中 80 个 16 位寄存器每一位的位状态相对应。其作用相当于继电器控制系统的中间继电器，用于信号中继、中间量寄存、建立标志等，并能提供无数对常开、常闭接点用于内部编程。和输出继电器一样，其状态只能由程序驱动，但不能驱动外部负载。

（4）数据寄存器

数据寄存器（D）用于为模拟量控制、位置量控制、数据 I/O 存储参数及工作数据，每一个数据寄存器均为 16 位，其中最高位规定为符号位，可用两个数据寄存器组合起来存放 32 位数据，仍规定最高位为符号位。FX2N 系列 PLC 中常用数据寄存器有以下四类。

1）通用数据寄存器（D0 ~ D199）

通用数据寄存器有 D0 ~ D199 共 200 点，其他数据不写进时，通用数据寄存器保持已写

进的数据，并在PLC状态由运行（RUN）转为停止（STOP）时，通用数据寄存器内全部存储数据清零；若将特殊辅助继电器M8033置1，则PLC由RUN转为STOP时，存储数据将保持。

2）断电保持数据寄存器（D200～D7999）

断电保持数据寄存器D200～D7999共7 800点，具有断电保持功能，即在写进新数据前，原有数据在电源断开时也不会丢失，其中D490～D509用作两台PLC进行点对点时的通信。

3）特殊数据寄存器（D8000～D8255）

特殊数据寄存器D8000～D8195共106点，特殊数据寄存器用于监控PLC的运行状态，如扫描时间、电池电压等。未加定义的特殊数据寄存器，用户不能使用。

4）变址寄存器（V，Z）

变址寄存器有V0～V7和Z0～Z7共16点，均为16位寄存器。变址寄存器作用相当于微处理机中的变址寄存器，用于改变元件的编号（变址），变址寄存器可以读写，需要进行32位操纵时，则将V、Z串联使用（Z为低位，V为高位）。

上述1 280个辅助继电器可分为三种类型：

1）普通型M0～M499共500点。其特点是一旦PLC停止运行或失电，其状态无法保持，一律呈断开状态。

2）保持型M500～M1023共524点。在锂电池支持下能实现失电保持功能，一旦失电或PLC停止运行能保持该瞬间特有状态。

3）特殊用途型M8000～M8255共256点。

二、PLC基本逻辑指令

1．触点串联指令（AND/ANI/ANDP/ANDF）

（1）AND（与指令）。单个常开触点串联连接指令，完成逻辑“与”运算。

（2）ANI（与非指令）。单个常闭触点串联连接指令，完成逻辑“与非”运算。

（3）ANDP（上升沿与指令）。上升沿检测串联连接指令，触点的中间用一个向上的箭头表示上升沿，受该类触点驱动的线圈只在触点的上升沿接通一个扫描周期，如图2—2—2所示。

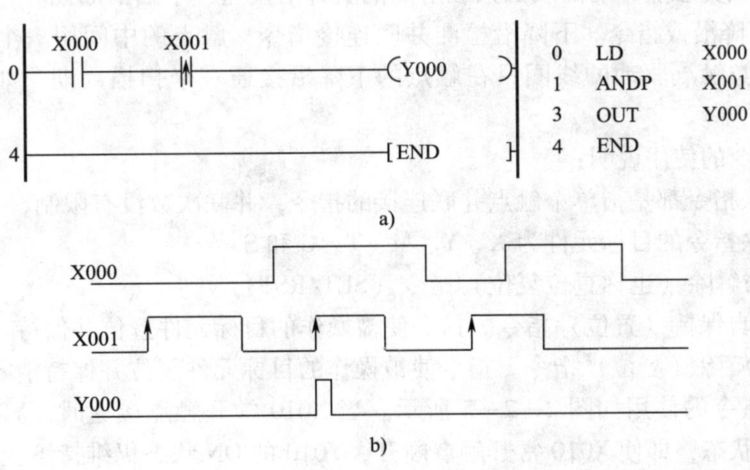

图2—2—2 上升沿与指令

a）梯形图与指令表 b）时序图

（4）ANDF（下降沿与指令）。下降沿检测串联连接指令，触点的中间用一个向下的箭头表示下降沿，受该类触点驱动的线圈只在触点的下降沿接通一个扫描周期，如图 2—2—3 所示。

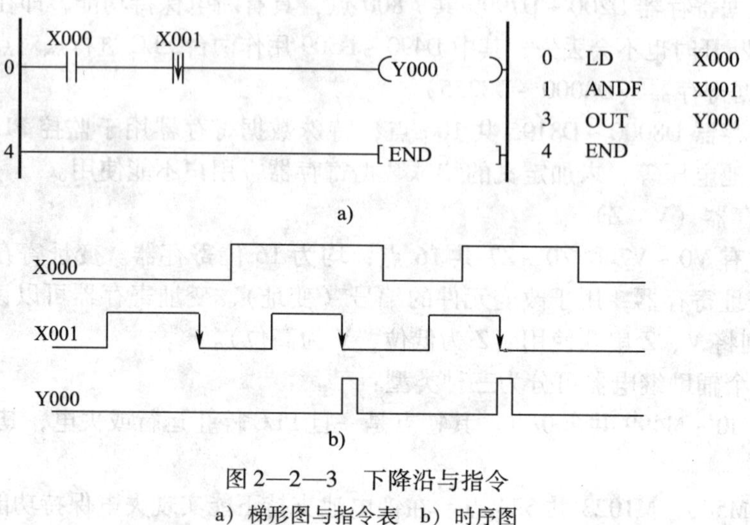

图 2—2—3　下降沿与指令

a）梯形图与指令表　b）时序图

触点串联指令的使用说明：

1）触点串联指令都是指单个触点串联连接的指令，串联次数没有限制，可反复使用。

2）触点串联指令的目标元件为输入继电器 X、输出继电器 Y、辅助继电器 M、定时器 T、计数器 C 和状态继电器 S。

2．触点并联指令（OR/ORI/ORP/ORF）

（1）OR 为或指令。单个常开触点并联连接指令，实现逻辑“或”运算。

（2）ORI 为或非指令。单个常闭触点并联连接指令，实现逻辑“或非”运算。

（3）ORP 为上升沿或指令。上升沿检测并联连接指令，触点的中间用一个向上的箭头表示上升沿，受该类触点驱动的线圈只在触点的上升沿接通一个扫描周期。

（4）ORF 下降沿或指令。下降沿检测并联连接指令，触点的中间用一个向下的箭头表示下降沿，受该类触点驱动的线圈只在触点的下降沿接通一个扫描周期，如图 2—2—4 所示。

触点并联指令的使用说明：

1）触点并联指令都是指单个触点并联连接的指令，并联次数没有限制，可反复使用。

2）触点并联指令的目标元件为 X、Y、M、T、C 和 S。

3．自保持与解除（也称置位复位）指令（SET/RST）

（1）SET 为自保持（置位）指令。指令使被操作的目标元件置位并保持。

（2）RST 为解除（复位）指令。指令使被操作的目标元件复位并保持清零状态。

SET、RST 指令的使用如图 2—2—5 所示。当 X010 常开触点接通时，Y010 变为 ON 状态并一直保持该状态，即使 X010 常开触点断开，Y010 的 ON 状态仍维持不变；只有当 X011 的常开触点接通时，Y010 才变为 OFF 状态并保持，即使 X011 常开触点断开，Y010 也仍为 OFF 状态。

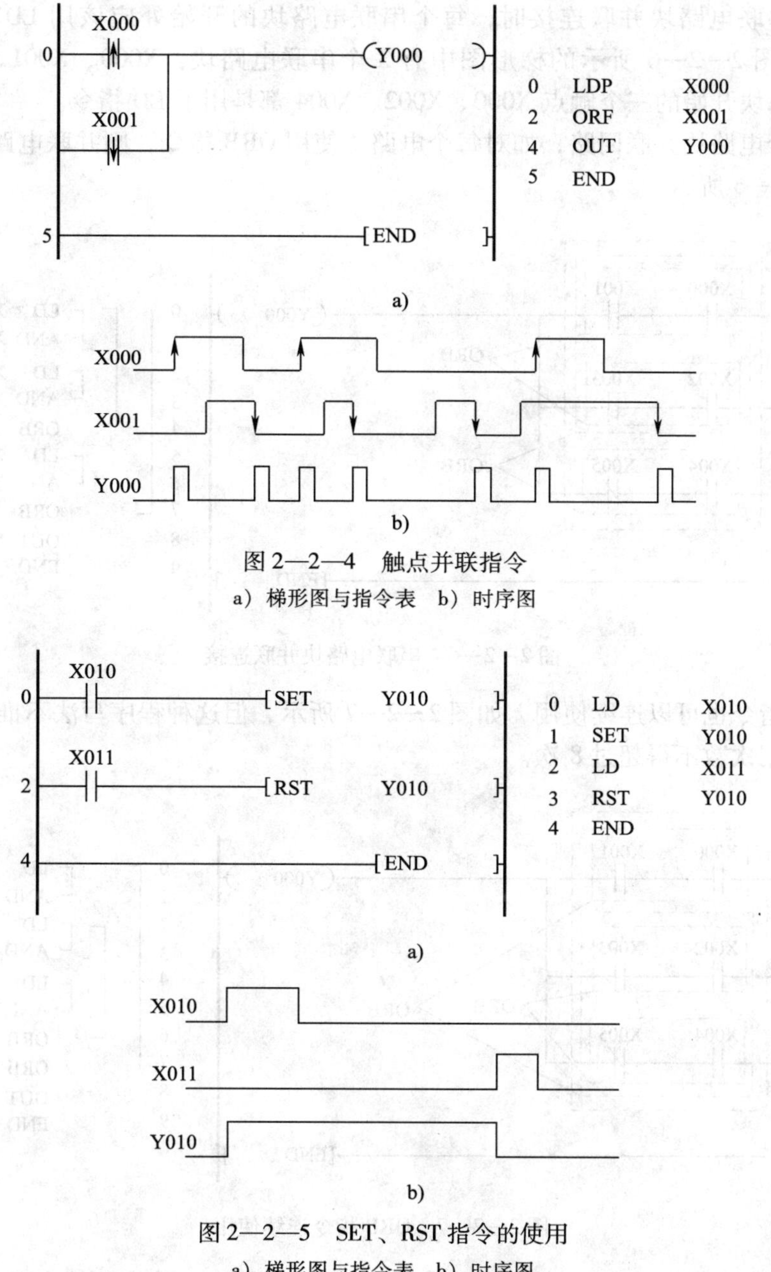

图 2—2—4 触点并联指令

a）梯形图与指令表 b）时序图

图 2—2—5 SET、RST 指令的使用

a）梯形图与指令表 b）时序图

自保持与解除指令的使用说明：

1）SET 指令的目标元件为 Y、M、S，RST 指令的目标元件为 Y、M、S、T、D、V、Z。RST 指令常被用来对 D、Z、V 的内容清零，还用来复位积算定时器和计数器。

2）对于同一目标元件，SET、RST 可多次使用，顺序也可随意，但最后执行者有效。

4. 电路块的串、并联指令

（1）ORB 为块或指令。用于两个或两个以上的触点串联电路之间的并联。

ORB 指令的使用说明：

1）几个串联电路块并联连接时，每个串联电路块的开始处应该用 LD、LDI、LDP 或 LDF 指令，如图 2—2—6 所示的梯形图中有 3 个串联电路块：X000、X001、X002、X003、X004、X005 每块开始的三个触点 X000、X002、X004 都是用了 LD 指令。

2）有多个电路块并联回路，如对每个电路块使用 ORB 指令，则并联电路块数量没有限制，如图 2—2—6 所示。

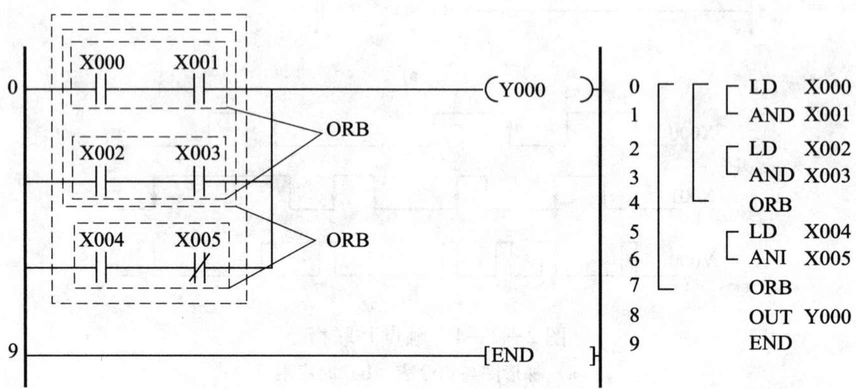

图 2—2—6　串联电路块并联连接

3）ORB 指令也可以连续使用，如图 2—2—7 所示，但这种程序写法不推荐使用，LD 或 LDI 指令的使用次数不得超过 8 次。

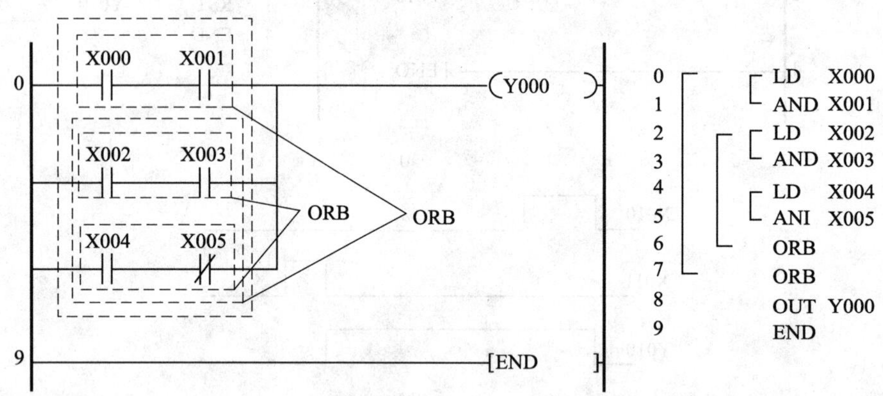

图 2—2—7　ORB 指令连续使用

（2）ANB 为块与指令。用于两个或两个以上的触点并联电路之间的串联，如图 2—2—8 所示，X000、X001 是并联电路块，X002 ~ X006 也是并联电路块，再将这二个并联电路块串联，所以在指令表中使用了 ANB 指令。

ANB 指令的使用说明：

1）并联电路块串联连接时，并联电路块的开始应该用 LD、LDI、LDP 或 LDF 指令，如图 2—2—8 所示。

2）多个并联回路块按顺序和前面的回路串联时，ANB 指令的使用次数不受限制。也可连续使用 ANB，但与 ORB 一样，使用次数不超过 8 次。

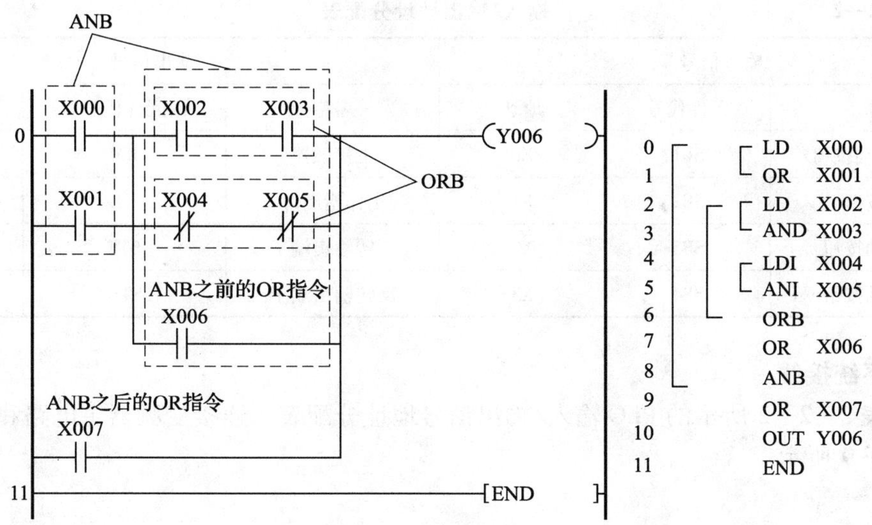

图 2—2—8 并联连接的电路之间的串联

任务实施

一、任务准备

实施本任务所需的实训设备及工具材料见表 2—2—1。

表 2—2—1 实训设备及工具材料

序号	分类	名称	型号规格	数量	备注
1	工具	电工常用工具	型号自定	1	
2	仪表	万用表、测速仪	型号自定	1	
3	设备器材	计算机	已安装三菱 GX Developer 编程软件	1	
		变频器	三菱 FR－E740 系列	1	
		PLC	三菱 FX2N 系列	1	
		三相异步电动机		1	
		低压断路器	DZ47－60 3P 32 A	1	
		交流接触器	CJX2－1210	1	
		指示灯	AD16－22D AC220 V	1	
		按钮	LA19－11	4	
4	耗材	连接导线		若干	

二、分配 PLC 的输入/输出地址

根据控制要求编制 PLC 的 I/O 地址分配表，见表 2—2—2。

表 2—2—2　　输入/输出地址分配表

输入信号			输出信号		
名称	元件代号	地址	名称	元件代号	地址
变频器启动按钮	SB1	X0	主接触器	KM	Y0
停止按钮	SB2	X1	工作指示灯	HL	Y1
正转启动按钮	SB3	X2	正转输出端子	STF	Y4
反转启动按钮	SB4	X3	反转输出端子	STR	Y5

三、系统接线

根据表 2—2—2 所示的 PLC 输入/输出信号地址分配表，连接变频器主电路和控制电路，如图 2—2—9 所示。

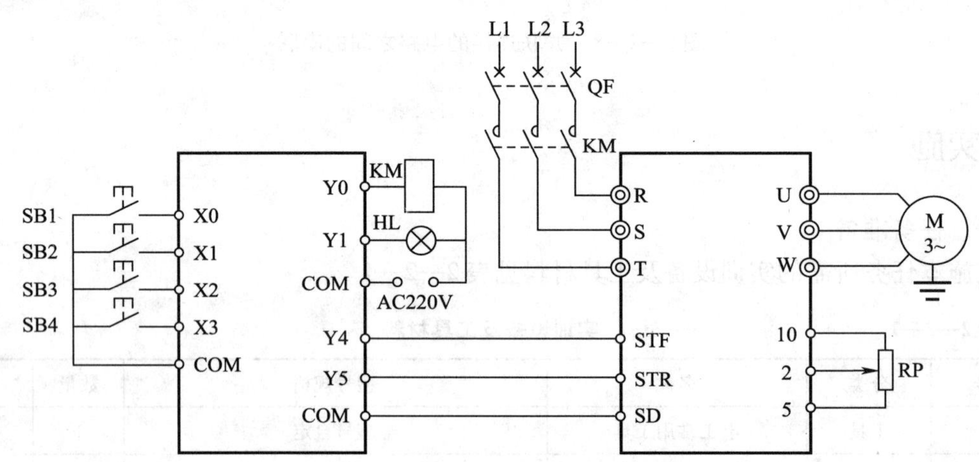

图 2—2—9　PLC、变频器控制电动机正、反转电路

四、变频器参数设置

按照表 2—2—3 所示的功能参数表设置变频器参数。采用外部运行模式，运行频率由端子 2 和端子 5 之间的调节器来调节，启动信号由外部信号 STF 和 SD 产生。

表 2—2—3　　功能参数表

参数名称	参数号	设定值
提升转矩	Pr. 0	5%
上限频率	Pr. 1	50 Hz
下限频率	Pr. 2	3 Hz
基准频率	Pr. 3	50 Hz
加速时间	Pr. 7	5 s

续表

参数名称	参数号	设定值
减速时间	Pr. 8	5 s
电子过流保护	Pr. 9	3 A（以实际使用电动机为准）
加、减速基准频率	Pr. 20	50 Hz
操作模式	Pr. 79	2

五、编制 PLC 程序

使用 GX Developer 编程软件编译 PLC 程序，PLC 程序梯形图如图 2—2—10 所示。

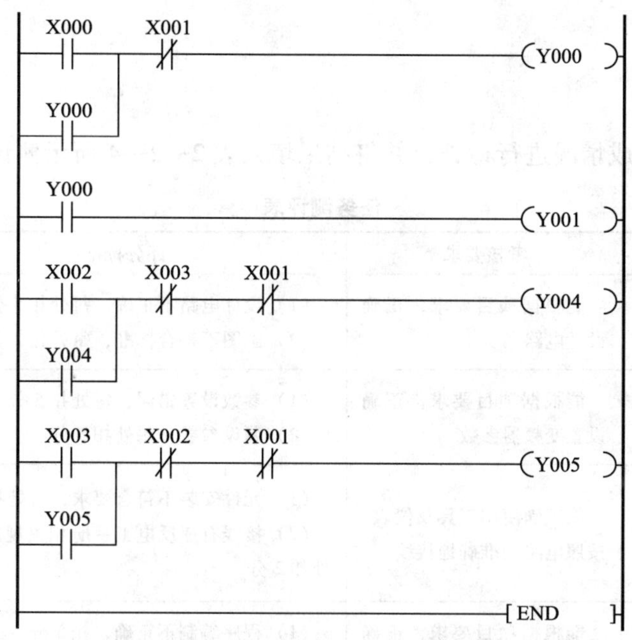

图 2—2—10　PLC 程序梯形图

六、联机调试

控制程序编译成功后，将程序下载到 PLC 主机，并将 PLC 程序运行开关拨向“RUN”状态。联机调试步骤如下：

1．合上低压断路器 QF，按下 SB1 按钮，PLC 输出继电器 Y0 为“ON”，交流接触器 KM 接通，变频器电源接通，指示灯 HL 发亮。

2．按下 SB3 按钮，PLC 输出继电器 Y4 为“ON”，电动机正转启动并运行，变频器面板中“RUN”指示灯发光。

3．旋转电位器，将运行频率调节至 40 Hz，用转速表测试电动机的正向转速大小。

4．按下 SB4 按钮，PLC 输出继电器 Y5 为“ON”，电动机反转启动并运行，变频器面板中“RUN”指示灯闪烁。

5．旋转电位器，将运行频率调节至 40 Hz，用转速表测试电动机的反向转速大小。

6. 按下 SB2 按钮，PLC 输出继电器 Y0 为“OFF”，交流接触器 KM 失电，变频器断电，断开低压断路器 QF。

调试注意事项

（1）绝对不能将 R、S、T 与 U、V、W 端子接反，否则将损坏变频器。

（2）PLC 的 Y3、Y4 输出端子只相当于一个触点，不能接电源，否则会烧坏 PLC。

（3）电动机为 Y 形接法。

任务测评

对任务实施的完成情况进行检查，并将结果填入表 2—2—4 所示测评表内。

表 2—2—4　任务测评表

序号	考核内容	考核要求	评分标准	配分	得分
1	电路设计	能根据项目要求，正确设计电路	（1）设计电路不正确，每处扣 5 分 （2）画图不符合标准，每处扣 2 分	30 分	
2	参数设置	能根据项目要求，正确设置变频器参数	（1）参数设置错误，每处扣 5 分 （2）漏设参数，每处扣 5 分	20 分	
3	接线	能正确使用工具及仪表，按照电路图准确地接线	（1）元件安装不符合要求，每处扣 2 分 （2）接线有违反电工手册相关规定的，每处扣 2 分	10 分	
4	PLC 编程	能根据项目要求，正确编制 PLC 控制程序	（1）程序编制不正确，扣 5 分 （2）不会上传、下载程序，扣 5 分	10 分	
5	调试	能正确进行参数设置，现场调试变频器的运行	（1）不会修改参数，每处扣 5 分 （2）系统功能不正确，每处扣 10 分	30 分	
6	安全文明生产	参照相关的法规，确保人身和设备安全	违反安全文明生产规程，扣 5～10 分		
备注			合计		
			教师签字：		

思考与练习

有一台升降机，机械特性运行曲线如图 2—2—11 所示。试用 PLC 和变频器组合控制升降机按该机械特性曲线运行，要求画出接线图，写出参数设置步骤，编写程序梯形图，并进行联机调试。

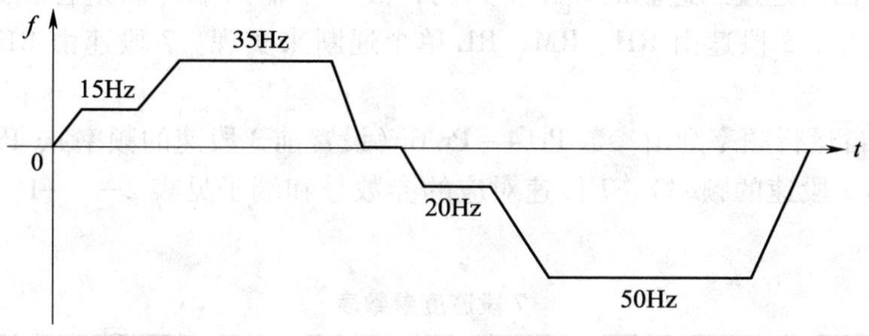

图 2—2—11　机械特性运行曲线

任务 3　车床主轴变频调速控制系统

学习目标

1. 熟悉变频器多段速控制运行方式。
2. 会进行调速方案的选择。
3. 会设计车床主轴变频调速控制系统电气原理图。
4. 会根据要求设置变频器参数。
5. 能正确编制车床主轴变频调速控制 PLC 程序。

工作任务

大部分车床并不需要连续调节转速，一般只要能切换若干段固定的转速即可满足要求。而几乎所有的变频器都设置有多段转速的控制功能，只需要控制变频器的多段速选择端子，就可以切换 7 段或 15 段转速，避免使用昂贵的 PLC 模拟量输出模块来连续调节变频器的输出频率。本任务就是利用变频器的多段速控制功能，实现对车床主轴的变频调速控制。

相关知识

变频器在外部操作模式或组合操作模式 3 下，可以通过外接开关器件的组合通断来改变输入端子的状态，从而实现运行频率的转换，这种控制频率的方式称为多段速控制功能。

三菱 FR—E740 变频器外部端子 RH、RM 和 RL 即为速度控制端子。通过这些端子的组合可以实现 3 段、7 段的速度控制。此外，通过对其他端子进行重新定义，还可以实现 15 段速的控制。

一、7 段速度控制

由于转速的档次是按二进制的顺序排列的，故三个输入端可以组合成 3 ~7 挡（0 状态小计）转速。其中，3 段速由 RH、RM、RL 单个通断来实现。7 段速由 RH、RM、RL 通断的组合来实现。

7 段速的各自运行频率则由参数 Pr. 4 ~ Pr. 6（设置前 3 段速的频率）、Pr. 24 ~ Pr. 27（设置第 4 段速至第 7 段速的频率）。7 段速对应的参数号和端子见表 2—3—1，7 段速度运行如图 2—3—1 所示。

表 2—3—1 7 段速度参数表

参数号	出厂设定	设定范围	端子接通状态
Pr. 4	50 Hz	0 ~400 Hz	RH 单独接通
Pr. 5	30 Hz	0 ~400 Hz	RM 单独接通
Pr. 6	10 Hz	0 ~400 Hz	RL 单独接通
Pr. 24	9999	0 ~400 Hz，9999	RM、RL 同时接通
Pr. 25	9999	0 ~400 Hz，9999	RH、RL 同时接通
Pr. 26	9999	0 ~400 Hz，9999	RH、RM 同时接通
Pr. 27	9999	0 ~400 Hz，9999	RH、RM、RL 同时接通

注：“9999” 表示未选择。

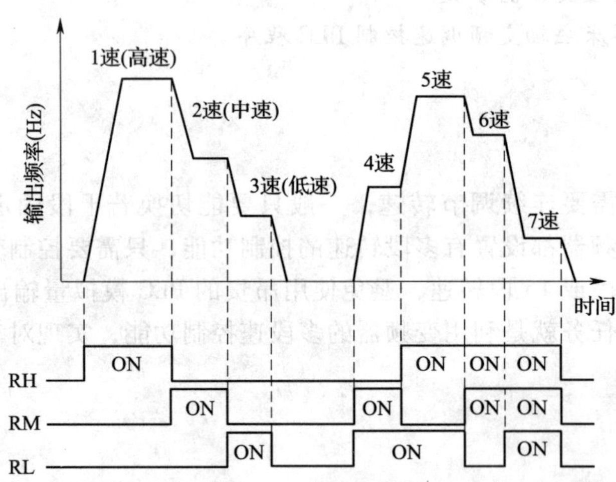

图 2—3—1 7 段速度运行

二、8 ~15 段速度控制

通过端子 RH、RM、RL 和 RES 的通断组合就可以实现 15 段速控制，如图 2—3—2 所示。8 ~15 挡位的速度频率参数由端子 Pr. 232 ~ Pr. 239 进行相应的设置。Pr. 232 ~ Pr. 239 的参数见表 2—3—2。

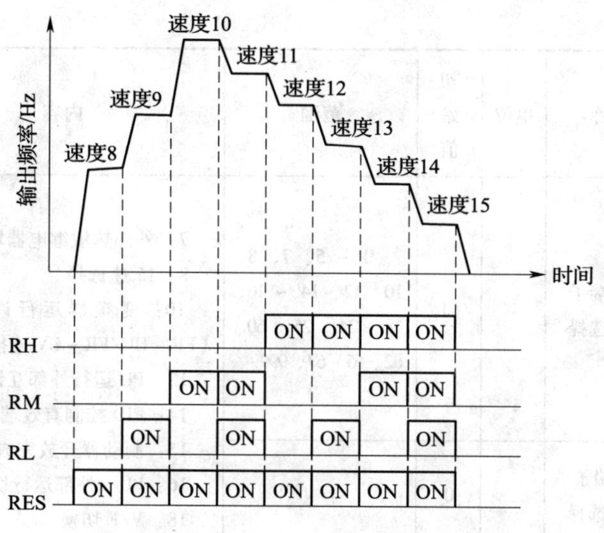

图 2—3—2　8～15 段速度运行

表 2—3—2　　**8～15 段速度参数表**

参数号	出厂设定	设定范围	端子接通状态
Pr. 232	9999	0～400 Hz，9999	RES 单独接通
Pr. 233	9999	0～400 Hz，9999	RES、RL 同时接通
Pr. 234	9999	0～400 Hz，9999	RES、RM 同时接通
Pr. 235	9999	0～400 Hz，9999	RES、RM、RL 同时接通
Pr. 236	9999	0～400 Hz，9999	RES、RH 同时接通
Pr. 237	9999	0～400 Hz，9999	RES、RH、RL 同时接通
Pr. 238	9999	0～400 Hz，9999	RES、RH、RM 同时接通
Pr. 239	9999	0～400 Hz，9999	RES、RH、RM、RL 同时接通

注："9999" 表示未选择。

三菱 FR—E740 变频器外部端子 STF、STR、RH、RM、RL、MRS 和 RES 的功能分配见表 2—3—3。

表 2—3—3　　**外部端子功能表**

功能	参数	关联参数	名称	单位	初始值	范围	内容	参数复制	参数清除	参数全部清除
输入端子的功能分配	178		SIF 端子功能选择	1	60	0～5、7、8、10、12、14～16、18、24、25、60、62、65～67、9999	0：低速运行指令 1：中速运行指令 2：高速运行指令 3：第 2 功能选择 4：端子 4 输入选择 5：点动运行选择	○	×	○

续表

<table>
<tr><th rowspan="2">功能</th><th>参数</th><th rowspan="2">名称</th><th rowspan="2">单位</th><th rowspan="2">初始值</th><th rowspan="2">范围</th><th rowspan="2">内容</th><th rowspan="2">参数复制</th><th rowspan="2">参数清除</th><th rowspan="2">参数全部清除</th></tr>
<tr><th>关联参数</th></tr>
<tr><td rowspan="6">输入端子的功能分配</td><td>179</td><td>STR 端子功能选择</td><td>1</td><td>61</td><td>0～5、7、8、10、12、14～16、18、24、25、60、62、65～67、9999</td><td rowspan="6">7：外部热敏继电器输入
8：15 速选择
10：变频器运行许可信号（FR－HC/FR－CV 连接）
12：PU 运行外部互锁
14：PID 控制有效端子
15：制动器开放完成信号
16：PU—外部运行切换
18：V/F 切换
24：输出停止
25：启动自保持选择
60：正转指令［只能分配给 SIF 端子（Pr. 178）］
61：反转指令［只能分配给 STF 端子（Pr. 179）］
62：变频器复位
65：PU—NET 运行切换
66：外部—网络运行切换
67：指令权切换
9999：无功能</td><td>○</td><td>×</td><td>○</td></tr>
<tr><td>180</td><td>RL 端子功能选择</td><td>1</td><td>0</td><td rowspan="5">0～5、7、8、10、12、14～16、18、24、25、60、62、65～67、9999</td><td>○</td><td>×</td><td>○</td></tr>
<tr><td>181</td><td>RM 端子功能选择</td><td>1</td><td>1</td><td>○</td><td>×</td><td>○</td></tr>
<tr><td>182</td><td>RH 端子功能选择</td><td>1</td><td>2</td><td>○</td><td>×</td><td>○</td></tr>
<tr><td>183</td><td>MRS 端子功能选择</td><td>1</td><td>24</td><td>○</td><td>×</td><td>○</td></tr>
<tr><td>184</td><td>RES 端子功能选择</td><td>1</td><td>62</td><td>○</td><td>×</td><td>○</td></tr>
</table>

RES 端子操作注意事项

（1）RES 端子（变频器复位）的初始值为 Pr. 184 =“62”，即用于变频器的复位功能。

（2）RES 端子用作多段速时，需要将功能变为“15 速选择”，即更改参数 Pr. 184 =“8”。

（3）任务结束后，要及时复位相关参数为初始状态。

三、变频调速拖动系统的分析

1．基本数据

根据任务 1 中普通车床的相关参数可知，主轴转速共分 75 r/min、120 r/min、200 r/min、300 r/min、500 r/min、800 r/min、1 200 r/min、2 000 r/min 8 个挡位，电动机额定容量 2.2 kW，电动机额定转速 1 440 r/min。其他数据计算如下：

（1）调速范围

$$D=\frac{n_{max}}{n_{min}}=\frac{2\ 000}{75}=26.67$$

（2）转速

按规定，从最低速起，以全部转速档次的最高转速的 1/3 作为计算转速。但随着刀具强度和切削技术的提高，计算转速已经大为提高，故本任务中计算转速为：

$$n_D=300\ r/min$$

即 $n_L \leqslant 300$ r/min 为恒转矩区；$n_L \geqslant 500$ r/min 为恒功率区。

（3）各挡转速下的负载转矩

负载的实际功率按 2 kW 计算，则各挡转速下负载转矩的计算结果见表 2—3—4。

表 2—3—4　　各挡转速下的负载转矩

转速挡	1	2	3	4	5	6	7	8
转速（r/min）	75	120	200	300	500	800	1 200	2 000
转矩（N·m）	63.7	63.7	63.7	63.7	38.2	23.9	15.9	9.55

（4）电动机额定转矩

$$T_{MN}=\frac{9\ 550P_{MN}}{n_{MN}}=\frac{9\ 550\times 2.2}{1\ 440}=14.6\ (\text{N}\cdot\text{m})$$

2. 调速方案的选择

（1）频率调节范围限制在额定频率以下

如图 2—3—3 所示，车床的机械特性如曲线①所示，电动机的有效转矩曲线如曲线②所示。这时，电动机必须满足：

$$T_{MN}>T_L=63.7\ \text{N}\cdot\text{m}$$

$$n_{MN}\geqslant n_L=2\ 000\ r/min$$

所以，$P_{MN}>P_L=\dfrac{63.7\times 2\ 000}{9\ 550}=13.34$（kW）

取　$P_{MN}=15$ kW

可见，所需电动机的容量比原来增大了近 7 倍。

（2）频率调节范围达 100 Hz，一挡传动比

因为车床的大部分机械特性属于恒功率性质，而电动机在额定频率以上的有效转矩线也具有恒功率性质，因此，从充分利用电动机潜能出发，将电动机的最高工作频率增大为 100 Hz。这时，电动机的有效转矩曲线如图 2—3—4 的曲线③所示。

在这种情况下，电动机的额定转速只需和负载最高转速的 1/2 相等，即

$$n_{MN}\geqslant n_L/2=1\ 000\ r/min$$

所以　$P_{MN}>P_L=\dfrac{63.7\times 1\ 000}{9\ 550}=6.67$（kW）

取　$P_{MN}=7.5$kW

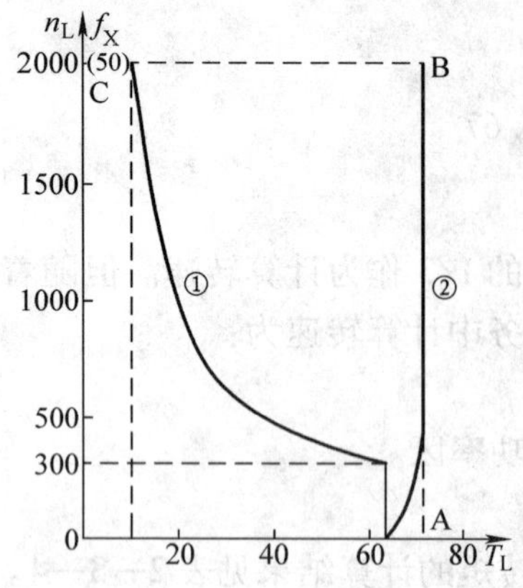

图 2—3—3　额定频率以下的机床机械特性

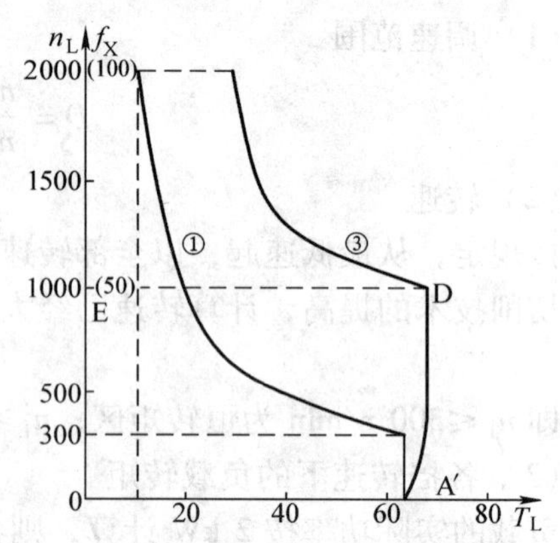

图 2—3—4　二倍频以下的机床机械特性

所需电动机容量虽然减小了一半，但仍比原来的大 3 倍多。

（3）频率调节范围达 100 Hz，两挡传动比

这时，电动机折算到负载轴上的机械特性如图 2—3—5 中的曲线④和曲线④′所示。曲线④是低速挡（传动比较大）时的有效转矩曲线；曲线④′是高速挡（传动比较小）时的有效转矩曲线。

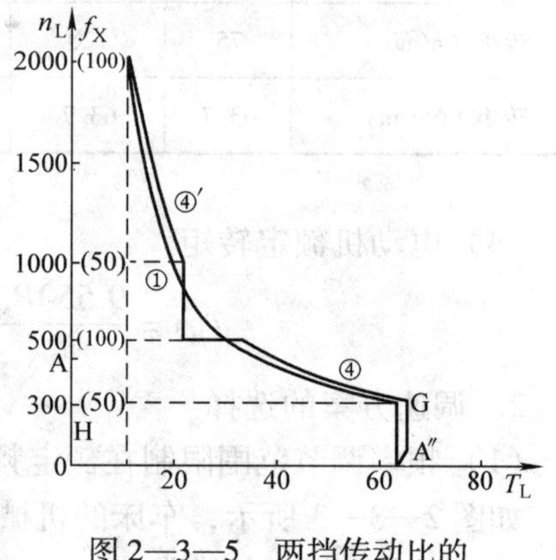

图 2—3—5　两挡传动比的机床机械特性

由图 2—3—5 可知，在这种情况下，电动机的有效转矩线与负载的机械特性曲线十分贴近，其额定转速只需与负载的计算转速相当，即

$$n_{MN} \geqslant 300 \text{ r/min}$$

所以　$P_{MN} > P_L = \dfrac{63.7 \times 300}{9\ 550} = 2.0$（kW）

取　$P_{MN} = 2.2$ kW

可见，如采用两挡传动比，原来的电动机可以留用，不必增大其容量。

3．两挡传动比调速系统的计算

（1）决定高速挡和低速挡的分界转速

由于：1）电动机的额定转速与负载的速度 300 r/min 相对应；2）分界转速 n_D 在低速档与电动机的最高工作频率 f_{max} 相对应，而 f_{max} 不宜超过额定频率 f_N 的两倍，故取

$$n_D = 300 \times 2 = 600 \text{（r/min）}$$

于是，拖动系统的工作区见表 2—3—5。

表 2—3—5　　拖动系统的工作区

工作区	低速挡		高速挡	
	恒转矩区	恒功率区	恒转矩区	恒功率区
负载转速范围（r/min）	75～300	300～600	600～1 000	1 000～2 000
工作频率范围（Hz）	12.5～50	50～100	30～50	50～100
电动机转速范围（r/min）	360～1 440	1 440～2 880	864～1 440	1 440～2 880

（2）确定系统的传动比

1）低速挡的传动比

$$\lambda_L = 1\,440/300 = 4.8$$

取
$$\lambda_L = 5$$

2）高速挡的传动比

$$\lambda_H = 1\,440/1\,000 = 1.44$$

取
$$\lambda_H = 1.5$$

由于所取的 λ_L 和 λ_H 值均与计算值不同，故表2—3—5中的数据将有所调整。

（3）核算

核算时所用的公式如下：

1）低速挡负载的折算转矩（即折算到电动机轴上的转矩）

$$T'_{LX} = T_{LX}/\lambda_L$$

式中 T'_{LX}——第 X 挡转速时负载转矩的折算值，N·m；

T_{LX}——第 X 挡转速时负载轴上的转矩，N·m。

2）高速挡负载的折算转矩

$$T'_{LX} = T_{LX}/\lambda_H$$

3）电动机的过载能力

$$\beta_X = \beta_{MN}\,T_{MX}/T'_{LX}$$

式中 β_X——电动机在第 X 挡转速时的过载能力；

β_{MN}——电动机的额定过载能力；

T_{MX}——第 X 挡转速时的电动机转矩，N·m。

根据上述公式，将计算结果列于表2—3—6中。

表2—3—6　　各挡转速的转矩核算结果

转速挡	1	2	3	4	5	6	7	8
负载转速（r/min）	75	120	200	300	500	800	1 200	2 000
传动比			5				1.5	
电动机转速（r/min）	375	600	1 000	1 500	2 500	1 200	1 800	3 000
电动机工作频率（Hz）	13	21	35	52	87	42	62.5	104
电动机的调频比	0.26	0.42	0.7	1.04	1.74	0.84	1.25	2.08
电动机有效转矩（N·m）	14.6	14.6	14.6	14.0	8.4	14.6	11.7	7.0
负载转矩（N·m）	63.7	63.7	63.7	63.7	38.2	23.9	15.9	9.55
负载转矩折算值（N·m）	12.7	12.7	12.7	12.7	7.64	15.9	10.6	6.37
带负载的过载能力	2.87	2.87	2.87	2.87	2.75	2.3	2.76	2.75

将表2—3—6中的各挡负载转矩进行比较，可以看出：除第6挡（$n_L = 800$ r/min）电动机的有效转矩与负载转矩相比，略显逊色外，其余各转速挡电动机的有效转矩与过载能力都

能满足要求；在第 6 挡，电动机的有效转矩为负载转矩的 14.6/15.9 = 0.92 倍，在实际工作中，已能满足要求。

任务实施

一、任务准备

实施本任务所需的实训设备及工具材料见表 2—3—7。

表 2—3—7　实训设备及工具材料

序号	分类	名称	型号规格	数量	备注
1	工具	电工常用工具	型号自定	1	
2	仪表	万用表、测速仪	型号自定	1	
3	设备器材	计算机	已安装三菱 GX Developer 编程软件	1	
		变频器	三菱 FR－E740 系列	1	
		PLC	三菱 FX2N 系列	1	
		三相异步电动机		1	
		低压断路器	DZ47－60 3P 32 A	1	
		交流接触器	CJX2－1210	1	
		指示灯	AD16－22D AC220 V	1	
		按钮	LA19－11	4	
		两挡旋转按钮	LA38－11X2	8	
4	耗材	连接导线		若干	

二、分配 PLC 输入/输出地址

根据控制要求编制 PLC 的 I/O 地址分配表，见表 2—3—8。

表 2—3—8　输入/输出地址分配表

输入信号			输出信号		
名称	元件代号	地址	名称	元件代号	地址
启动按钮	SB1	X0	主接触器	KM	Y0
停止按钮	SB2	X1	工作指示灯	HL	Y1
正转启动按钮	SB3	X2	正转输出端子	STF	Y4
反转启动按钮	SB4	X3	反转输出端子	STR	Y5
速度 1	SA1	X10	高速端子	RH	Y10
速度 2	SA2	X11	中速端子	RM	Y11

续表

输入信号			输出信号		
名称	元件代号	地址	名称	元件代号	地址
速度 3	SA3	X12	低速端子	RL	Y12
速度 4	SA4	X13	复位/多段速选择端子	RES	Y13
速度 5	SA5	X14			
速度 6	SA6	X15			
速度 7	SA7	X16			
速度 8	SA8	X17			

三、系统接线

根据表 2—3—8 所示的 PLC 输入/输出信号地址分配表，连接变频器主电路和控制电路，如图 2—3—6 所示。

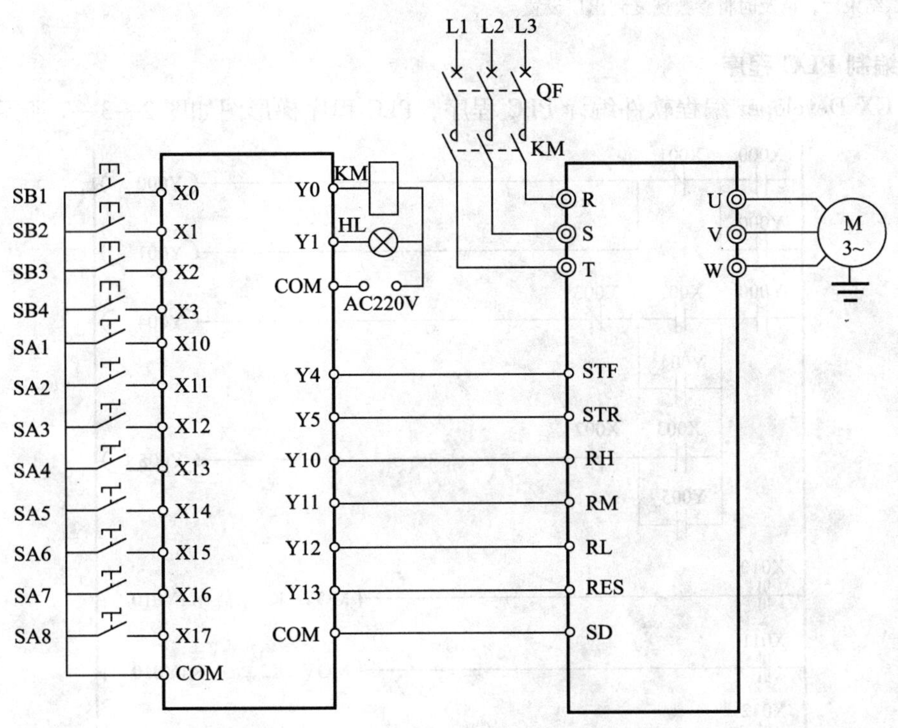

图 2—3—6 PLC、变频器 8 段速控制接线图

四、变频器参数设置

按照表 2—3—9 所示设置变频器参数，采用组合运行模式。其他参数（如提升转矩、下限频率、加减速时间等）参照本课题任务 2 中的参数进行设置。

表 2—3—9 功能参数表

参数名称	参数号	设定值
操作模式	Pr. 79	3
RES 端子功能选择	Pr. 184	8（15 速选择）
上限频率	Pr. 1	110
多段速设定（高速）	Pr. 4	13
多段速设定（中速）	Pr. 5	21
多段速设定（低速）	Pr. 6	35
多段速设定（4 速）	Pr. 24	52
多段速设定（5 速）	Pr. 25	87
多段速设定（6 速）	Pr. 26	42
多段速设定（7 速）	Pr. 27	62. 5
多段速设定（8 速）	Pr. 232	104

注：调试结束后，请及时将参数恢复到出厂设置。

五、编制 PLC 程序

使用 GX Developer 编程软件编译 PLC 程序，PLC 程序梯形图如图 2—3—7 所示。

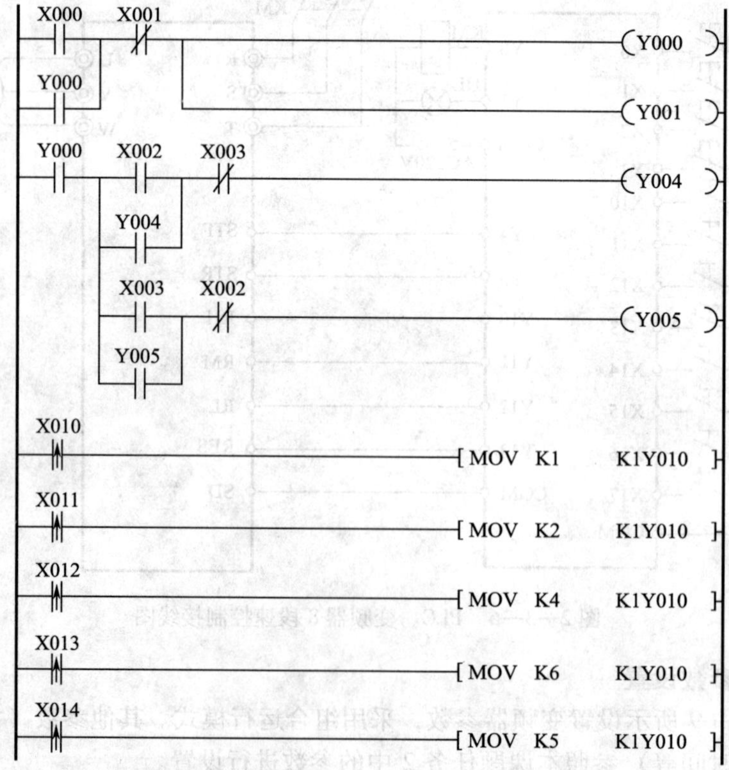

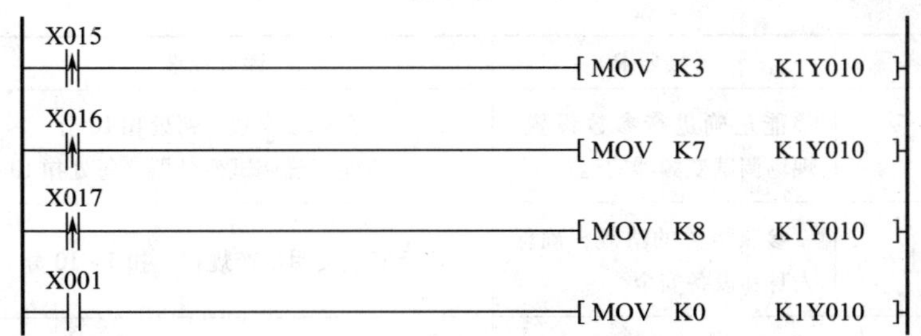

图 2—3—7 PLC 程序梯形图

六、联机调试

控制程序编译成功后，将程序下载到 PLC 主机，并将 PLC 程序运行开关拨向"RUN"状态。联机调试步骤如下：

1. 合上低压断路器 QF，按下 SB1 按钮，PLC 输出继电器 Y0 为"ON"，交流接触器 KM 接通，变频器电源接通，指示灯 HL 发亮。

2. 按下 SB3 按钮，PLC 输出继电器 Y4 为"ON"，电动机正转启动并运行，变频器面板中"RUN"指示灯发光。

3. 按下 SB4 按钮，PLC 输出继电器 Y5 为"ON"，电动机反转启动并运行，变频器面板中"RUN"指示灯闪烁。

4. 分别闭合 SA1 ~ SA8，运行频率在 13 Hz、21 Hz、35 Hz、52 Hz、87 Hz、42 Hz、62.5 Hz、104 Hz 之间切换。

5. 按下 SB2 按钮，PLC 输出继电器 Y0 为"OFF"，交流接触器 KM 失电，变频器断电，断开低压断路器 QF。

任务测评

对任务实施的完成情况进行检查，并将结果填入表 2—3—10 所示测评表内。

表 2—3—10　　任务测评表

序号	考核内容	考核要求	评分标准	配分	得分
1	电路设计	能根据项目要求，正确设计电路	（1）设计电路不正确，每处扣 5 分 （2）画图不符合标准，每处扣 2 分	30 分	
2	参数设置	能根据项目要求，正确设置变频器参数	（1）参数设置错误，每处扣 5 分 （2）漏设参数，每处扣 5 分	20 分	
3	接线	能正确使用工具及仪表，按照电路图准确地接线	（1）元件安装不符合要求，每处扣 2 分 （2）接线有违反电工手册相关规定的，每处扣 2 分	10 分	
4	PLC 编程	能根据项目要求，正确编制 PLC 控制程序	（1）程序编制不正确，扣 5 分 （2）不会上传、下载程序，扣 5 分	10 分	

续表

序号	考核内容	考核要求	评分标准	配分	得分
5	调试	能正确进行参数设置，现场调试变频器的运行	（1）不会修改参数，每处扣10分 （2）不能正确调试变频器，每处扣10分	30分	
6	安全文明生产	参照相关的法规，确保人身和设备安全	违反安全文明生产规程，扣5~10分		
备注			合计		
			教师签字：		

思考与练习

某龙门刨床工作台的运行曲线如图2—3—8所示，试用变频器的多段速控制方式来完成龙门刨床加工过程的运行控制。

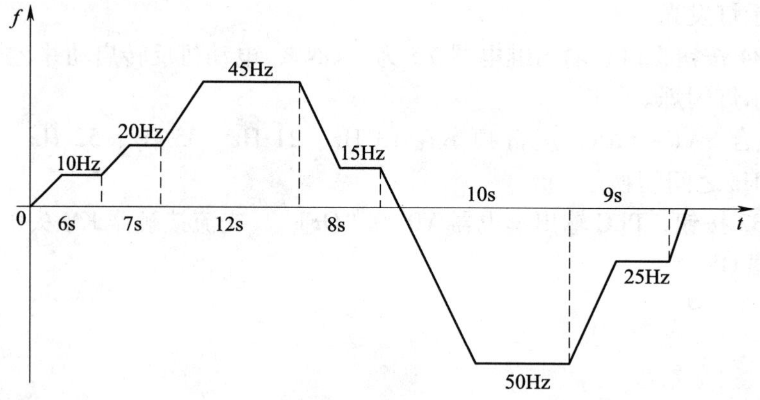

图2—3—8　龙门刨床的运行曲线

课题三　变频恒压供水控制

随着城市建设飞速发展，高层智能楼宇大量涌现，居民用水矛盾日益突出。如采用传统水箱供水，存在水压不稳、二次污染和耗能增加等问题。为保证供水质量，高层建筑普遍采用了变频恒压供水系统，其具有优异的调速和启动性能，以及高效率、高功率因数和明显的节能效果。

任务1　单台水泵的变频控制

学习目标

1. 了解变频器恒压供水控制系统的组成及基本原理。
2. 了解 PLC、变频器、压力传感器等设备的主要参数和使用方法。
3. 会设计单台水泵变频控制的 PLC、变频器控制线路。
4. 能正确设置单台水泵变频控制的变频器参数及编制 PLC 控制程序。

工作任务

本任务利用 PLC、变频器和压力传感器设计一个单台水泵的变频控制恒压供水系统。其调速通过变频器的多段速功能实现，设有 7 段速度（运行频率为 36 ~ 48 Hz），每段相差 2 Hz。供水系统运行时，PLC 通过 A/D 模块采集压力传感器检测到的管道供水压力信号，与系统所设定的压力信号进行比较，控制变频器的多段速端子组，从而实现水泵的运行频率控制。即 PLC 将压力值转换成数字量，再比较是否在恒压区，如果压力过低，就增大水泵运行频率；反之，则减小水泵运行频率。

相关知识

一、变频恒压供水控制系统

所谓恒压供水是指无论用户端用水量是多少，都能保持管网中水压基本恒定。这样既可以满足各用户对水的需求，又不使电动机空转，造成电能的浪费。为了实现上述要求，利用变频器根据给定压力信号和反馈压力信号，调节水泵转速，从而达到控制管网中水压恒定的目的。

变频恒压供水控制系统一般由变频器、控制器、压力传感器以及水泵电动机等组成。系统框图如图 3—1—1 所示。

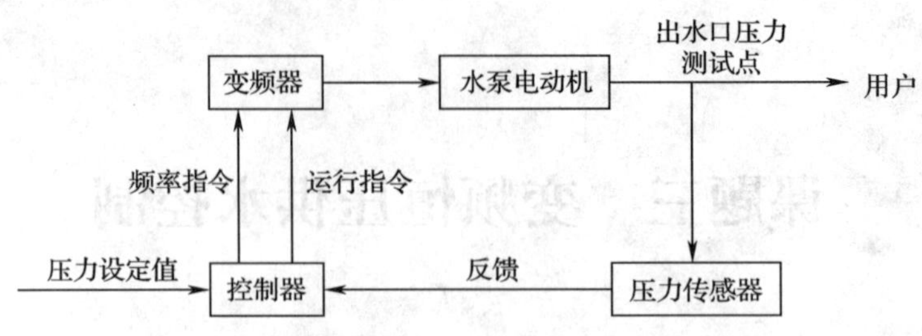

图 3—1—1　变频恒压供水控制系统框图

变频恒压供水控制系统主要通过压力传感器感知管网压力变化，并将电信号传输给 PID 调节器，经分析运算后，PID 调节器输出信号给变频器，由变频器控制水泵转速。在供水过程中用水量大时增加水泵转速，用水量小时减小水泵转速，用水量极小及无人用水时进入水泵补压或进入休眠状态，这些都由可编程序控制器（PLC）进行控制。

二、供水系统节能原理分析

在供水系统中，最根本的控制对象是流量。因此，要研究节能问题必须从考虑如何调节流量入手。常见的方法有阀门控制法和转速控制法两种，如图 3—1—2 所示为两种流量调节方法的比较。

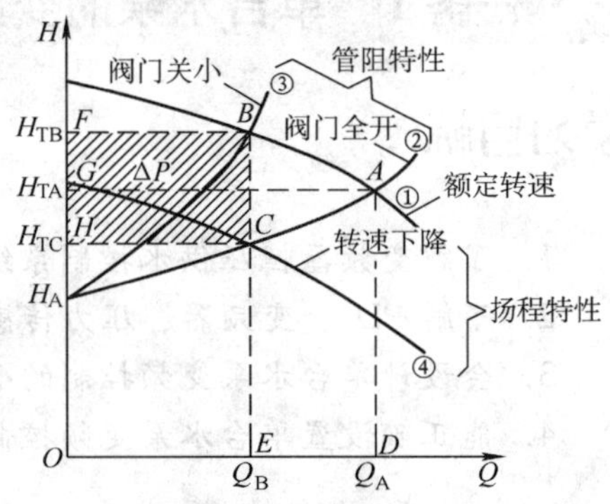

图 3—1—2　调节流量的两种方法比较

1．阀门控制法

阀门控制法是通过开关阀门大小来调节流量，而转速保持不变，通常为额定转速。阀门控制法的实质是：水泵本身的供水能力不变，而是通过改变水路中的阻力大小来改变供水能力，以适应用户对流量的需求。这时管阻特性将随阀门开度的大小而改变，但扬程特性不变。

2．转速控制法

转速控制法是通过改变水泵的转速来调节流量，而阀门开度则保持不变（通常为最大开度）。转速控制法的实质是通过改变水泵的全扬程来适应用户对流量的需求。当水泵的转速改变时，扬程特性将随之改变，而管阻特性则不变。

比较上述两种调节流量的方法，从供水功率分析可以得出，在所需流量小于额定流量的情况下，转速控制时扬程比阀门控制时小得多，所以转速控制方式所需的供水功率比阀门控制方式小很多。从水泵的工作效率分析可以得出，采用转速控制方式控制流量时工作效率要比阀门控制方式大得多。从电动机的效率分析得出，采用阀门控制方式控制流量时的效率和功率因数要比转速控制方式低。

综上所述，从节能的角度考虑，采用转速控制流量（变频调速供水方式）节能效果明显，目前以变频调速装置为控制核心的恒压供水系统已得到广泛使用。

3．变频恒压供水系统的优点

（1）恒压供水技术因采用变频器改变电动机电源频率而达到调节水泵转速改变水泵出口压力的方式，因而比靠调节阀门控制水泵出口压力的方式更具有降低管道阻力、大大减少截流损失的效能。

（2）由于水泵工作在变频工作状态，在其出口流量小于额定流量时，泵转速降低，这样可减少轴承的磨损和发热，延长泵和电动机的机械使用寿命。

（3）因实现恒压自动控制，不需要操作人员频繁操作，降低了人员的劳动强度，节省了人力。

（4）水泵电动机采用软启动方式，按设定的加速时间加速，避免电动机启动时的电流冲击对电网电压造成波动的影响，同时也避免了电动机突然加速造成泵系统的喘振。

（5）由于水泵工作在变频工作状态，在其运行过程中其转速是由外供水量决定的，故系统在运行过程中可节约可观的电能，其经济效益十分明显。由于其节电效果明显，所以系统具有收回投资快、长期受益等优点，其产生的社会效益也非常巨大。

三、压力传感器

压力传感器也叫压力传送器，用于检测流体的压力（实际是压强），并且可以进行远程信号传送，将信号传送到二次仪表或者计算机后进行压力控制或者检测的一种自动化控制前端元件。变频器恒压供水控制系统中将压力传感器安装在出水管，实现管网供水压力的检测。压力传感器的种类繁多，主要分为电阻应变片传感器、半导体应变片传感器、压阻式压力传感器、电感式压力传感器及电容式压力传感器。

本任务中采用压阻式压力传感器，压阻式压力传感器在一小块硅片上，集成 4 个电阻组成电桥，当不受到压力时，电桥处于平衡状态，无电压输出；当受到压力时电桥中的电阻变化，桥路输出变化，反应出压力大小的变化。如图 3—1—3 所示为压阻式压力传感器外形图，输出信号为 4 ~ 20 mA（二线制）或 0 ~ 5/10 V（三线制），供电电压为直流 24 V（DC9 ~ 36 V），对应测量范围为 0 ~ 1 MPa，负载电阻为电流输出型最大 800 Ω，电压输出型大于50 kΩ。

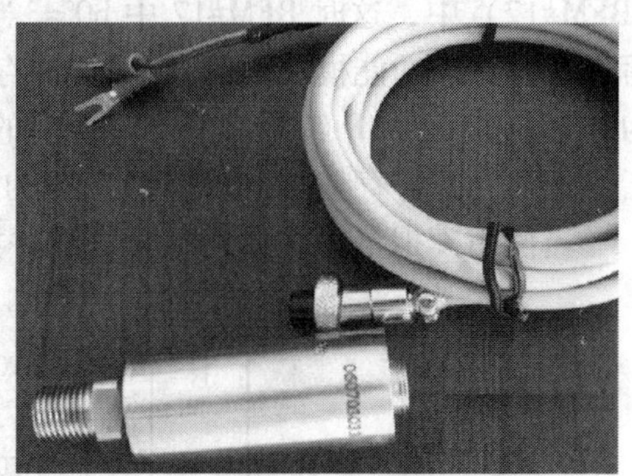

图 3—1—3　压阻式压力传感器外形图

四、FX2N－3A 模拟量模块

本任务中压力传感器的测量输出为模拟量信号，而 PLC 程序控制要求的是数字量信号，所以采用 FX2N－3A 模拟量模块进行 A/D 转换。FX2N－3A 模拟量模块可以与 FX0N、FX1N、FX2N 等系列可编程序控制器相连接。

1. FX2N－3A 模拟量模块的特点

（1）FX2N－3A 有 2 个模拟输入通道和 1 个模拟输出通道，输入通道将现场的模拟信号转化为数字量送给 PLC 处理，输出通道将 PLC 中的数字量转化为模拟信号输出给现场设备。

（2）FX2N－3A 的 BFM 分配见表 3—1—1。

表 3—1—1　**FX2N－3A 的 BFM 分配**

<table>
<tr><th>BFM</th><th>b15 ~ b8</th><th>b7</th><th>b6</th><th>b5</th><th>b4</th><th>b3</th><th>b2</th><th>b1</th><th>b0</th></tr>
<tr><td>#0</td><td rowspan="2">保留</td><td colspan="8">存放 A/D 通道的当前值输入数据（8 位）</td></tr>
<tr><td>#16</td><td colspan="8">存放 D/A 通道的当前值输出数据（8 位）</td></tr>
</table>

续表

BFM	b15 ~ b8	b7	b6	b5	b4	b3	b2	b1	b0
#17		保留					D/A 启动	A/D 启动	A/D 通道选择
#1 ~ #5，#18 ~ #31		保留							

（3）模拟量输入可在电压输入或电流输入中进行选择。当采用电压输入时，输入为DC0 ~ 10 V、DC0 ~ 5 V，当采用电流输入时，输入为 DC4 ~ 20 mA，但两路要均为同一特性；模拟量输出可以为电压输出 DC0 ~ 10 V、DC0 ~ 5 V，也可以为电流输出DC4 ~ 20 mA。

（4）使用 FROM/TO 指令与可编程序控制器进行数据传输。

2．FX2N－3A 模拟量输入的应用

当 PLC 只连接一个 FX2N－3A 模块时，FX2N－3A 的编号就为 0 号特殊功能模块。

当 FX2N－3A 采样到的模拟量转换成数字量后，存放在 FX2N－3A 内部 0 号缓冲存储器的低 8 位中，PLC 要读取转换后的数字量，可以用如图 3—1—4 所示的程序来完成（使用模拟量输入通道 1）。其中，第一条 TO 指令把 H0 写入 0 号特殊功能模块内的 17 号缓冲存储器（BFM#17）中，这时 BFM#17 中 b0 =“0”，选择了模拟量输入通道 1；第二条 T0 指令把 H2 写入 0 号特殊功能模块内的 17 号缓冲存储器（BFM#17）中，这时 BFM#17 中 b0 由“0”变为“1”，启动 A/D 转换，并把转换后的数字量存放在 0 号缓冲存储器（BFM#0）中，FROM 指令把 0 号缓冲存储器（BFM#0）中的数据读到 PLC 中，并存放在 D10 寄存器中。

当使用模拟量输入通道 2 时，程序如图 3—1—5 所示。

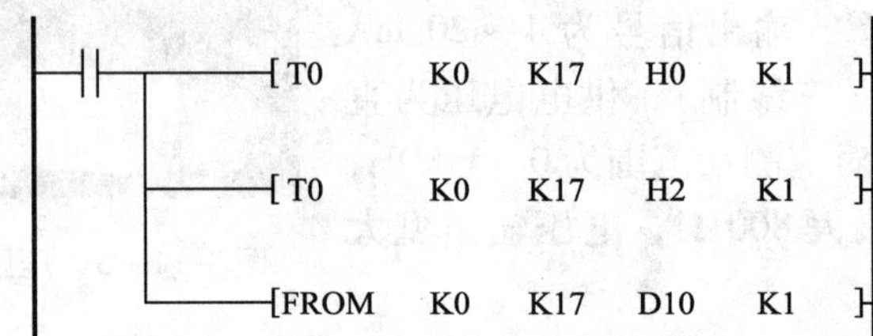

图 3—1—4　模拟量输入的应用（使用模拟量输入通道 1）

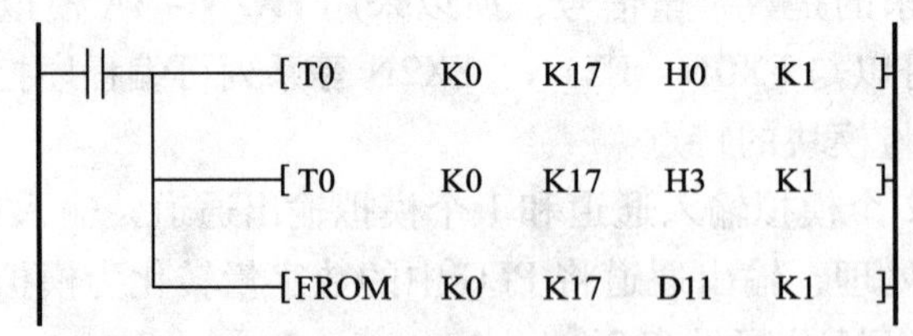

图 3—1—5　模拟量输入的应用（使用模拟量输入通道 2）

3．FX2N－3A 模拟量输出的应用

PLC 要把数字量转换成模拟量，首先要把数字量存放在 FX2N－3A 内部 16 号缓冲存储器（BFM#16）的低 8 位中。PLC 控制程序如图 3—1—6 所示。其中，第一条 TO 指令把 D20 中的数据写入 0 号特殊功能模块内的 16 号缓冲存储器（BFM#16）中，准备实现 D/A 转换；第二条、第三条 TO 指令分别把 H4、H0 写入 0 号特殊功能模块内的 17 号缓冲存储器（BFM#17）中，这时 BFM#17 中 b2 由“1”变为“0”，启动 D/A 转换，把 16 号缓冲存储器（BFM#16）中存放的数字量转换成模拟量输出。

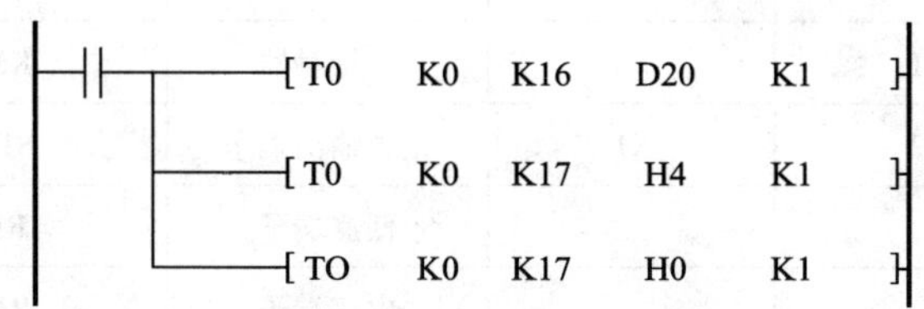

图 3—1—6 模拟量输出的应用

任务实施

一、任务准备

实施本任务所需的实训设备及工具材料见表 3—1—2。

表 3—1—2 **实训设备及工具材料**

序号	分类	名称	型号规格	数量	备注
1	工具	电工常用工具	型号自定	1	
2	仪表	万用表	型号自定	1	
3	设备器材	计算机	已安装三菱 GX Developer 编程软件	1	
		变频器	三菱 FR－E740 系列	1	
		PLC	三菱 FX2N 系列	1	
		变频恒压供水实训装置		1	
		压力传感器		1	
		模拟量模块	FX2N－3A	1	
		交流接触器	CJX2－1210	1	
		按钮	LA19－11	2	
4	耗材	连接导线		若干	

二、PLC 输入/输出地址分配

本任务将变频器输出频率分为 7 段速度，每段之间相差 2Hz，其速度运行曲线如图 3—1—7 所示。通过变频器的输入端子 RL、RM 和 RH 的组合来控制多段速度。水泵电动机只需要单向运行，由变频器 STF 端子控制，此外还需系统启动、停止控制信号。PLC 输入/输出地址分配见表 3—1—3。

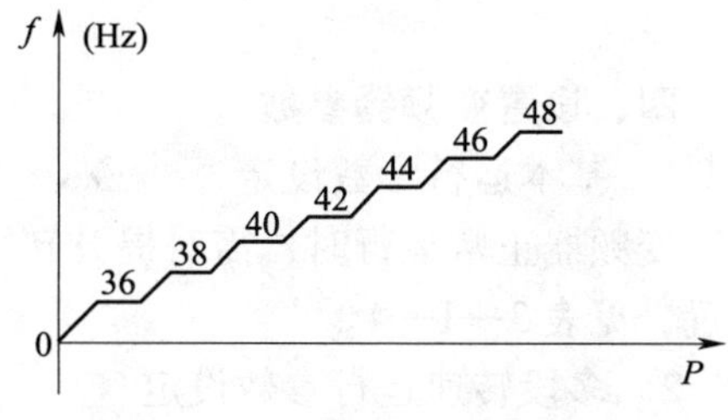

图 3—1—7 7 段速度运行曲线

表 3—1—3 输入/输出地址分配表

输入信号			输出信号		
名称	元件代号	地址	名称	元件代号	地址
启动按钮	SB1	X0	主接触器	KM	Y0
停止按钮	SB2	X1	正转输出端子	STF	Y10
			低速端子	RL	Y4
			中速端子	RM	Y5
			高速端子	RH	Y6

三、系统接线

1. 传感器的连接

传感器回路接线如图 3—1—8 所示。

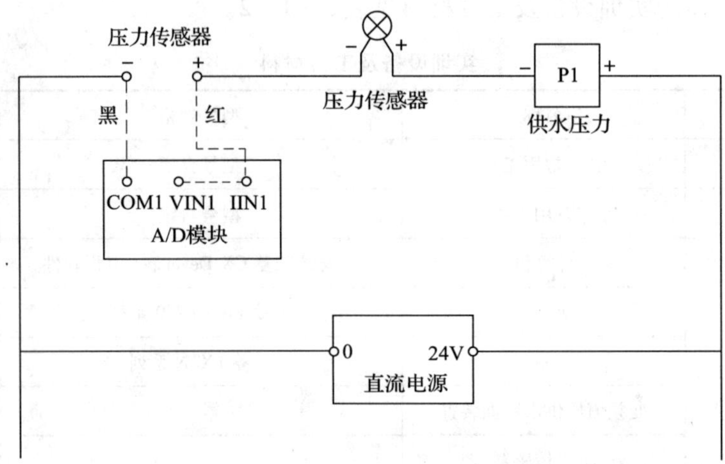

图 3—1—8 传感器回路接线图

2. PLC、变频器系统接线图

本任务恒压供水系统中，压力传感器与 PLC 的 A/D 转换模块连接，将检测到的供水压力参数值送至 PLC，程序运算后由 PLC 的 Y4 ~ Y6 控制变频器的多段速切换运行，PLC 的 Y10 与变频器 STF 端子相连控制变频器运行。PLC、变频器系统接线图如图 3—1—9 所示。

四、设置变频器参数

1. 基本运行参数设定

变频器正常运行时，需对提升转矩，上、下限频率，加、减速时间等基本运行参数进行设置，见表 3—1—4。

2. 多段转速运行参数设定

变频器多段转速运行时，需要设置的参数为 Pr. 4 ~ Pr. 6、Pr. 24 ~ Pr. 27，见表 3—1—5。

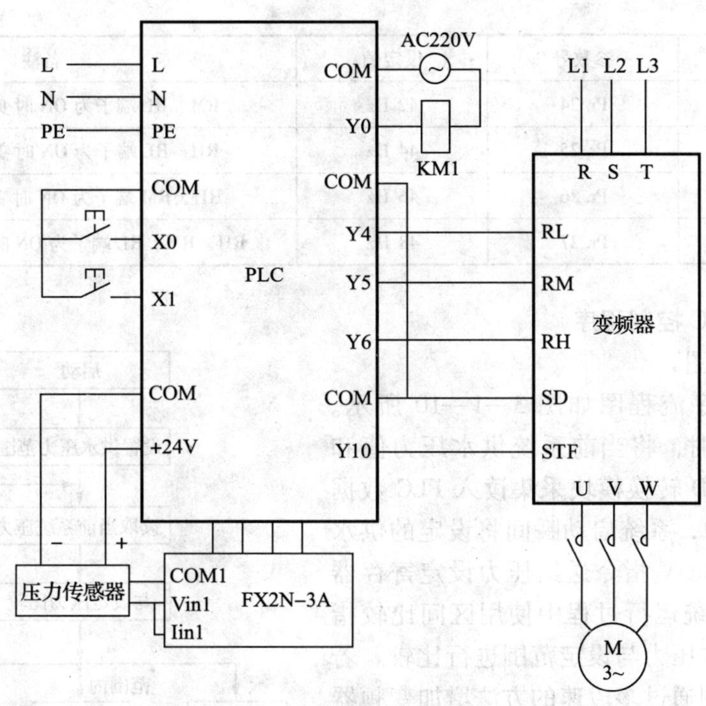

图 3—1—9 PLC、变频器系统接线图

表 3—1—4 基本运行参数

参数名称	参数号	设定值	备注
提升转矩	Pr. 0	5%	
上限频率	Pr. 1	50 Hz	电动机额定运行频率
下限频率	Pr. 2	3 Hz	
基准频率	Pr. 3	50 Hz	
加速时间	Pr. 7	3 s	
减速时间	Pr. 8	2 s	
电子过流保护	Pr. 9	3 A	具体由电动机额定电流确定
加、减速基准频率	Pr. 20	50 Hz	
参数写入选择	Pr. 77	2	
操作模式	Pr. 79	2	外部运行模式

表 3—1—5 多段转速运行参数

参数名称	参数号	设定值	备注
第一段频率	Pr. 4	36 Hz	RL 端子为 ON 时变频器输出频率
第二段频率	Pr. 5	38 Hz	RM 端子为 ON 时变频器输出频率
第三段频率	Pr. 6	40 Hz	RH 端子为 ON 时变频器输出频率

续表

参数名称	参数号	设定值	备注
第四段频率	Pr. 24	42 Hz	RM、RL端子为ON时变频器输出频率
第五段频率	Pr. 25	44 Hz	RH、RL端子为ON时变频器输出频率
第六段频率	Pr. 26	46 Hz	RH、RM端子为ON时变频器输出频率
第七段频率	Pr. 27	48 Hz	RH、RM、RL端子为ON时变频器输出频率

五、编制PLC控制程序

1. 程序流程图

PLC控制程序流程图如图3—1—10所示。在PLC进行控制时，将当前系统供水压力值和液面高度值由A/D转换模块采集读入PLC数据寄存器D0、D1中，系统启动瞬间将设定的供水压力值范围使用MOV指令送给压力设定寄存器D11、D12中。系统运行过程中使用区间比较指令将当前系统供水压力与设定范围进行比较。若供水压力偏低，则通过多段速的方法增加变频器运行频率。

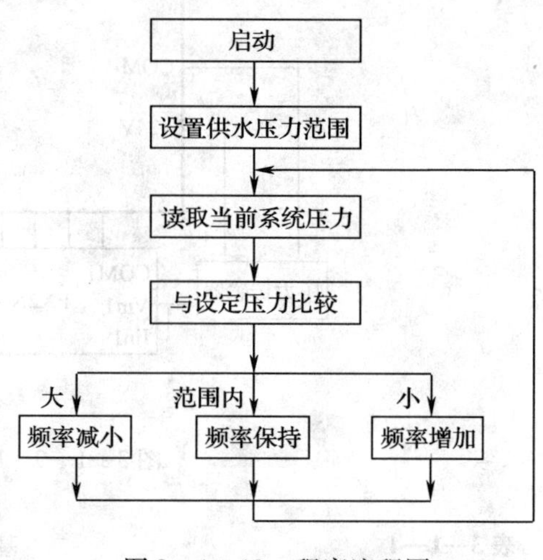

图3—1—10　程序流程图

2. PLC程序

根据程序流程图编写PLC控制程序，如图3—1—11所示。

六、联机调试

1. 水泵上水操作

由于刚开始时承压箱是空的，需将供水系统实现一个自循环，必须将水加满承压箱，并且使每个水泵进行排空。具体步骤如下：

（1）将1#水泵电动机直接和变频器的输出端相连，注意相序不要颠倒。

（2）接通变频器电源，确认变频器为“PU”操作模式（若不为“PU”操作模式，则用“MODE”设定到操作“PU”模式）。

（3）将变频器的运行频率设为50 Hz。

（4）按变频器“FWD”键进行启动，1#水泵随之运转，此时通过观察水箱液位是否变化或液位数显表变化情况，如果液位下降则说明水已经被吸入，这时可手动打开电磁阀等待水流出。

（5）当水从电磁阀流出时，表示承压箱已灌满，还可以通过观察承压箱机械压力指示表察看承压箱的压力。

（6）在上水操作过程中要注意观察4个数显表的显示是否正常。

1）压力设定表SV：显示的数值应该随面板上的电位器变化而变化。

2）供水压力表PV：初始显示的数值应为0.00，如果系统运行，应该和机械式压力表的数值近似一致。

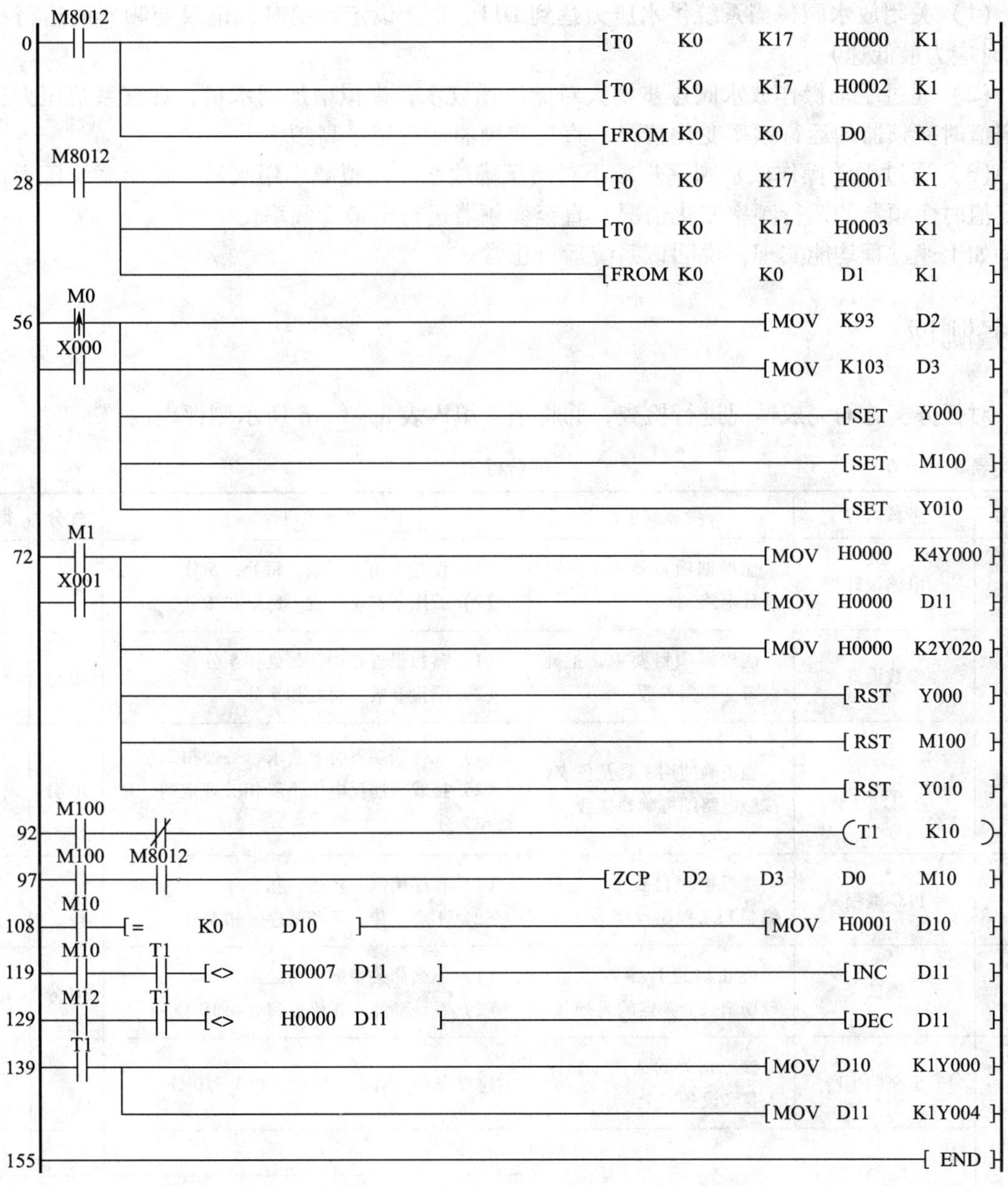

图 3—1—11　系统 PLC 控制程序

3）运行频率表 FR：初始显示数值应该为 0. 00，当变频器运行时，显示的数值应和变频器运行频率相一致。

4）液面高度表 LV：显示的数值应该和供水箱里的水位的高度相一致。

（7）分别将 2#、3#水泵电动机的电源线直接接至变频器的输出端，重复上述步骤对 2#、3#水泵进行上水操作。

2. 控制程序编译成功后，将程序下载到 PLC 主机，将 PLC 置于“RUN”状态，变频器的操作模式设置在“EXT”外部操作模式，启动恒压供水系统。

（1）关闭放水阀，当系统供水压力达到 D11、D12 设定范围时，记录变频器的运行频率（此时应为最低速）。

（2）通过手动操作放水阀逐步增大对储压罐放水，模拟增加用水量，观察系统压力达到设定值时变频器的运行频率变化情况，直至变频器运行至最高频率。

（3）通过手动操作放水阀逐步减小对储压罐放水，模拟减小用水量，观察系统压力达到设定值时变频器的运行频率变化情况，直至变频器运行至最低频率。

如上述过程均能实现，说明该系统运行正常。

任务测评

对任务实施的完成情况进行检查，并将结果填入表 3—1—6 所示测评表内。

表 3—1—6　　评分标准

序号	考核内容	考核要求	评分标准	配分	得分
1	电路设计	能根据项目要求，正确设计电路	（1）设计电路不正确，每处扣 5 分 （2）画图不符合标准，每处扣 2 分	30 分	
2	参数设置	能根据项目要求，正确设置变频器参数	（1）参数设置错误，每处扣 5 分 （2）漏设参数，每处扣 5 分	20 分	
3	接线	能正确使用工具及仪表，按照电路图准确地接线	（1）元件安装不符合要求，每处扣 2 分 （2）接线有违反电工手册相关规定的，每处扣 2 分	10 分	
4	PLC 编程	能根据项目要求，正确编制 PLC 控制程序	（1）程序编制不正确，扣 5 分 （2）不会上传、下载程序，扣 5 分	10 分	
5	调试	能正确进行参数设置，现场调试变频器的运行	（1）不会修改参数，每处扣 5 分 （2）系统功能不正确，每处扣 10 分	30 分	
6	安全文明生产	参照相关的法规，确保人身和设备安全	违反安全文明生产规程，扣 5 ~ 10 分		
备注			合计		
			教师签字：		

知识拓展

一、普通供水系统的基本模型与主要参数

1．基本模型

如图 3—1—12 所示是一生活小区供水系统的基本模型，水泵将水池中的水抽出并上扬至所需高度，以便向生活小区供水。

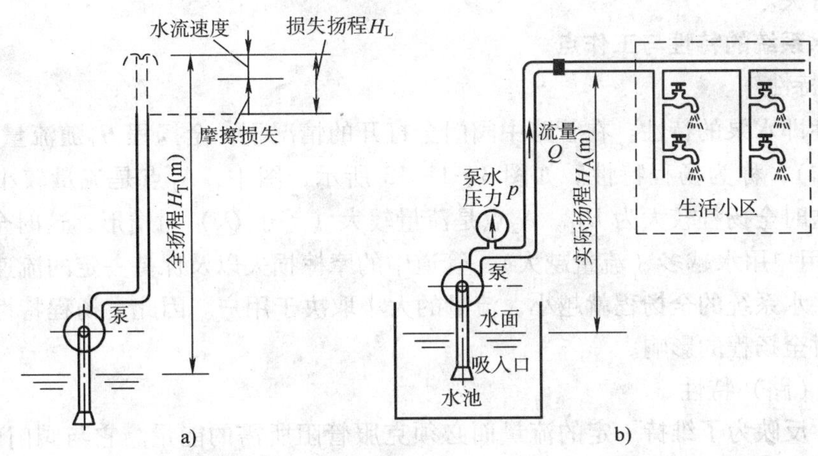

图 3—1—12　普通供水系统的基本模型

a）全扬程的概念　b）基本模型

2. 供水系统的主要参数

（1）流量

流量是泵在单位时间内所抽送液体的数量，常用的流量是体积流量，用 Q 表示，其单位是 m^3/h。

（2）扬程

单位质量的液体通过水泵后所获得的能量，通常称之为扬程。扬程主要包括三个方面：

1）提高水位所需的能量。

2）克服水在管路中流动阻力所需的能量。

3）使水流具有一定的流速所需的能量。

扬程通常用所抽送液体的液柱高度 H 表示，其单位是 m。习惯上常用水从一个位置上扬到另一个位置时水位的变化量（即对应的水位差）来代表扬程。

（3）全扬程

全扬程也叫总扬程，是表征水泵泵水能力的物理量，包括把水从水池的水面上扬到最高水位所需的能量、克服管阻所需的能量和保持流速所需的能量，符号是 H_T。在数值上等于在没有管阻、也不计流速的情况下，水泵能够上扬水的最大高度，如图 3—1—12a 所示。

（4）实际扬程

实际扬程是通过水泵实际提高水位所需要能量，符号是 H_A。在不计损失和流速的情况下，其主体部分正比于实际的最高水位与水池水面之间的水位差。如图 3—1—12b 所示。

（5）损失扬程

全扬程与实际扬程之差，即为损失扬程，符号是 H_L。H_T、H_A、H_L 三者之间的关系是：$H_T = H_A + H_L$。

（6）管阻

管阻表示管道系统（包括水管、阀门等）对水流阻力的物理量，符号是 P。其大小在静态时主要取决于管路的结构和所处的位置，而在动态情况下，还与供水流量和用水流量之间的平衡情况有关。

二、供水系统的特性与工作点

1. 扬程特性

扬程特性即水泵的特性。在管路中阀门全打开的情况下，全扬程 H_T随流量 Q_U变化的曲线 $H_T=f(Q_U)$，称为扬程特性。如图 3—1—13 所示，图中，A_1点是流量较小（等于 Q_1）时的情形，这时全扬程较大为 H_{T1}，A_2点是流量较大（等于 Q_2）时情形，这时全扬程较小为 H_{T2}。这表明用户用水越多（流量越大)，管道中的摩擦损失以及保持一定的流速所需的能量也越大，故供水系统的全扬程就越小，流量的大小取决于用户。因此，扬程特性反映了用户的用水需求对全扬程的影响。

2. 管阻（路）特性

管阻特性反映为了维持一定的流量而必须克服管阻所需的能量。它与阀门的开度有关，实际上是表明当阀门开度一定时，为了提高一定流量的水所需要的扬程。因此，这里的流量表示供水流量，用 Q_G表示，所以管阻特性的函数关系是 $H_T=f(Q_G)$，如图 3—1—14 所示。显然，当全扬程不大于实际扬程（$H_T \leqslant H_A$）时，是不可能供水（$Q_G=0$）的。因此，实际扬程也是能够供水的“基本扬程”。在实际的供水管道中流量具有连续性，并不存在“供水流量”与“用水流量”的差别，这里的 Q_G和 Q_U是为了便于说明供水能力和用水需求之间的关系而假设的量。

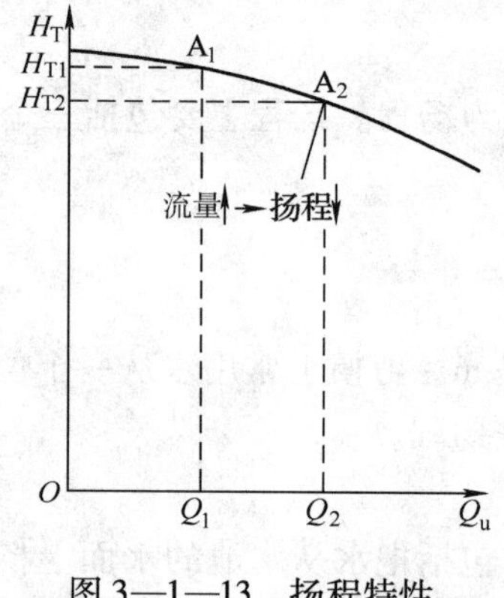

图 3—1—13　扬程特性

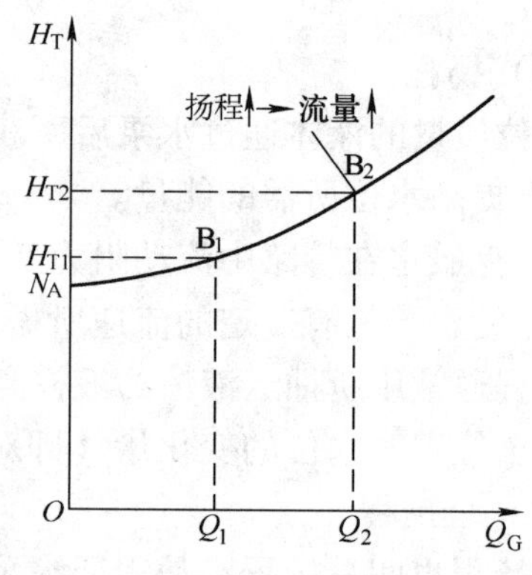

图 3—1—14　管阻特性

从图 3—1—14 中可以看出，在供水流量较小（$Q_G=Q_1$）时，所需扬程也较小（$H_T=H_{T1}$），如 B_1点；反之，在供水流量较大（$Q_G=Q_2$）时，所需扬程也较大（$H_T=H_{T2}$），如 B_2点。

思考与练习

1. 恒压变频供水系统与传统供水系统相比有哪些优点？

2. 简述变频恒压供水控制系统的控制原理。

3. 查阅有关资料，在教师指导下，以带压力开关的传感器为采样元件，设计一恒压供水系统。

任务2　单台水泵变频启动工频运行控制

学习目标

1. 掌握用 PLC 控制变频器进行工频和变频切换的方法。
2. 了解变频器工频、变频切换的方法及参数设置的相关知识。
3. 能控制变频器在合适的情况下使电动机转入工频运行。
4. 能正确设置变频启动、工频运行控制变频器参数及编制 PLC 控制程序。

工作任务

某学校宿舍楼的供水系统用一台电动机拖动水泵变频运行，当供水高峰时，电动机频率上升到 50 Hz（工频）并保持长时间运行，供水量较低时电动机转入变频运行状态从而达到节能效果。当电动机长时间处于工频运行时，可以将电动机直接切换到工频电网供电，让变频器休息；此外，当变频器发生故障时，为了保证宿舍楼的正常供水，也需将水泵电动机直接接到工频电网运行。也就是说，电动机有变频工作和工频工作两种方式。

本任务使用三菱 FR－E740 变频器和 PLC 实现变频与工频切换，电动机变频工作时将变频器通过接触器接入电动机主回路，电动机工频工作时通过接触器将变频器切除，直接将电动机接入三相工频电源。

相关知识

一、变频与工频切换控制原理

由继电器与变频器组合的变频与工频切换控制电路如图 3—2—1 所示。它必须满足两个控制要求：一是可根据工作需要选择“工频运行”或“变频运行”；二是在“变频运行”时，一旦变频器因故障而跳闸，可自动切换为“工频运行”方式，同时进行声光报警。

1. 主电路

主电路中，接触器 KM1 用于将电源接至变频器的输入端；KM2 用于将变频器的输出端接至电动机；KM3 用于将工频电源直接接至电动机，热继电器 KH 用于工频时过载保护。

2. 继电器控制电路

SA 为运行方式选择开关。当 SA 拨至“工频运行”时，按下启动按钮 SB2，中间继电器 KA1 吸合并自锁，KM3 动作，电动机 M 进入“工频运行”状态。按下停止按钮 SB1，中间继电器 KA1 和接触器 KM3 均断电，电动机 M 停止运行。

当 SA 拨至“变频运行”时，按下启动按钮 SB2，中间继电器 KA1 动作并自锁，KM2 动作，将电动机接至变频器的输出端，随后 KM1 也动作，将工频电源接至变频器的输入端，并允许电动机启动。此时按下 SB4，中间继电器 KA2 动作，电动机开始升速，进入“变频运行”状态。KA2 动作后，停止按钮 SB1 失去作用，以防止通过直接切断变频器的电源而使

M 停机。

在变频运行过程中，如果变频器因故障而跳闸，则“B－C”断开，接触器 KM2 和 KM1 均断电，变频器和电源之间，以及电动机和变频器之间都被切断。

与此同时，“C－A”闭合，一方面，由蜂鸣器 HA 和指示灯 HL 进行声光报警。同时，时间继电器 KT 得电，其触点延时后闭合，使 KM3 动作，电动机进入工频运行状态。

操作人员发现后，应将选择开关 SA 旋至“工频运行”位置。这时，声光报警停止，并使时间继电器断电。

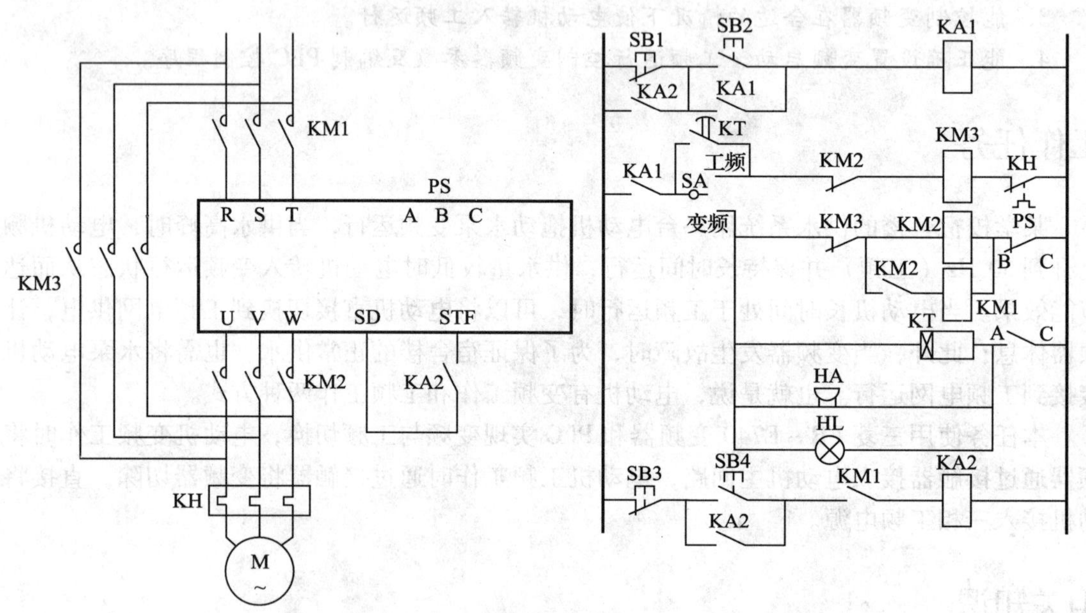

图 3—2—1　继电器与变频器组合的变频与工频的切换控制电路

二、电动机的启动

在异步电动机的启动过程中会有大的启动电流出现，这个电流是其额定电流的 5～7 倍，如此大的电流会给供电设备造成大的冲击，干扰周边的用电设备，严重时会使其他设备无法正常工作。当同一供电线路上有几台相同的电动机时，由于供电容量的限制，往往不能同时启动，这又对设备工艺提出了限制。随着大功率电力电子器件的不断发展成熟，变频器得到了广泛应用，使得上述问题迎刃而解。

1．变频启动

先将电动机接到变频器的输出端，启动时，变频器输出交流电的频率由 0 开始逐渐增加，输出电压也成比例增加。开始时，由于电压小，所以启动电流也较小，随着启动过程的进行，转速越来越高，电压也越来越大，但转差率却不大，直到电动机达到规定转速，完成变频启动过程，其电流都一直在额定电流以下，有效地解决了冲击电流的问题。

2．变频与工频状态切换

当电动机达到规定转速之后，其所加工作电压往往已接近工频，再继续由变频器供电，也不能起到节电的效果，失去了变频器供电的意义，同时变频器本身也有一定的功率损耗，此时应转入工频运行。

操作时，变频器应先禁止输出，并断开所连接接触器；同时，等待一个时间间隔，防止电动机上的自感应电动势造成不利的影响；将电动机接到工频电源上，由于电动机已有接近额定转速的转速，从而避免了大的冲击电流，可顺利完成启动的过程。

三、水锤效应

电动机全电压启动时，在不到 1 s 的时间内，即可从静止状态加速到额定转速，管道内水的流量则从零增加到额定流量。由于流体具有动量和一定程度的可压缩性，所以，流量的急剧变化将在管道内引起压强过高或过低的冲击，以及出现“空化”现象。压力的冲击将使管壁受力而产生噪声，犹如锤子敲击管子一般，故称为“水锤效应”。

任务实施

一、任务准备

实施本任务所需的实训设备及工具材料见表 3—2—1。

表 3—2—1　　实训设备及工具材料

序号	分类	名称	型号规格	数量	备注
1	工具	电工常用工具	型号自定	1	
2	仪表	万用表	型号自定	1	
3	设备器材	计算机	已安装三菱 GX Developer 编程软件	1	
		变频器	三菱 FR－E740 系列	1	
		PLC	三菱 FX2N 系列	1	
		变频恒压供水实训装置		1	
		低压断路器	DZ47－60 3P 32 A	1	
		交流接触器	CJX2－1210	4	
		按钮	LA19－11	2	
		指示灯	AD16－22D DC24 V	2	
		热继电器	JR20－10	1	
4	耗材	连接导线		若干	

二、PLC 输入/输出地址分配

根据本任务的控制要求，PLC 的 I/O 地址分配见表 3—2—2。

表 3—2—2　　输入/输出地址分配表

输入信号			输出信号		
名称	元件代号	地址	名称	元件代号	地址
启动按钮	SB1	X0	正转启动端子	STF	Y0
停止按钮	SB2	X1	输出停止端子	MRS	Y1

续表

输入信号			输出信号		
名称	元件代号	地址	名称	元件代号	地址
过流保护	KH	X2	工频运行接触器	KM2	Y4
			变频运行接触器	KM3	Y5
			变频运行指示灯	HL1	Y10
			工频运行指示灯	HL2	Y11

三、系统接线

如图 3—2—2 所示，电动机可由两路电源供电，一路是市网 380 V 交流电，另一路是由变频器输出的频率和电压可变的交流电。当启动按钮动作时，PLC 接收到此信号，控制变频器输出，其频率由 0 经 10 s 时间升到 50 Hz，再经 0.5 s 的间隔时间，切换到工频供电；当停止按钮或热继电器动作时，再经 0.5 s 的间隔时间，转为变频器工作方式，变频器输出频率由 50 Hz 经 10 s 时间降到 0 Hz，再关断输出。

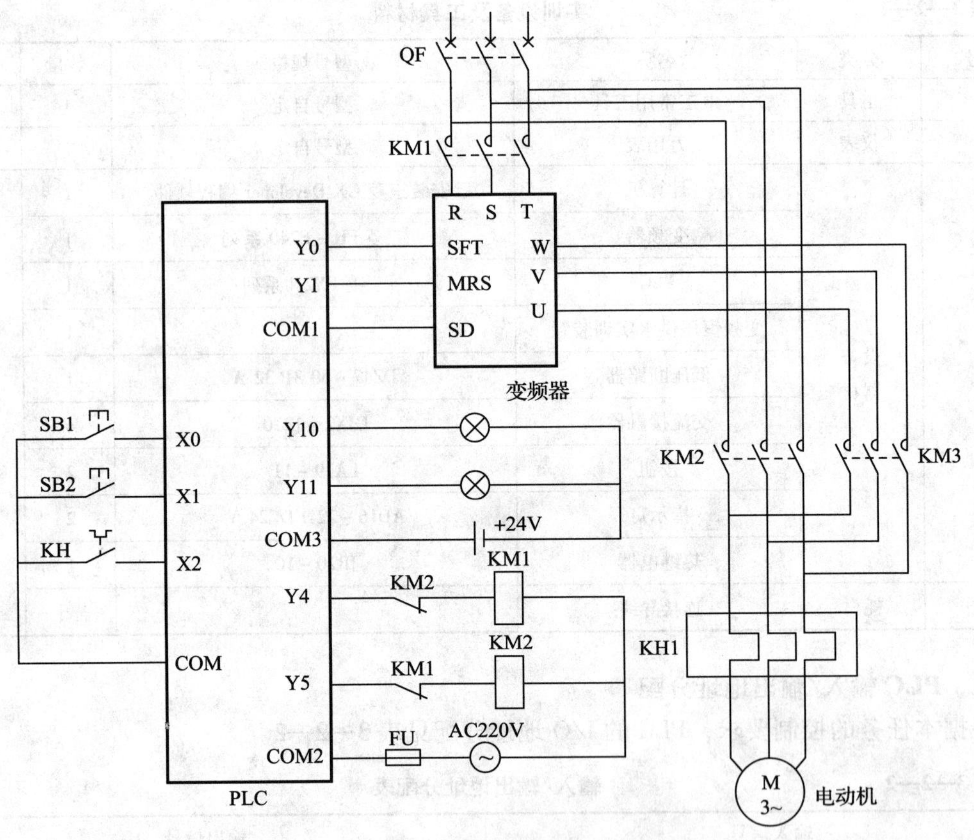

图 3—2—2　PLC、变频器系统接线图

四、设置变频器参数

根据控制要求设置变频器相关运行参数，见表 3—2—3。

表 3—2—3　　基本运行参数

参数名称	参数号	设定值	备注
提升转矩	Pr. 0	5%	
上限频率	Pr. 1	50 Hz	电动机额定运行频率
下限频率	Pr. 2	3 Hz	
基准频率	Pr. 3	50 Hz	
加速时间	Pr. 7	10 s	
减速时间	Pr. 8	10 s	
电子过流保护	Pr. 9	3 A	具体由电动机额定电流确定
加、减速基准频率	Pr. 20	50 Hz	
参数写入选择	Pr. 77	2	
操作模式	Pr. 79	2	外部运行模式

五、编制 PLC 控制程序

1. 程序流程图

当系统开始工作时，要进行初始化工作，即禁止各相关输出，复位所有输出元件，且系统处于启动前的准备状态。当按下启动按钮（有一动作即可，时间不要过长），电动机开始启动，根据题目要求，也为了防止启动电流对电网的冲击，由变频器完成启动过程。主电路切断工频，接通变频器输出，变频器开始工作，变频器设置启动的时间为 10 s，频率匀速上升。当 10 s 时间到后，频率也达到 50 Hz，此时禁止变频器输出，断开变频器与电动机的连接，中间再加上 0.5 s 的时间间隔，防止切换过程产生冲击电流，再接通工频电网，完成电动机的启动过程。

在电动机停止或过载保护时，应平缓地降低电动机的转速直到停止，防止管网中发生水锤效应，可设置变频器的减速时间完成此项功能。在实际运行中，一旦停止按钮或过载保护开关动作，则立即切断工频电源，间隔 0.5 s 后再接通变频器的输出，同时撤销“禁止变频器输出”和“运行”信号，变频器会按所设置的减速时间，使电动机均匀减速，在 10 s 后停止运行，完成停机过程。还有一种特殊的情况是，电动机刚启动（还在变频工作状态）时，就发生过载现象或是按下停止按钮，则变频器就直接停止运行，其停止曲线保持不变，但由于电动机还未达到最大转速，电动机会更快地完全停止下来。

图 3—2—3 所示为系统工作程序流程图。

2. PLC 程序

根据程序流程图编写 PLC 控制程序，如图 3—2—4 所示。

六、联机调试

控制程序编译成功后，将程序下载到 PLC 主机，将 PLC 置于“RUN”状态，变频器的操作模式设置在“EXT”外部操作模式，启动恒压供水系统。

1. PLC 程序调试

(1) 按下“启动”按钮，PLC 输出驱动变频器运行，KM3 动作，电动机接变频器输出，同时变频器运行指示灯点亮，此时 PLC 输出的 Y0、Y5 和 Y10 指示灯亮。

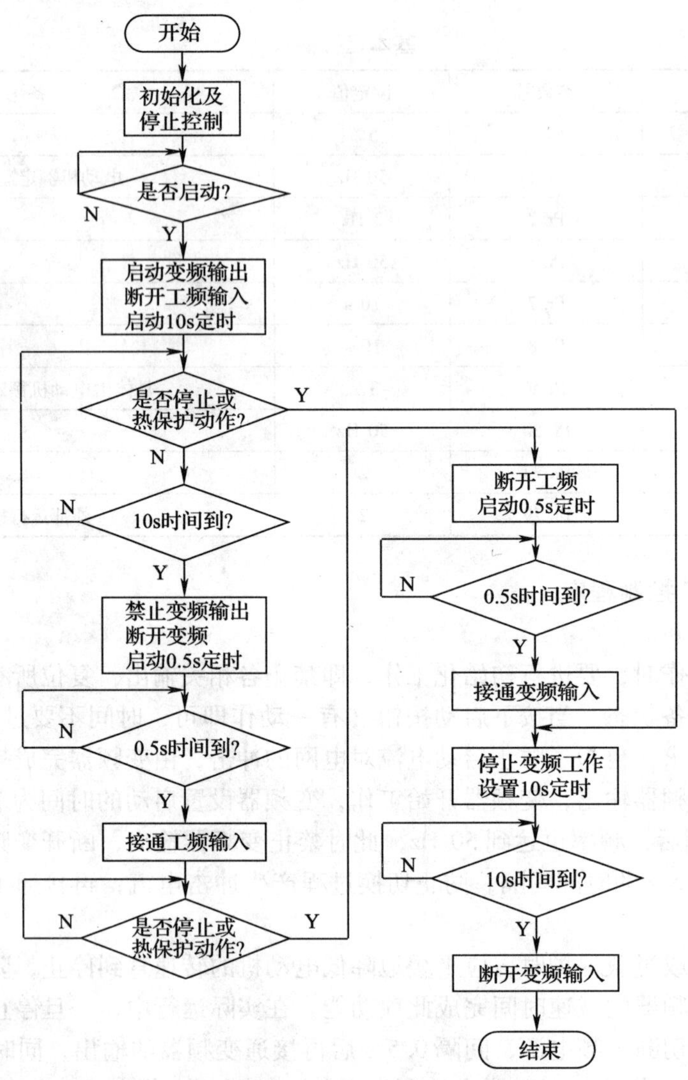

图 3—2—3　程序流程图

（2）在 10 s 后向变频器发出禁止输出指令、同时断开 KM3，再过 0. 5 s 接通工频输出，KM2 动作，工频信号指示灯也点亮。从 PLC 的输出指示灯上观察，可看到从 Y0、Y5 和 Y10 指示灯亮时开始计时 10 s，时间到后，Y1 点亮、Y5、Y10 熄灭，Y0 保持不变；经过很短的时间（0. 5 s）后，Y4、Y11 动作。

（3）当停机或电动机过热保护时，KM2 立即断开，工频运行指示灯也熄灭，看到 Y4 和 Y10 的输出指示灯熄灭，间隔很短的时间（0. 5 s）后，变频工作指示灯点亮，变频器输出禁止信号和变频运行信号撤销，看到 Y10 的输出指示灯点亮，Y0、Y1 的指示灯熄灭；过 10 s 后，接触器 KM3 断开，PLC 输出指示灯均熄灭。

（4）若启动还未完成就停机或电动机过热保护时，变频器运行指示灯直接撤销，可看到 Y0 指示灯直接熄灭，过 10 s 后，变频工作指示灯熄灭，KM3 断开，在 PLC 的输出指示灯可看到 Y5 和 Y10 熄灭。

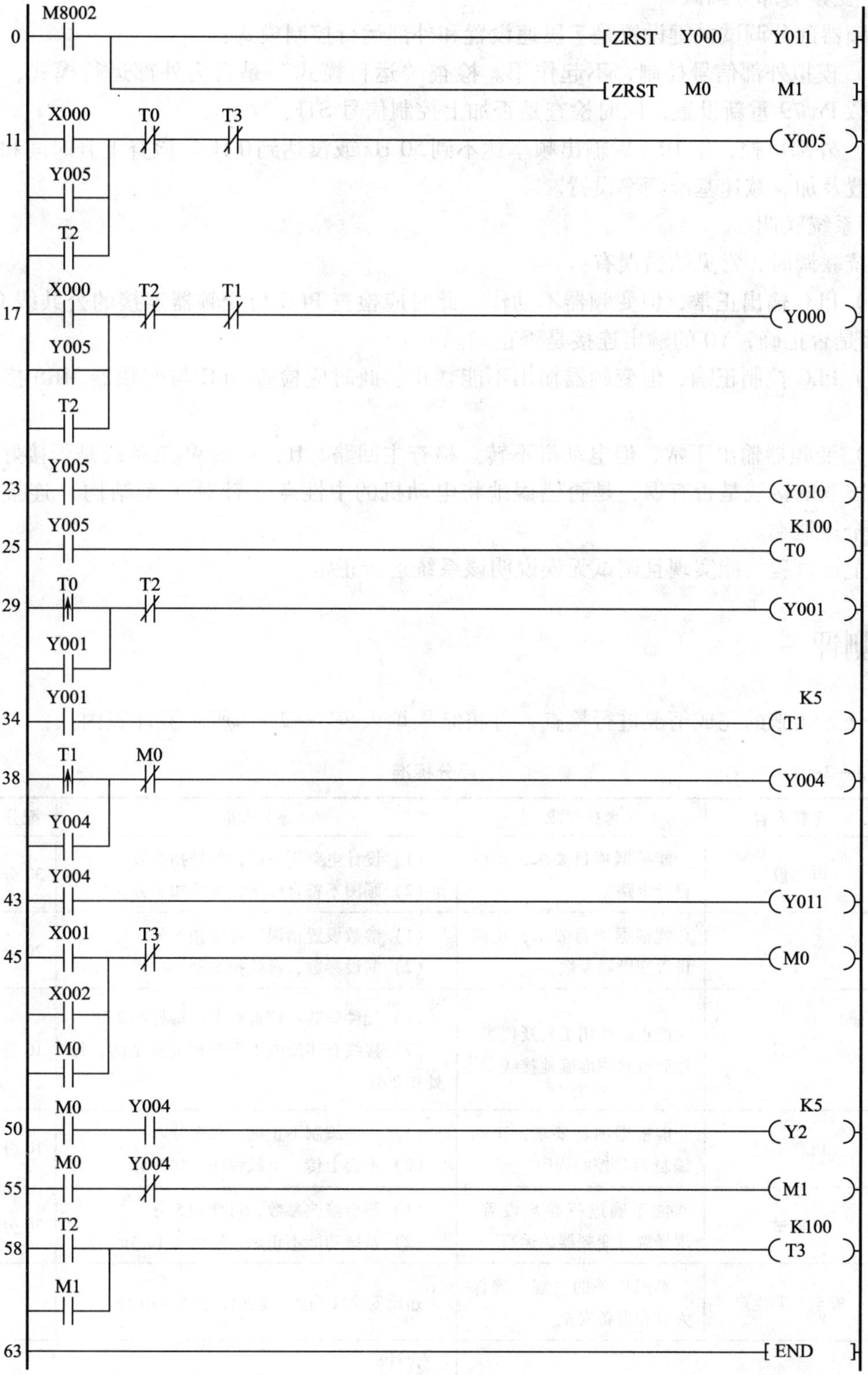

0 M8002 [ZRST Y000 Y011] [ZRST M0 M1]

11 X000 T0 T3 (Y005)
Y005
T2

17 X000 T2 T1 (Y000)
Y005
T2

23 Y005 (Y010)

25 Y005 K100 (T0)

29 T0 T2 (Y001)
Y001

34 Y001 K5 (T1)

38 T1 M0 (Y004)
Y004

43 Y004 (Y011)

45 X001 T3 (M0)
X002
M0

50 M0 Y004 K5 (Y2)

55 M0 Y004 (M1)

58 T2 K100 (T3)
M1

63 [END]

图3—2—4 系统PLC控制程序

2. 变频器部分调试

变频器部分调试关键设置是7段速设置和外部运行控制模式：

（1）模拟外部信号控制，不起作用。检查“运行模式”是否为外部运行模式，若不是可用参数Pr.79重新设置，同时检查是否加上控制信号STF。

（2）外部可控，但10 s后输出频率达不到50 Hz或没达到0 Hz。检查上升时间和下降时间的设置及加、减速基准频率设置。

3. 系统联调

系统联调时，常见的错误有：

（1）PLC输出正常，但变频器不动作。此时应检查PLC与变频器连接的公共线COM与SD连接是否正确，Y0的输出连接是否正确。

（2）PLC控制正确，但变频器输出不能禁止。此时应检查PLC与变频器MRS接线是否接错。

（3）变频器输出正常，但电动机不转。检查主回路，U、V和W三条线是否接好，电动机三个线圈的接线是否有误，是否错误地将电动机的中性点（针对Y型结构）连接到变频器的安全接地端。

如上述过程均能实现且调试无误说明该系统运行正常。

任务测评

对任务实施的完成情况进行检查，并将结果填入表3—2—4所示测评表内。

表3—2—4　评分标准

序号	考核内容	考核要求	评分标准	配分	得分
1	电路设计	能根据项目要求，正确设计电路	（1）设计电路不正确，每处扣5分 （2）画图不符合标准，每处扣2分	30分	
2	参数设置	能根据项目要求，正确设置变频器参数	（1）参数设置错误，每处扣5分 （2）漏设参数，每处扣5分	20分	
3	接线	能正确使用工具及仪表，按照电路图准确地接线	（1）元件安装不符合要求，每处扣2分 （2）接线有违反电工手册相关规定的，每处扣2分	10分	
4	PLC编程	能根据项目要求，正确编制PLC控制程序	（1）程序编制不正确，扣5分 （2）不会上传、下载程序，扣5分	10分	
5	调试	能正确进行参数设置，现场调试变频器的运行	（1）不会修改参数，每处扣5分 （2）系统功能不正确，每处扣10分	30分	
6	安全文明生产	参照相关的法规，确保人身和设备安全	违反安全文明生产规程，扣5～10分		
备注			合计		
			教师签字：		

知识拓展

现代多数变频器自身都设计了工频—变频切换功能，内置了复杂的顺序控制程序，只需设置好功能参数，通过外部端子操作，就可顺利完成工频—变频的切换。

一、工频—变频切换原理线路

工频—变频切换原理线路如图 3—2—5 所示。

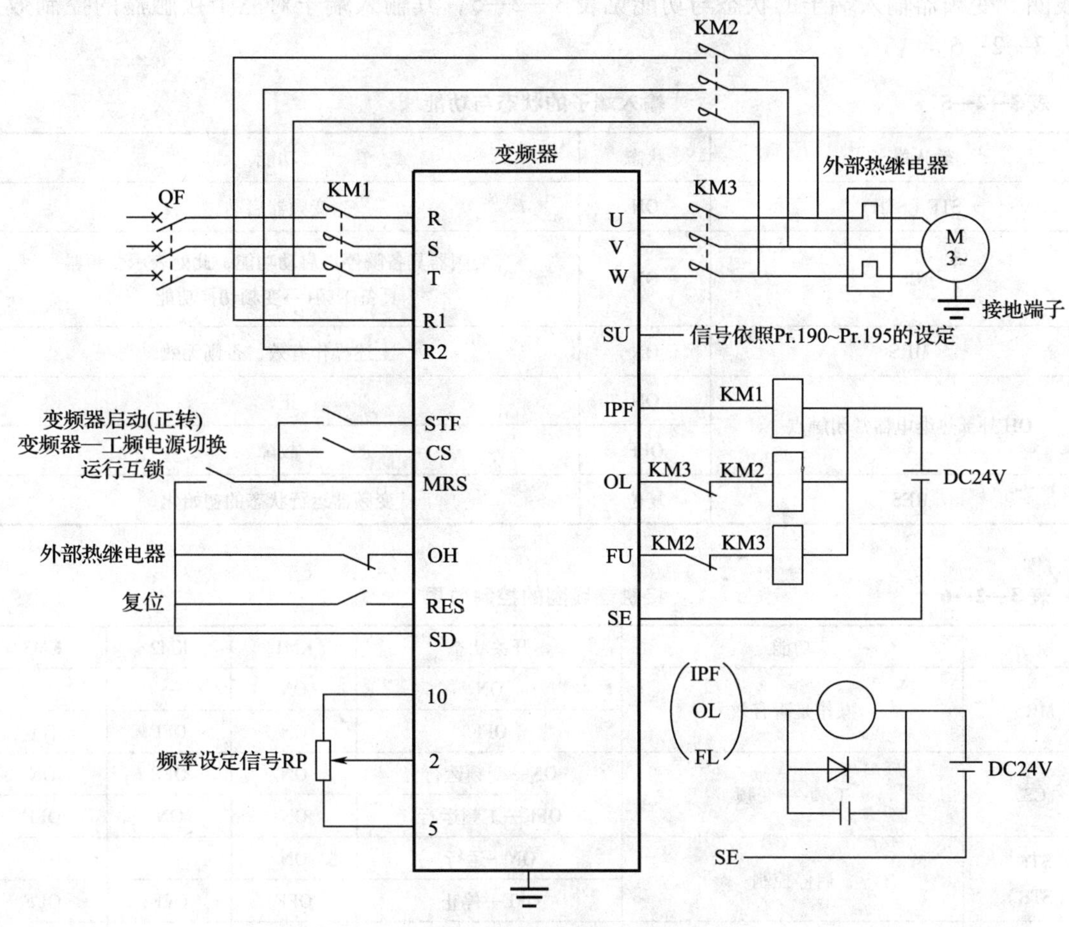

图 3—2—5　工频—变频切换原理图

二、工频—变频的相关参数

1. 参数介绍

Pr. 135　“工频电源—变频器切换顺序输出端子选择”

Pr. 136　“接触器（C）切换互锁时间”

Pr. 137　“启动等待时间”

Pr. 138　“报警时的工频电源—变频器切换选择”

Pr. 139　“自动变频器—工频电源切换选择”

Pr. 17　“MRS 输入选择”

Pr. 57　“再启动自动运行时间”（参考瞬停再启动操作）

Pr. 58　“再启动缓冲时间”（参考瞬停再启动操作）

Pr. 180 ~ Pr. 186　“输入端子功能选择”

Pr. 190 ~ Pr. 195　“输出端子功能选择”

2. 端子功能

IPF、OL、FU 为变频器的三个输出信号端子，分别控制直流接触器 KM1、KM2、KM3 的线圈。变频器输入端子的状态与功能见表 3—2—5，其输入端子对三个接触器的控制效果见表 3—2—6。

表 3—2—5　输入端子的状态与功能

输入端子	状态	功能
STF（STR）	ON	变频器启动
CS	ON	变频器具备瞬停再启动功能，此处表示变频器具备工频←→变频切换功能
MRS	ON	上述操作有效，否则无效
OH 外部热继电器常闭触点	ON	正常
	OFF	故障
RES	复位	变频器运行状态的初始化

表 3—2—6　接触器线圈的控制效果

端子	功能	开关状态	KM1	KM2	KM3
MRS	操作是否有效	ON	ON	—	—
		OFF	ON	OFF	不变
CS	工频←→变频	ON—变频运行	ON	OFF	ON
		OFF—工频运行	ON	ON	OFF
STF（STR）	启停控制	ON—运行	ON	—	—
		OFF—停止	OFF	OFF	OFF
OH	外部热继电器工作情况（常闭接点）	ON—正常	ON	—	—
		OFF—故障	OFF	OFF	OFF
RES	运行状态初始化	ON—初始化	不变	OFF	不变
		OFF—正常运行	ON	—	—

说明：（1）表中接触器 KM 状态“—”表示“保持”。变频运行时：KM1 为 ON；KM2 为 OFF；KM3 为 ON。工频运行时：KM1 为 ON；KM2 为 ON；KM3 为 OFF。

（2）“不变”表示保持信号动作前的状态。

（3）变频器发生故障时，KM1 断开，R1、S1 要避开 KM1 的控制，不论 KM1 导通与否，保持有电。

（4）MRS 为 OFF 时变频器不能运行。

思考与练习

1. 简述变频器工频—变频切换时，需要设置哪些参数？

2. 叙述变频器变频运行的优点。

3. 某学校恒压供水系统，有3台水泵控制，但经过试验运行发现到了夜里，只需一台水泵电动机工频运行即可达到正常供水所需的压力。要求画出此系统的电气原理图，设置变频器参数、编写控制程序，并进行安装与调试。

任务3 单台水泵的变频器PID控制

学习目标

1. 了解PID控制原理。

2. 了解变频器PID控制的相关知识。

3. 会设置变频器PID控制参数。

4. 能完成单台水泵变频器PID控制恒压供水控制系统的设计、安装与调试。

工作任务

前面任务中学习的恒压供水控制方法属于开环控制系统，其系统结构简单，抵抗内外扰动的能力较差，系统的实际值与目标值有较大的偏差，供水系统的压力常在较大的范围内波动。若将供水控制系统设计成闭环系统，可有效解决上述问题。本任务用PLC、变频器设计一个基于变频器PID控制的恒压供水系统，并在恒压供水装置上完成模拟调试。具体控制要求如下：

1. 系统按设计要求只有一台水泵，采用变频器的内置PID进行变频恒压供水。

2. 系统要求管网压力为0.3 MPa，采用压力传感器采集压力信号（4~20 mA）。

3. 系统要求设置0.4 MPa为上限报警、0.2 MPa为下限报警，报警5 s后，系统自动停止运行。

4. 系统运行参数能根据需要设置。

相关知识

一、PID控制概述

PID控制能使控制系统的被控量在各种情况下，都能够迅速而准确地无限接近控制目标。具体地说，是随时将传感器测量的实际信号（称为反馈信号）与被控量的目标信号相比较，以判断是否已经到达预定目标。其控制原理框图如图3—3—1所示（K_P——比例常数；T_I——积分时间常数；T_D——微分时间常数）。

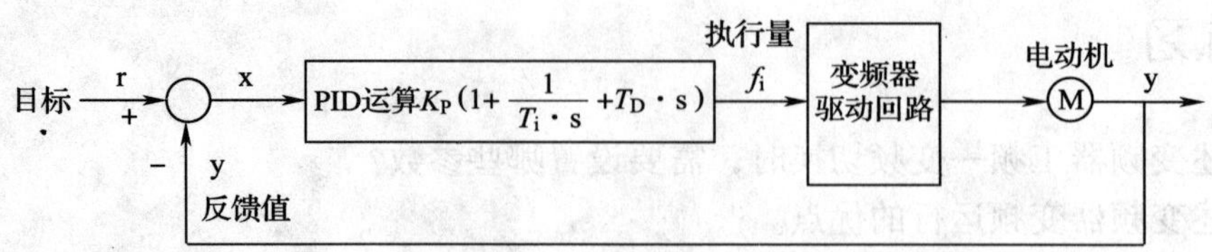

如图 3—3—1　PID 控制原理框图

PID 控制因其结构简单、稳定性好、工作可靠、调整方便等优点而成为工业控制中被广泛采用的一种控制方式。

1. PI 控制

PI 控制是比例控制（P）与积分控制（I）组合而成的，即根据偏差及时间变化产生一个执行量，其动作过程如图 3—3—2 所示。

2. PD 控制

PD 控制是比例控制（P）与微分控制（D）组合而成的，即根据改变动态特性的偏差速率产生一个执行量，其动作过程如图 3—3—3 所示。

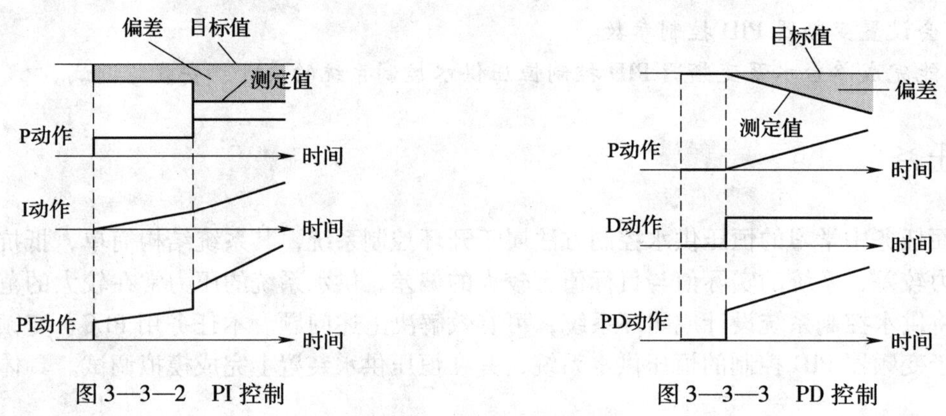

图 3—3—2　PI 控制　　　　图 3—3—3　PD 控制

3. PID 控制

PID 控制是利用 PI 控制和 PD 控制的优点组合而成的控制，是 P、I 和 D 三个运算的总和。

4. 负作用

当偏差 X（目标值—测定量）为正时，增加执行量（输出频率）；如果偏差为负，则减小执行量，其控制过程如图 3—3—4 所示。

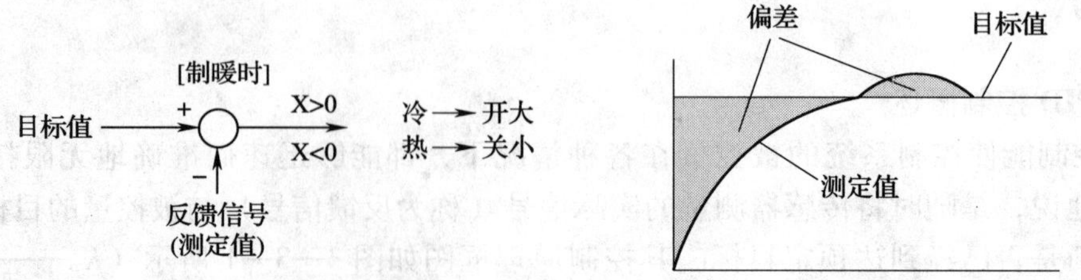

图 3—3—4　负作用控制过程

5．正作用

当偏差 X（目标值—测定量）为负时，增加执行量（输出频率）；如果偏差为正，则减小执行量，其控制过程如图 3—3—5 所示。

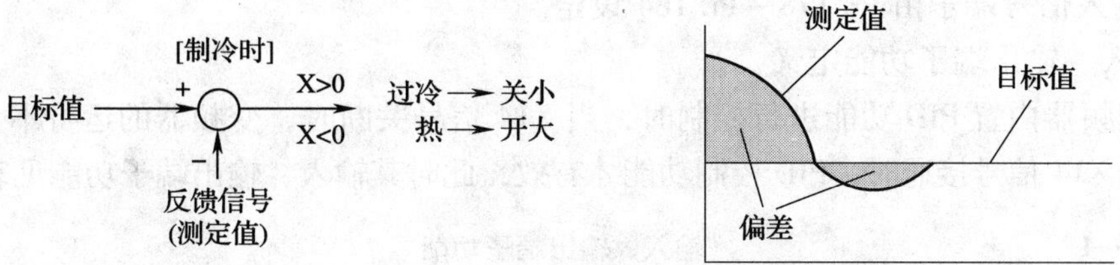

图 3—3—5　正作用控制过程

二、变频器 PID 控制功能实现

由变频器与传感器等元件构成闭环控制系统，利用变频器的 PID 控制功能，实现对被控制量的自动调节，在温度、压力等参数要求恒定的场合应用十分广泛，是变频器在节能方面常用的一种应用方法。

1．接线原理图

利用变频器内置的 PID 功能进行控制时，其接线原理图如图 3—3—6 所示。

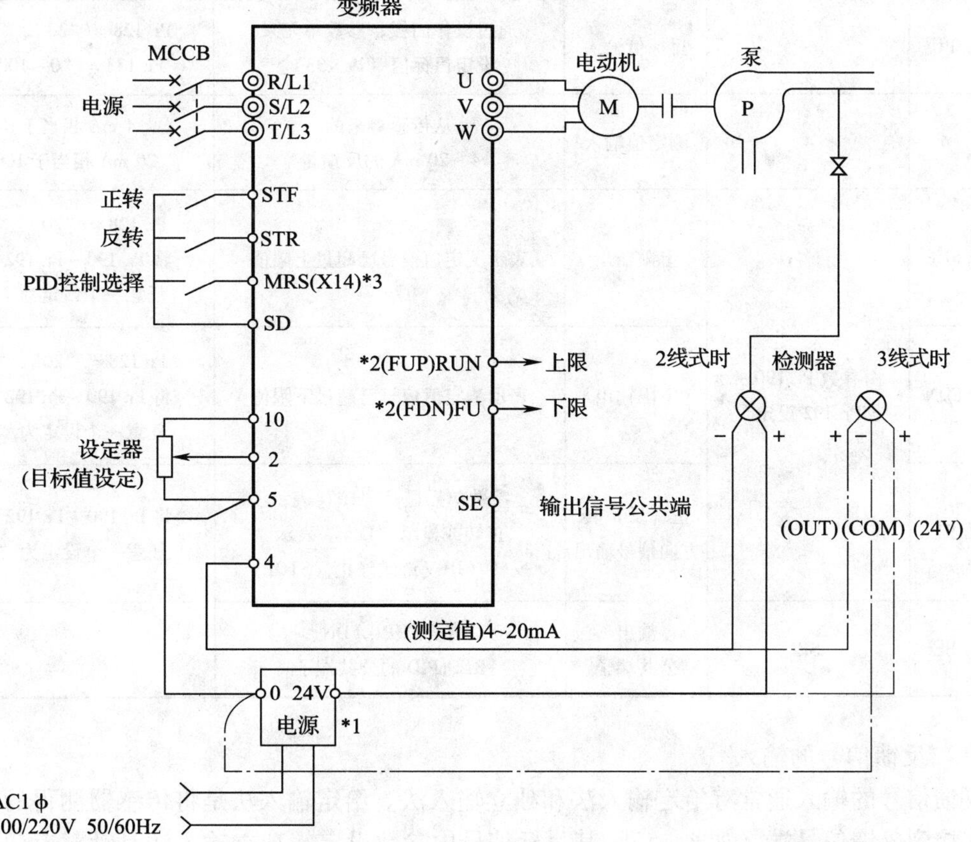

图 3—3—6　PID 控制接线原理图

注意事项：

（1）24 V 直流电源应该根据所用传感器规格进行选择。

（2）输出信号端子由 Pr. 190 ~ Pr. 192 设定。

（3）输入信号端子由 Pr. 178 ~ Pr. 184 设定。

2．输入、输出端子功能定义

使用变频器内置 PID 功能进行控制时，当 X14 信号关断时，变频器的运行不含 PID 的功能；只有当 X14 信号接通时，PID 控制功能才有效，此时其输入、输出端子功能见表 3—3—1。

表 3—3—1　　输入、输出端子功能

信号		使用端子	功能	说明	备注
输入	X14	根据参数 Pr. 178 ~ Pr. 184 设定	PID 控制选择	X14 闭合时选择 PID 控制	设定 Pr. 178 ~ Pr. 184 中的任意一个
	2	2	目标值输入	输入 PID 的目标值	Pr. 128 = "20"、"21"，Pr. 133 = "9999"
				设定 0 V 为 0，5 V 为 100%	当 Pr. 73 设定为"1"或"11"
				设定 0 V 为 0，10 V 为 100%	当 Pr. 73 设定为"0"或"10"
	PU	—	目标值输入	通过操作面板，参数单元来设定目标值（Pr. 133）。	Pr. 128 = "20"、"21"，Pr. 133 = "0 ~ 100%"
	4	4	测定值输入	从传感器来的 4 ~ 20 mA 的反馈量	4 mA 相当于 0，20 mA 相当于 100%
输出	FUP	由参数 Pr. 190 ~ Pr. 192 设定	上限输出	表示测定值信号已超过上限值	Pr. 128 = "20"、"21" 将 Pr. 190 ~ Pr. 192 中的任意一个设定为"15"
	FDN		下限输出	表示测定值信号已超过下限值	Pr. 128 = "20"、"21" 将 Pr. 190 ~ Pr. 192 中的任意一个设定为"14"
	RL		正（反）转方向信号输出	参数单元显示"Hi"表示正转或显示"Low"表示反转（REV）或停止（STOP）	将 Pr. 190 ~ Pr. 192 中的任意一个设定为"16"
	SE	SE	输出公共端子	端子 FUP、FDN、RL、PID 的公共端子	

（1）反馈信号的输入

反馈信号的输入通常有给定输入法和独立输入法。给定输入法是将传感器测得的反馈信号直接接到反馈信号端（如 4 ~ 5），其目标信号由参数设定。独立输入法是针对专门配置了独立的反馈信号输入的变频器使用的，其目标值可以由参数（Pr. 133）设定，也可以由给定输入端（如2～5）输入。

（2）目标值的预置

PID调节的根本依据是反馈量与目标值之间进行比较的结果，因此，准确地预置目标值是十分重要的。目标值通常是被测量实际大小与传感器量程之比的百分数。例如，空气压缩机要求的压力（目标压力）为6 MPa，所用压力表的量程是0～10 MPa，则目标值为60%。目标值的预置主要有参数给定法和外接给定法两种。参数给定法即通过变频器参数（Pr. 133）来预置目标值；外接给定法即通过给定信号端（如2～5）由外接电位器进行预置，这种方法调整较方便，因此使用较广。

（3）偏差信号

当输入外部计算偏差信号时，通过端子1～5输入，且将Pr. 128设定为"50"或"51"。

3．参数设置

使用变频器内置PID功能进行控制时，除了定义变频器的输入、输出端功能，还必须设定变频器PID控制的参数，其主要参数的设置见表3—3—2。

表3—3—2　**变频器内置PID功能的主要参数**

参数号	设定值	名称	说明		
Pr. 128	20	选择PID控制	对于加热、压力等控制	检测值输入（端子4）	PID负作用
	21		对于冷却等控制		PID正作用
Pr. 129	0.1%～100%	PID比例范围常数	如果比例范围较窄（参数设定值较小），反馈量的微小变化会引起执行量的很大改变。因此，随着比例范围变窄，响应的灵敏性（增益）得到改善，但稳定性变差。例如：发生振荡增益K＝1/比例范围		
	9999		无比例控制		
Pr. 130	0.1～3 600 s	PID积分时间常数	这个时间是指积分作用时达到与比例作用时的执行量所需要的时间，随着积分时间的减少，到达设定值就越快，但也容易发生振荡		
	9999		无积分控制		
Pr. 131	0.1%～100%	PID上限	设定上限，如果检测值超过此设定，就输出FUP信号（检测值4 mA＝0，20 mA＝100%）		
	9999		功能无效		
Pr. 132	0～100%	PID下限	设定下限，如果检测值超出设定范围，则输出一个报警。同样，检测值4 mA＝0，20 mA＝100%		
	9999		功能无效		
Pr. 133	0～100%	用PU设定PID控制的设定值	仅在PU操作或PU/外部组合模式下有效。对PU外部操作，设定值由端子2～5的电压决定（Pr. 902＝0和Pr. 903＝100%）		
Pr. 134	0.01～10.00	PID微分时间	时间值仅要求向微分作用提供一个与比例作用相同的检测值。随着时间的增加，偏差改变会有较大的响应		
	9999		无微分控制		

4．注意事项

使用变频器内置 PID 功能进行控制时，要注意以下几点：

（1）PID 控制时，如果要进行多段速度运行或点动运行，请先将 X14 置于 OFF，再输入多段速度信号或点动信号。

（2）当 Pr. 128 设定为“20”或“21”时，变频器端子 1 ~ 5 的输入信号将设定值叠加到端子 2 ~ 5。

（3）当 Pr. 79 设定为“5”（程序运行模式）时，则 PID 控制不能执行，只能执行程序运行。

（4）当 Pr. 79 设定为“6”（切换模式）时，则 PID 控制无效。

（5）当 Pr. 22 设定为“9999”时，端子 1 的输入值作为失速防止动作水平；当要用端子 1 的输入作为 PID 控制的修订时，请将 Pr. 22 设定为“9999”以外的值。

（6）当 Pr. 95 设定为“1”（在线自动调整）时，则 PID 控制无效。

（7）当用 Pr. 178 ~ Pr. 184 和 Pr. 190 ~ Pr. 192 改变端子的功能时，其他功能可能会受到影响，在改变设定前请确认相应端子的功能。

（8）选择 PID 控制时，下限频率为 Pr. 902 的设定值，上限频率为 Pr. 903 的设定值，同时，Pr. 1“上限频率”和 Pr. 2“下限频率”的设定也有效。

任务实施

一、任务准备

实施本任务所需的实训设备及工具材料见表 3—3—3。

表 3—3—3　　实训设备及工具材料

序号	分类	名称	型号规格	数量	备注
1	工具	电工常用工具	型号自定	1	
2	仪表	万用表	型号自定	1	
3	设备器材	计算机	已安装三菱 GX Developer 编程软件	1	
		变频器	三菱 FR－E740 系列	1	
		PLC	三菱 FX2N 系列	1	
		变频恒压供水实训装置		1	
		压力传感器		1	
		低压断路器	DZ47－60 3P 32 A	1	
		按钮	LA19－11	2	
4	耗材	连接导线		若干	

二、PLC 输入/输出地址分配

根据系统控制要求，PLC 的 I/O 地址分配见表 3—3—4。

表 3—3—4　　输入/输出地址分配表

输入信号			输出信号		
名称	元件代号	地址	名称	元件代号	地址
上限输出端子	FUP	X0	正转启动端子	STF	Y0
下限输出端子	FDN	X1	PID 控制选择端子	X14 信号	Y1
启动按钮	SB1	X2	报警输出信号灯	HL	Y4
停止按钮	SB2	X3			

三、系统接线

利用变频器内置 PID 功能实现恒压供水，主要是设置变频器 PID 控制时的相关参数，即 PID 运行参数，输入、输出端子定义等，此外，还必须将变频器的输出信号（即 FDN、FUP）送给 PLC，再由 PLC 去控制变频器运行。变频器 PID 控制的恒压供水系统接线图如图 3—3—7 所示。

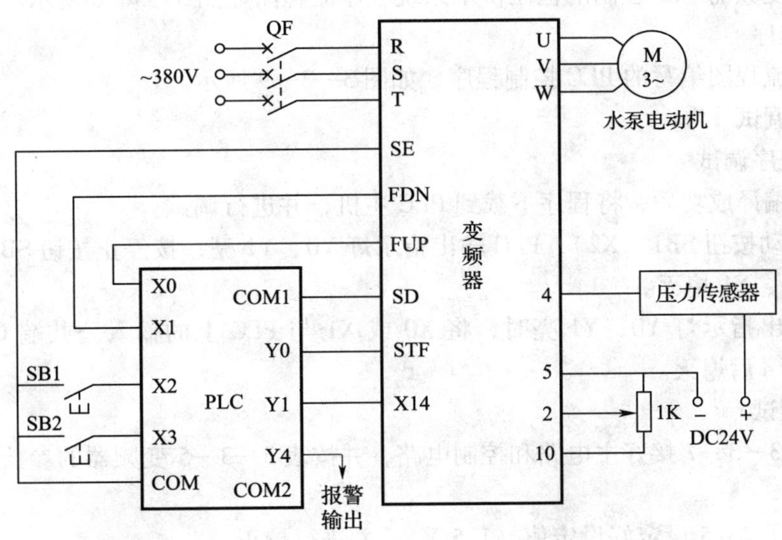

图 3—3—7　变频器 PID 控制的恒压供水系统接线图

四、设置变频器参数

根据控制要求，设定变频器的相关参数，见表 3—3—5。

表 3—3—5　　运行参数设置

参数名称	参数号	设定值	备注
操作模式	Pr. 79	1 或 2	1：PU 运行；2：外部运行
选择 PID 控制	Pr. 128	20	PID 负作用，测量值由端子“4”输入，设定值由端子“2”设定

续表

参数名称	参数号	设定值	备注
PID 比例范围常数	Pr. 129	100	
PID 积分时间常数	Pr. 130	10	
PID 上限	Pr. 131	50	
PID 下限	Pr. 132	30	
用 PU 设定 PID 控制的设定值	Pr. 133	40	
PID 微分时间	Pr. 134	3	
MRS 端子功能选择	Pr. 183	14	端子定义为 X14 信号，即 PID 控制有效
RES 端子功能选择	Pr. 190		端子定义为 FDN 信号，即 PID 下限输出
FU 端子功能选择	Pr. 191		定义为 FUP 信号，即 PID 上限输出

五、编制 PLC 控制程序

1．程序流程图

单台水泵变频器 PID 控制的恒压供水系统程序流程图如图 3—3—8 所示。

2．PLC 程序

根据程序流程图编写的 PLC 控制程序，如图 3—3—9 所示。

六、联机调试

1．PLC 程序调试

控制程序编译成功后，将程序下载到 PLC 主机，并进行调试。

（1）按启动按钮 SB1（X2），PLC 输出指示灯 Y0、Y1 亮；按停止按钮 SB2（X3），PLC 输出指示灯 Y0、Y1 熄灭。

（2）在输出指示灯 Y0、Y1 亮时，将 X0 或 X1 与 PLC 上的输入公共端 COM 短接，则 Y0、Y1 延时 5 s 后熄灭。

2．系统调试

（1）按图 3—3—7 接好主电路和控制电路，并按表 3—3—5 变频器的参数值设置好变频器参数。

（2）在端子 2 ~ 5 设定好设定值（1.5 V），并进行校正。

（3）在端子 4 ~ 5 输入反馈值，并进行校正。

（4）按启动按钮，Y0、Y1 指示灯亮，变频器启动。

（5）水压上升，上升到 0.6 MPa 基本稳定，转速降低；打开用水阀门，电动机转速上升。

（6）观察水压表情况，如果指针抖动较大，增加积分值和比例值，减小微分值。

（7）如果变化比较慢，水压在设定值上、下较大范围内波动，减小比例值和积分值，增加微分值。

（8）反复以上（6）、（7）操作，直到系统稳定。

注意：传感器输出信号线路不能太长，否则信号将会衰减，影响系统稳定。

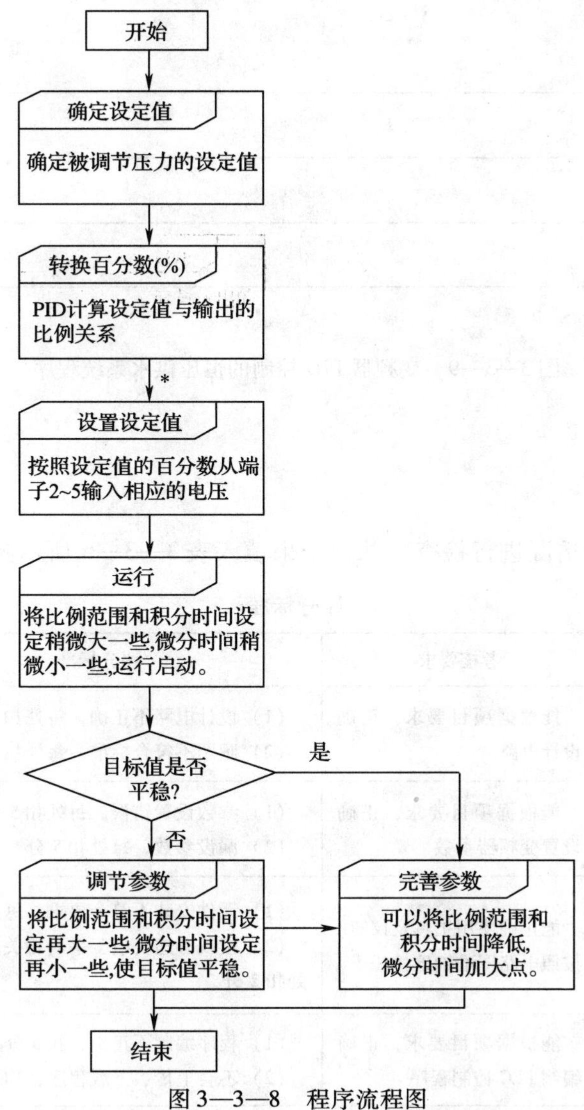

开始
确定设定值
确定被调节压力的设定值
转换百分数(%)
PID计算设定值与输出的比例关系
*
设置设定值
按照设定值的百分数从端子2~5输入相应的电压
运行
将比例范围和积分时间设定稍微大一些,微分时间稍微小一些,运行启动。
目标值是否平稳?
是
否
调节参数
将比例范围和积分时间设定再大一些,微分时间设定再小一些,使目标值平稳。
完善参数
可以将比例范围和积分时间降低,微分时间加大点。
结束

X002
0
SET
M0
X003
2
RST
M0
M1
M0
5
Y000
Y001
X000
8
T0
K30
X001

图 3—3—8　程序流程图

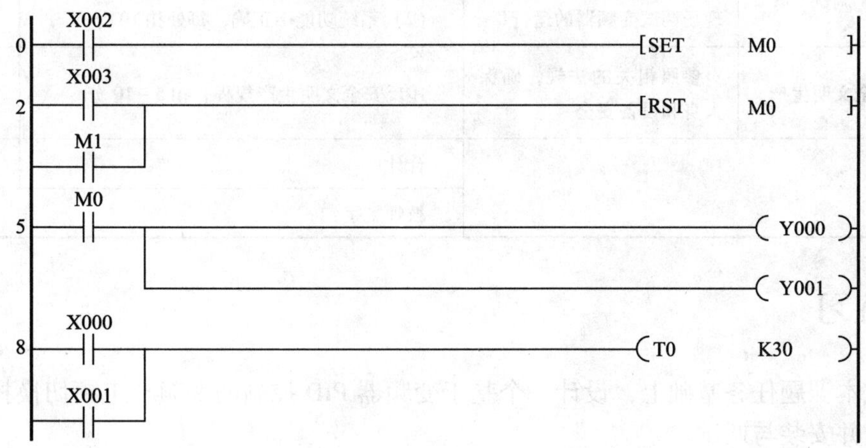

图 3—3—9　变频器 PID 控制的恒压供水系统程序

任务测评

对任务实施的完成情况进行检查，并将结果填入表 3—3—6 所示测评表内。

表 3—3—6　　**评分标准**

序号	考核内容	考核要求	评分标准	配分	得分
1	电路设计	能根据项目要求，正确设计电路	（1）设计电路不正确，每处扣 5 分 （2）画图不符合标准，每处扣 2 分	20 分	
2	参数设置	能根据项目要求，正确设置变频器参数	（1）参数设置错误，每处扣 5 分 （2）漏设参数，每处扣 5 分	30 分	
3	接线	能正确使用工具及仪表，按照电路图准确地接线	（1）元件安装不符合要求，每处扣 2 分 （2）接线有违反电工手册相关规定的，每处扣 2 分	10 分	
4	PLC 编程	能根据项目要求，正确编制 PLC 控制程序	（1）程序编制不正确，扣 5 分 （2）不会上传、下载程序，扣 5 分	10 分	
5	调试	能正确进行参数设置，现场调试变频器的运行	（1）不会修改参数，每处扣 5 分 （2）系统功能不正确，每处扣 10 分	30 分	
6	安全文明生产	参照相关的法规，确保人身和设备安全	违反安全文明生产规程，扣 5 ~ 10 分		
备注			合计		
			教师签字：		

思考与练习

在完成本课题任务基础上，设计一个基于变频器 PID 控制的变频与工频切换控制的恒压供水系统，并安装与调试。

任务4　三台水泵的PID控制

学习目标

1. 掌握变频恒压供水三台水泵切换控制方法。
2. 熟悉变频恒压供水系统的结构和控制过程。
3. 会配置三台水泵PID控制恒压供水系统。
4. 能完成三台水泵PID恒压供水控制系统的设计、安装与调试。

工作任务

实际应用中，若单台水泵供水不能满足用水要求，常用多台水泵为系统供水，同时为考虑设备成本，通常采用单台变频器拖动多台水泵实现变频控制，即“一拖多”控制方案。对于这种多台泵调速方式，系统通过计算判定目前是否已达到设定压力，决定是否增加（投入）或减少（撤出）水泵。

本任务要设计一个多台水泵构成的变频恒压供水控制系统，该系统由3台水泵组成，运行过程中当第1台水泵工作频率达到最高频率时，若管网水压仍达不到预设水压，则将此台水泵切换到工频运行，变频器将自动启动第2台水泵，控制其变频运行。此后，如压力仍然达不到要求，则将该水泵也切换至工频，变频器启动第3台水泵，直到满足设定压力要求为止；反之，若管网水压大于预设水压，控制器控制变频器频率降低，使水泵转速降低，当频率低于下限时自动切掉一台工频水泵或此变频水泵，始终使管网水压保持恒定。

相关知识

“一拖多”变频恒压供水系统涉及压力PID控制、工频和变频的逻辑切换、轮换控制等功能，需要由专门的程序控制来实现。目前流行的“一拖多”变频供水系统主要有以下三种方式：PLC控制变频恒压供水系统、微型计算机控制变频恒压供水系统、供水专用变频器控制变频恒压供水系统。本课题采用PLC控制变频恒压供水控制方案，压力PID调节由变频器本身PID功能实现。

3台水泵构成的变频器恒压供水系统组成如图3—4—1所示。通过压力传感器将供水压力采集给系统，再通过变频器的A/D转换模块将模拟量转换成数字量，同时，变频器的A/D转换模块将压力设定值转换成数字量，两个数据同时经过PID控制模块进行比较，PID根据变频器的参数设置，进行数据处理，并将数据处理的结果以运行频率的形式进行输出。

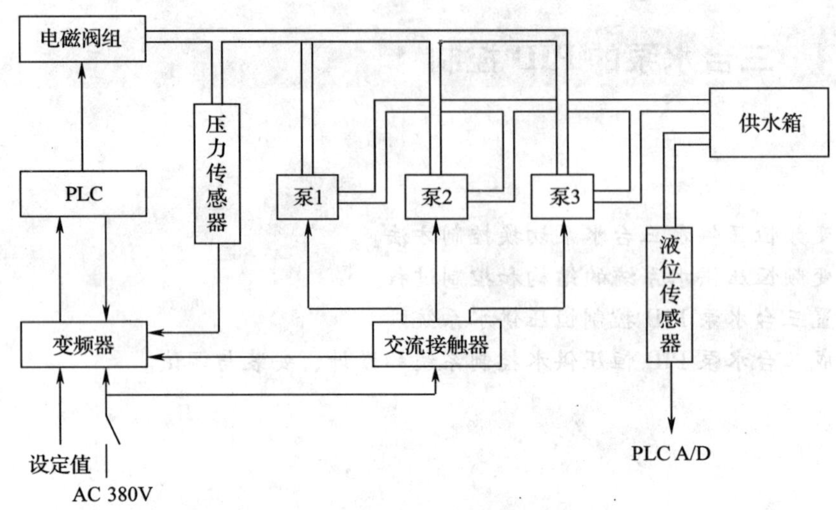

图 3—4—1　变频恒压供水控制系统组成图

PID 控制模块具有比较和差分的功能，供水压力低于设定压力，变频器就会将运行频率升高，反之则降低，并且可以根据压力变化的快慢进行差分调节。以负作用为例，如果压力在上升接近设定值的过程中，上升速度过快，PID 运算也会自动减少执行量，从而稳定压力。

供水压力经 PID 调节后的输出量，通过交流接触器组进行切换后输出给水泵的电动机。当水网中的用水量增大时，会出现一台"变频泵"效率不够的情况，这时就需要其他的水泵以工频的形式参与供水，交流接触器组就负责水泵的切换工作情况，由 PLC 控制各个接触器，根据水泵的运行情况选择其需要的工频电或者变频器。

任务实施

一、任务准备

实施本任务所需的实训设备及工具材料见表 3—4—1。

表 3—4—1　　实训设备及工具材料

序号	分类	名称	型号规格	数量	备注
1	工具	电工常用工具	型号自定	1	
2	仪表	万用表	型号自定	1	
3	设备器材	计算机	已安装三菱 GX Developer 编程软件	1	
		变频器	三菱 FR－E740 系列	1	
		PLC	三菱 FX2N 系列	1	
		变频恒压供水实训装置		1	

续表

序号	分类	名称	型号规格	数量	备注
3	设备器材	低压断路器	DZ47－60 3P 32 A	1	
		交流接触器	CJX2－1210	6	
		电磁阀		5	
		按钮	LA19－11	14	
		2挡选择开关	XB5AD21C	1	
		热继电器	JR20－10	3	
4	耗材	连接导线		若干	

二、PLC输入/输出地址分配

根据变频恒压供水控制系统电路图可得到PLC输入/输出地址，见表3—4—2。

表3—4—2　输入/输出地址分配表

输入信号			输出信号		
名称	元件代号	地址	名称	元件代号	地址
自动启动	SB1	X0	正转启动端子	STF	Y0
自动停止	SB2	X1	1#电磁阀	YV1	Y4
变频器端子	FU	X2	2#电磁阀	YV2	Y5
变频器端子	OL	X3	3#电磁阀	YV3	Y6
手动/自动转换开关	SA1	X4	4#电磁阀	YV4	Y7
1#电磁阀控制	SB3	X5	5#电磁阀	YV5	Y10
2#电磁阀控制	SB4	X6	接触器	KM1	Y11
3#电磁阀控制	SB5	X7	接触器	KM2	Y12
4#电磁阀控制	SB6	X10	接触器	KM3	Y13
5#电磁阀控制	SB7	X11	接触器	KM4	Y14
手动1#泵变频	SB8	X12	接触器	KM5	Y15
手动1#泵工频	SB9	X13	接触器	KM6	Y16
手动2#泵变频	SB10	X14			
手动2#泵工频	SB11	X15			
手动3#泵变频	SB12	X16			
手动3#泵工频	SB13	X17			
手动变频器启动	SB14	X20			
1#泵过载继电器	KH1	X21			
2#泵过载继电器	KH2	X22			
3#泵过载继电器	KH3	X23			

三、系统接线

1．主电路接线

本系统由 3 台水泵电动机构成，每台水泵电动机均能实现变频—工频切换，主电路如图 3—4—2 所示。电路中 KM1 与 KM2 分别控制 1#水泵的变频运行和工频运行，而 KM3 和 KM4 则控制 2#水泵的变频运行和工频运行，KM5 和 KM6 控制 3#水泵的变频运行和工频运行。

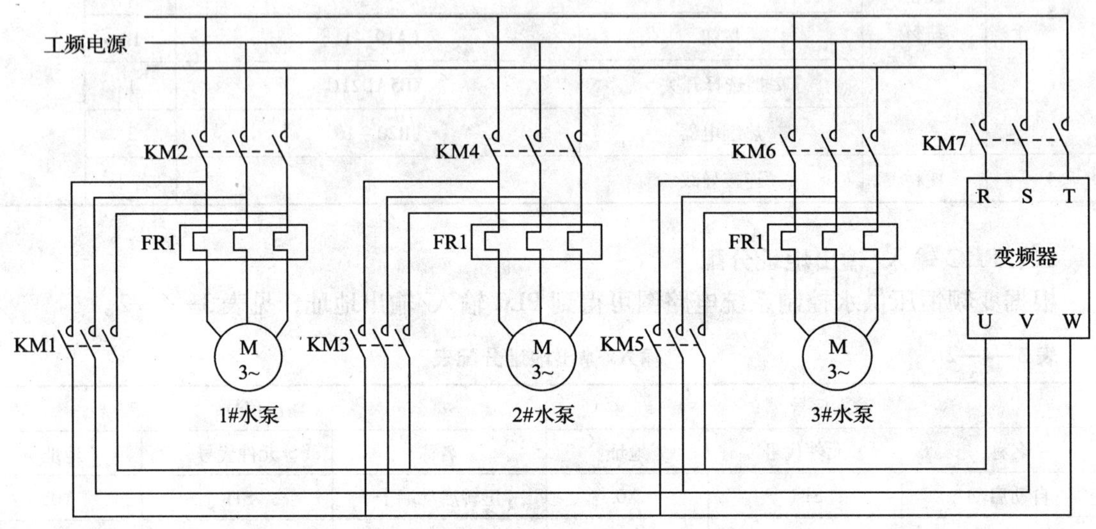

图 3—4—2　变频恒压供水系统主电路

2．PID 控制回路接线

变频器 PID 控制回路如图 3—4—3 所示。它是用压力传感器和变频器构成闭环控制系

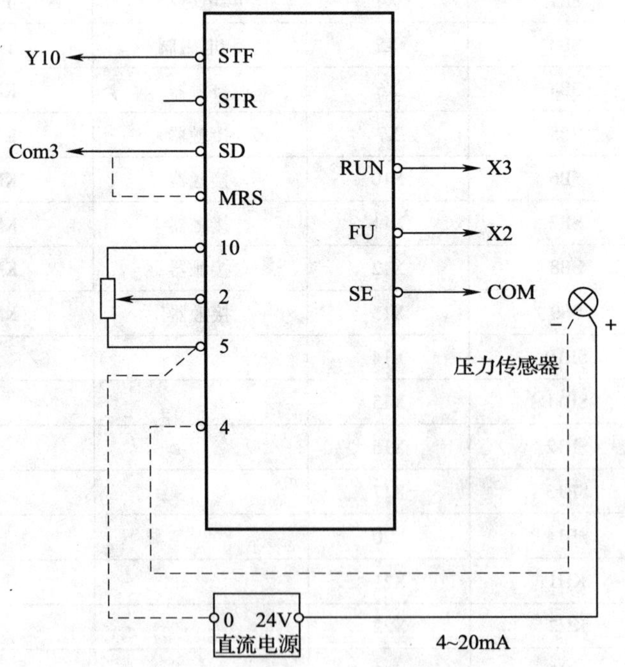

图 3—4—3　变频恒压供水系统 PID 控制回路

统，4 端和 5 端是反馈信号输入端，压力传感器将压力信号变为模拟电流信号。工作时反馈值与目标值相比较，并按预置的 PID 值调整变频器的给定信号，从而达到改变电动机转速的目的。

3．PLC 输入/输出接线图

PLC I/O 接线图如图 3—4—4 所示，PLC 主要控制电磁阀 YV1 ~ YV5 用以模拟用户用水，控制接触器 KM1 ~ KM6 的逻辑动作。PLC 输入信号主要有手动操作按钮和启动/停止按钮。

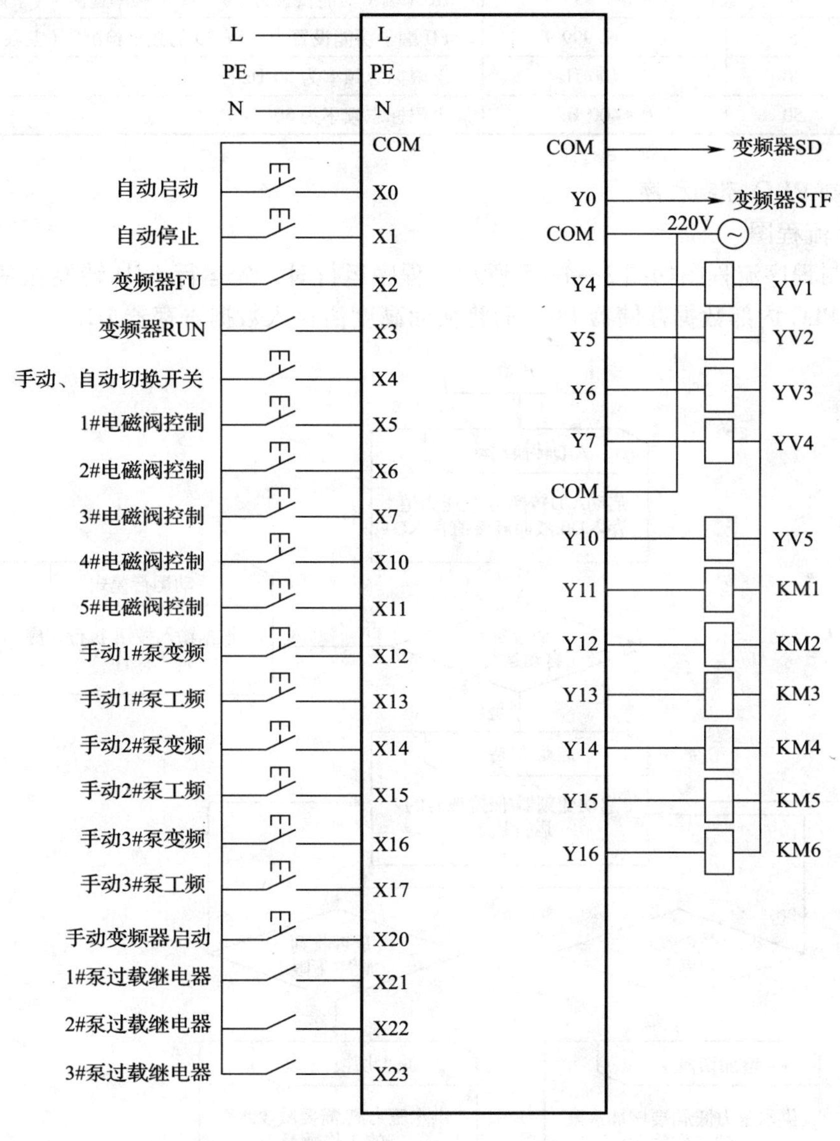

图 3—4—4　PLC I/O 接线图

四、变频器 PID 控制参数

变频器 PID 控制参数见表 3—4—2。

表 3—4—3　　变频器 PID 控制参数表

参数号	设定值	设定范围	注解
Pr. 128	20	20、21	PID 控制为 4 端输入，负作用
Pr. 129	100	0. 1 ~ 1 000	PID 比例常数设定为 100%
Pr. 130	0. 5	0. 1 ~ 3 600 s	PID 积分常数设定为 0. 5 s
Pr. 134	0. 5	0. 01 ~ 10 s	PID 微分常数设定为 0. 5 s
Pr. 184	14	0 ~ 99. 999 9	RES 端子功能设置为“PID 控制有效端”
Pr. 190	4	0 ~ 199. 999 9	RUN 端子功能设置为“Pr. 42 的频率检测”（下限）
Pr. 191	5	0 ~ 199. 999 9	FU 端子功能设置为“Pr. 50 的频率检测”（上限）
Pr. 42	30	0 ~ 400 Hz	下限标志频率为 30 Hz
Pr. 50	50	0 ~ 400 Hz	上限标志频率为 50 Hz

五、编制 PLC 控制程序

1. 程序流程图

PLC 控制程序流程图如图 3—4—5 所示。程序运行时，先运行 A/D 转换程序，将供水的压力值存入 PLC 内部数据存储器 D0，而将液面高度值存入数据寄存器 D1。

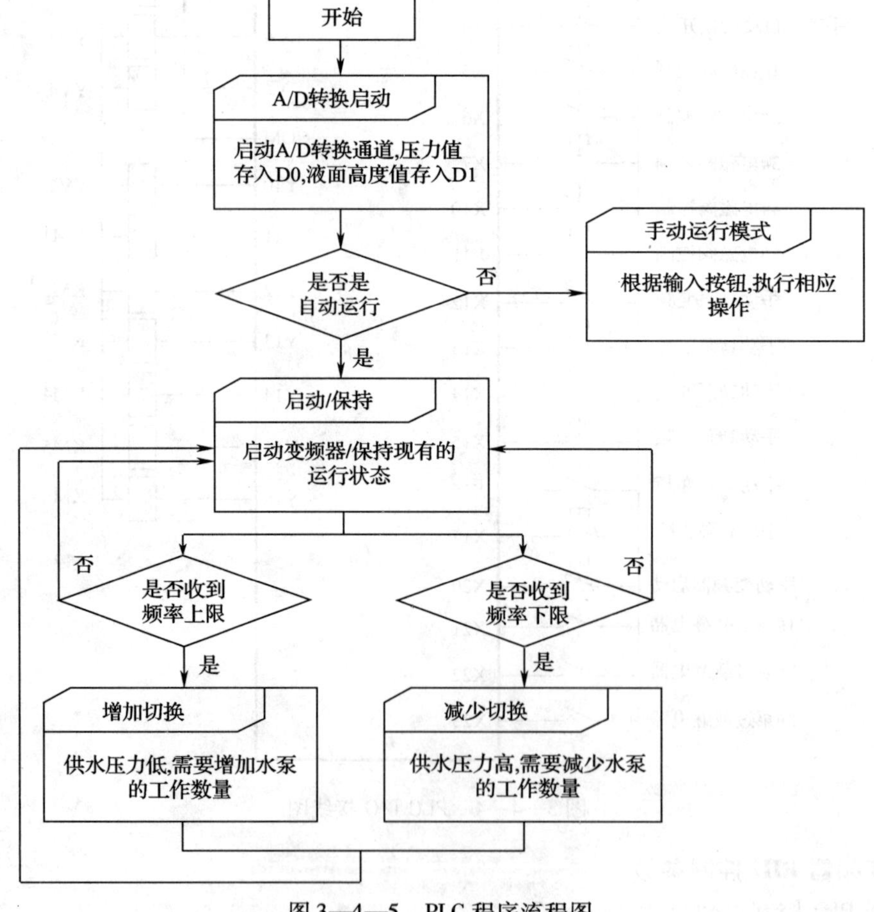

图 3—4—5　PLC 程序流程图

2．PLC 程序

变频恒压供水控制系统自动运行时，KM1 闭合，1#水泵以变频方式运行。当变频器的运行频率超出设定值时输出一个上限信号，PLC 通过这个上限信号后将 1#水泵由变频运行转为工频运行，KM1 断开 KM2 吸合，同时 KM3 吸合，变频启动 2#水泵。（考虑到实训安全，未对 3#水泵进行工频运行控制。）

如果再次接收到变频器上限输出信号，则 KM3 断开，KM4 吸合，2#水泵由变频转为工频，同时 KM5 闭合，3#水泵变频运行。

如果变频器频率过低，即压力过高，变频器输出的下限信号使 PLC 关闭 KM4、KM5，开启 KM3，将 2#水泵变频启动。再次收到下限信号就关闭 KM2、KM3，吸合 KM1，将 1#水泵变频启动，此时只剩 1#水泵变频工作。

根据程序流程图编写的 3 台水泵 PID 控制的 PLC 程序，如图 3—4—6 所示。

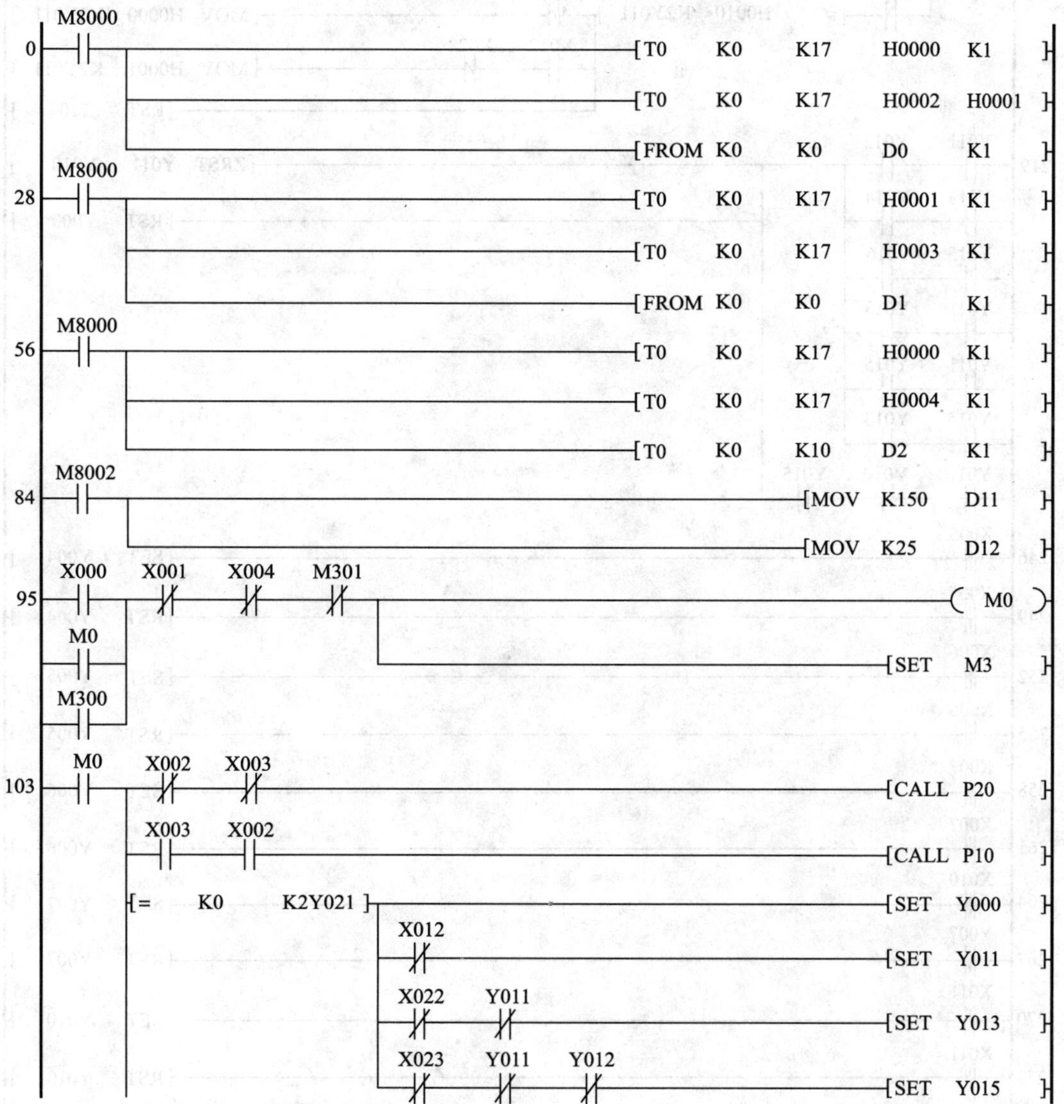

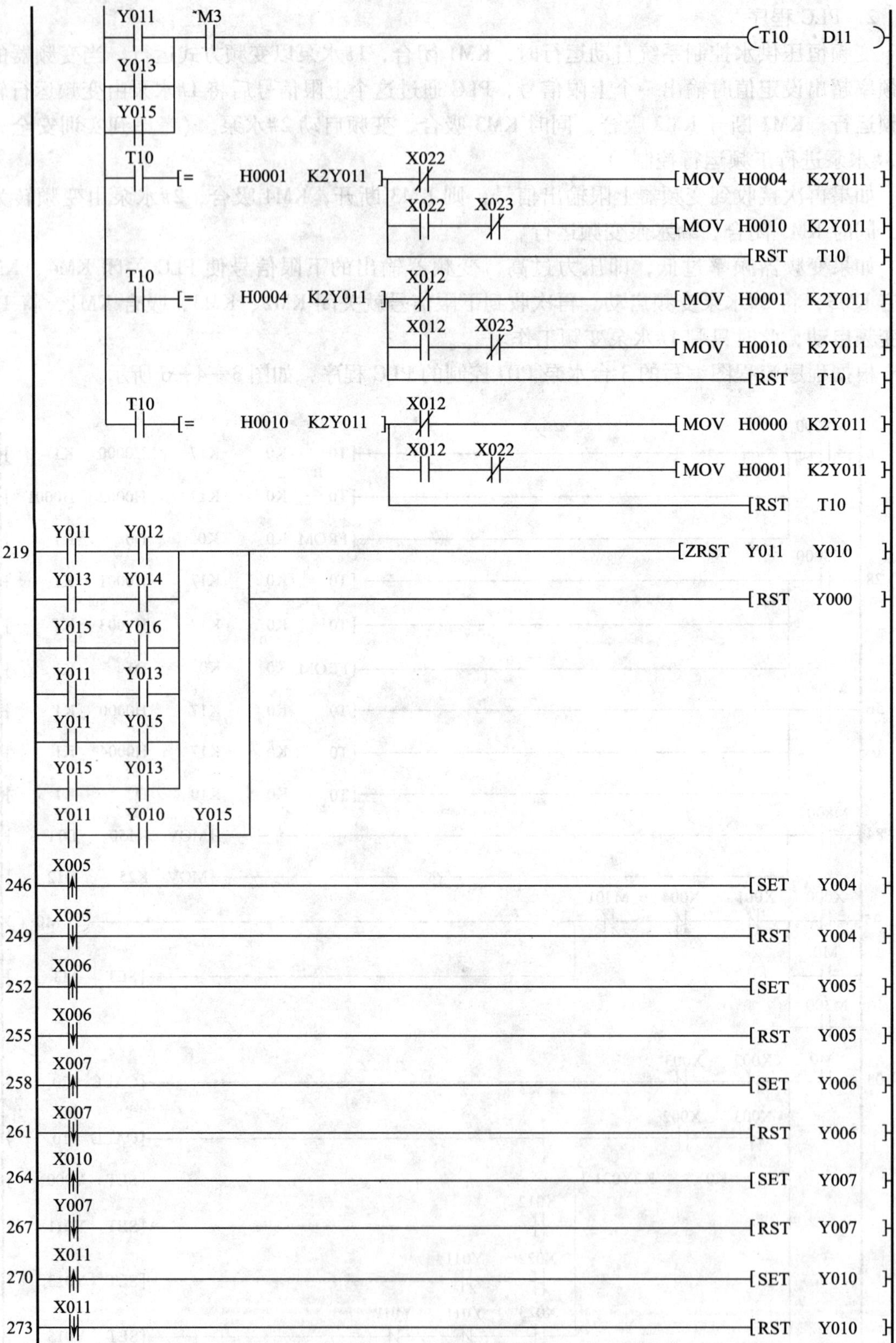

```
      Y011    *M3
  ----| |--+---| |------------------------------------------(T10    D11 )
      Y013 |
  ----| |--+
      Y015 |
  ----| |--+
      T10
  ----| |----[=    H0001   K2Y011 ]--+--X022 |/|--------------[MOV  H0004  K2Y011 ]
                                     +--X022 | |--X023 |/|----[MOV  H0010  K2Y011 ]
                                     +----------------------[RST   T10 ]
      T10
  ----| |----[=    H0004   K2Y011 ]--+--X012 |/|--------------[MOV  H0001  K2Y011 ]
                                     +--X012 | |--X023 |/|----[MOV  H0010  K2Y011 ]
                                     +----------------------[RST   T10 ]
      T10
  ----| |----[=    H0010   K2Y011 ]--+--X012 |/|--------------[MOV  H0000  K2Y011 ]
                                     +--X012 | |--X022 |/|----[MOV  H0001  K2Y011 ]
                                     +----------------------[RST   T10 ]

       Y011   Y012
219 ---| |----| |---+--+-----------------------------------[ZRST  Y011   Y010 ]
       Y013   Y014  |  |
    ---| |----| |---+  +-----------------------------------[RST   Y000 ]
       Y015   Y016  |  |
    ---| |----| |---+  |
       Y011   Y013  |  |
    ---| |----| |---+  |
       Y011   Y015  |  |
    ---| |----| |---+  |
       Y015   Y013  |  |
    ---| |----| |---+  |
       Y011   Y010   Y015
    ---| |----| |----| |---+

       X005
246 ---|↑|-------------------------------------------------[SET   Y004 ]
       X005
249 ---|↓|-------------------------------------------------[RST   Y004 ]
       X006
252 ---|↑|-------------------------------------------------[SET   Y005 ]
       X006
255 ---|↓|-------------------------------------------------[RST   Y005 ]
       X007
258 ---|↑|-------------------------------------------------[SET   Y006 ]
       X007
261 ---|↓|-------------------------------------------------[RST   Y006 ]
       X010
264 ---|↑|-------------------------------------------------[SET   Y007 ]
       Y007
267 ---|↓|-------------------------------------------------[RST   Y007 ]
       X011
270 ---|↑|-------------------------------------------------[SET   Y010 ]
       X011
273 ---|↓|-------------------------------------------------[RST   Y010 ]
```

```
     X011
273 ─┤↓├──────────────────────────────[RST   Y010 ]
     X004
276 ─┤/├──────────────────────────────[CJ    P1   ]
     X012
280 ─┤ ├──────────────────────────────( Y011 )
     X013
282 ─┤ ├──────────────────────────────( Y012 )
     X014
284 ─┤ ├──────────────────────────────( Y013 )
     X015
286 ─┤ ├──────────────────────────────( Y014 )
     X016
288 ─┤ ├──────────────────────────────( Y015 )
     X017
290 ─┤ ├──────────────────────────────( Y016 )
     X020
292 ─┤ ├──────────────────────────────( Y000 )
     X001
294 ─┤ ├─┬────────────────────────────[ZRST  Y011  Y016 ]
     M301│
    ─┤ ├─┴────────────────────────────[RST   Y000 ]
302 ──────────────────────────────────[FEND]
     M8000
303 ─┤ ├──────────────────────────────[RST   M3   ]
305 [=  H0001  K2Y011 ]─┬─────────────( T0   D12 )
    [=  H0004  K2Y011 ]─┤
    [=  H0010  K2Y011 ]─┘
     T0      Y011    X022
323 ─┤ ├──┬──┤ ├──┬──┤/├──────────────[MOV  H0006  K2Y011]
          │       │  X022    X023
          │       └──┤ ├─────┤/├──────[MOV  H0012  K2Y011]
          │  Y013    X012
          ├──┤ ├──┬──┤/├──────────────[MOV  H0006  K2Y011]
          │       │  X012    X023
          │       └──┤ ├─────┤/├──────[MOV  H0018  K2Y011]
          │  Y015    X012
          └──┤ ├──┬──┤/├──────────────[MOV  H0012  K2Y011]
                  │  X012    X022
                  └──┤ ├─────┤/├──────[MOV  H0018  K2Y011]
375 [=  H0008  K2Y011 ]─┬─────────────( T1   D12 )
    [=  H0008  K2Y011 ]─┘
     T1      Y012    Y013    X023
388 ─┤ ├──┬──┤ ├─────┤ ├─────┤/├──┬───[MOV  H001A  K2Y011]
          │  Y014    Y015    X012  │
          └──┤ ├─────┤ ├─────┤/├──┘
     M8000
402 ─┤ ├──────────────────────────────[RST   M3   ]
404 [=  H001A  K2Y011 ]───────────────( T2   D12 )
     T2      X012    X022
412 ─┤ ├──┬──┤/├─────┤/├──────────────[MOV  H0008  K2Y011]
          │  X022    X023    X012
          ├──┤ ├─────┤/├─────┤/├──────[MOV  H0012  K2Y011]
          │  X012    X023    X022
          └──┤ ├─────┤/├─────┤/├──────[MOV  H0018  K2Y011]
```

图 3—4—6 PLC 参考程序

六、联机调试

1. 上水操作按照本课题任务 1 上水操作步骤进行水泵上水操作，上水后拆除上水操作所连接的电路。

2. 按图 3—4—2 连接变频恒压供水控制系统主电路，按图 3—4—3 连接变频恒压供水控制系统变频器 PID 控制回路，按图 3—4—4 连接变频恒压供水控制系统 PLC 控制线路。接线完成后对照电路图仔细检查，确认无误后方可通电。

3. 通过“相序指示灯”检查水泵电动机电源相序是否正确，绿色为正常，红色则需要更换电源相序或检查是否有短相。

4. 通过变频器 Pr. 902 ~ Pr. 905 参数校正压力传感器的输出，在变频器停止时，在 PU 模式输入设定值，参数功能见表 3—4—4。

表 3—4—4 变频器校正参数

参数号	功能	默认设定	
Pr. 902	设定 0 V 时的偏置频率	0 V	0 Hz
Pr. 903	设定相对于 Pr. 73 设定的频率指令电压的输出频率	5V	50 Hz
Pr. 904	设定 4 mA 时的偏置频率	4 mA	0 Hz
Pr. 905	设定相对于 20 mA 设定的频率指令电流的输出频率	20 mA	50 Hz

5. 接通变频器电源，设置变频器参数。先将所有参数清除后，按表 3—4—3 所列设置变频器运行参数，并结合系统控制要求自行设置变频器基本运行参数。

6. 接通 PLC 电源，将图 3—4—7 所示参考程序写入 PLC。

7. 将 PLC 运行开关保持 ON，设定水压调整为 10 kPa。

8. 将变频恒压供水控制系统置于手动工作状态，按手动控制设备运行，观察各设备运行是否正常，变频器输出频率是否相对平稳，实际水压与设定值的偏差。

9. 如果水压在设定值上下有剧烈的抖动，则应该调节 PID 指令的微分参数，将微分参数值设定小一些，同时适当增加积分参数值。如果调整过于缓慢，水压的上、下偏差很大，则系统比例常数太大，应适当减小。

10. 将系统置于自动运行状态测试其他功能。

任务测评

对任务实施的完成情况进行检查，并将结果填入表3—4—5所示测评表内。

表3—4—5　　评分标准

序号	考核内容	考核要求	评分标准	配分	得分
1	电路设计	能根据项目要求，正确设计电路	（1）设计电路不正确，每处扣5分 （2）画图不符合标准，每处扣2分	30分	
2	参数设置	能根据项目要求，正确设置变频器参数	（1）参数设置错误，每处扣5分 （2）漏设参数，每处扣5分	20分	
3	接线	能正确使用工具及仪表，按照电路图准确地接线	（1）元件安装不符合要求，每处扣2分 （2）接线有违反电工手册相关规定的，每处扣2分	10分	
4	PLC编程	能根据项目要求，正确编制PLC控制程序	（1）程序编制不正确，扣5分 （2）不会上传、下载程序，扣5分	10分	
5	调试	能正确进行参数设置，现场调试变频器的运行	（1）不会修改参数，每处扣10分 （2）不能正确调试变频器，每处扣10分	30分	
6	安全文明生产	参照相关的法规，确保人身和设备安全	违反安全文明生产规程，扣5～10分		
备注			合计		
			教师签字：		

思考与练习

如图3—4—7所示，某变频恒压供水控制系统有2台电动机M1、M2拖动2台水泵，控制要求如下：

1. 用转换开关实现手动、自动的切换。
2. 变频恒压供水系统手动运行时，由手动按钮分别控制2台电动机的启动、停止。
3. 变频恒压供水系统自动运行时，先用变频器控制M1变频运行，当变频器达到50 Hz时延时1 min供水压力还在下限，把M1切换到工频运行，而变频器控制M2变频运行；供水压力上升，当压力到达上限，若延时30 s供水压力还在上限，将电动机M1停机；当压力降至下限时，又使电动机M2频率为50 Hz，延时1 min水压力还在下限，把M2切换到工频运行，而变频器控制M1启动调速。如此反复使水压恒定。停止时，将M1和M2同时停机。
4. 触摸屏可以显示设定供水压力范围、实际水压、水泵的运行时间等。

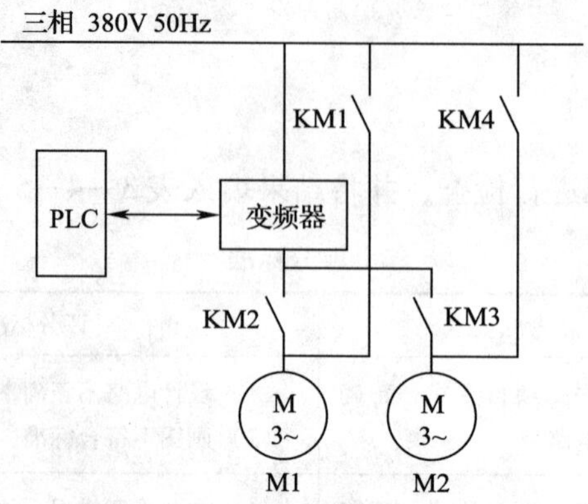

图 3—4—7 某变频恒压供水系统

任务 5 小区恒压供水控制

学习目标

1. 了解小区变频器恒压供水系统的结构和控制原理。
2. 熟悉恒压供水控制系统设备选择依据。
3. 熟悉 PLC 的 PID 运算指令和模拟量输入/输出模块 FX0N－3A 的用法。
4. 能完成小区变频恒压供水控制系统的设计、安装与调试。

工作任务

某小区有多栋高层建筑，共居住有 560 多户，由于用水高峰过于集中，该小区供水系统不够稳定，无法满足小区居民的用水要求。根据以上情况，本任务要求利用 PLC、变频器实现小区恒压供水控制。结构框图如图 3—5—1 所示，由水泵组、一台智能型电控柜（包括变频器、PLC、交流接触器、继电器等）、一套压力传感器、缺水保护器、断相相序保护装置以及供电主回路等构成。

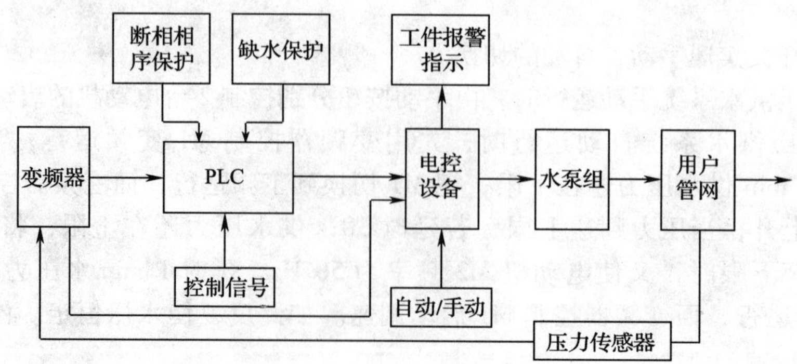

图 3—5—1 供水系统结构框图

具体控制要求如下：

（1）系统共有 2 台水泵，要求 1 台运行，1 台备用，自动运行时水泵运行累计 100 h 轮换一次，手动时不切换。

（2）用水高峰时，1 台工频全速运行，1 台变频运行；用水低谷时，1 台变频运行，1 台停机。

（3）本系统采用 PLC 的 PID 指令进行变频恒压供水。

（4）切换后启动和停电后启动须 5 s 报警，运行异常可自动切换到备用泵并报警。

（5）触摸屏可以显示设定水压、实际水压、水泵的运行时间及转速、报警信号等。

相关知识

一、设备选择依据

设计恒压供水时，应先选择水泵和电动机，选择依据是供水规模（供水流量），供水规模和住宅类型及用户数有关。

1. 住宅类型的用水标准

不同住宅类型的用水标准是不一样的，具体见表 3—5—1。

表 3—5—1 不同住宅类型的用水标准

住宅类型	完善程度	用水标准（m^3/人日）	小时变化系数
1	仅有给水龙头	0.04 ~ 0.08	2.5 ~ 2.0
2	有给水卫生器具，但无淋浴设备	0.085 ~ 0.13	2.5 ~ 2.0
3	有给水卫生器具，并有淋浴设备	0.13 ~ 0.19	2.5 ~ 1.8
4	有给水卫生器具，并有淋浴设备和集中热水供应	0.17 ~ 0.25	2.0 ~ 1.6

2. 供水规模换算

供水规模换算表见表 3—5—2。表中左列为户数，上面一行为用水标准（m^3/人日），中间数据为用水规模（m^3/h）。

表 3—5—2 供水规模换算表

户数 \ m^3/h	用水标准（m^3/人日）			
	0.10	0.15	0.20	0.25
20	1.80	2.60	3.50	4.40
30	2.60	3.90	5.30	6.60
40	3.50	5.30	7.00	8.80
55	4.80	7.20	9.60	12.00
75	6.60	9.80	13.10	16.40
100	8.80	13.10	17.50	21.90

续表

户数 \ m³/h	用水标准（m^3/人日）			
	0.10	0.15	0.20	0.25
150	13.10	19.70	26.30	32.80
200	17.60	26.30	35.00	43.80
250	21.90	32.80	43.80	54.70
350	26.30	39.40	52.50	65.60
400	35.00	52.50	70.00	87.50
450	39.40	59.00	78.70	98.40
500	43.80	65.60	87.50	109.40
600	52.50	78.80	105.00	131.30
700	61.30	91.90	122.50	153.10
800	70.00	105.00	140.00	175.00
1 000	87.50	131.00	175.00	218.80

二、PLC 的 PID 指令

1. 指令形式

FX2N 系列的 PLC 的 PID 控制指令用于模拟量闭环控制，指令格式如图 3—5—2 所示。[S1]、[S2] 各用一个数据寄存器，[S1] 用于存放设定目标值，[S2] 用于设定测定当前值，[S3·] 是用户为 PID 指令定义参数的首址，范围是 D0～D7975，需占有自 [S3·] 起始的 25 个连续的数据寄存器，其中 [S3] ～ [S3] +6 设定控制参数。[D·] 用一个独立的数据寄存器，用于存放输出值。执行程序时，运算结果存于 [D] 中。PID 指令的功能是接收一个输入数据后，根据 PID 算法计算调节值。图中 X0 闭合时，执行指令，目标值存入 D10 中，当前值从 D20 中读出，保留 D100～D124 作为用户定义参数的寄存器，输出值存入 D150。一个程序中可以使用多条 PID 指令，每条指令的数据寄存器都要独立，以避免混乱。PID 指令在定时器中断、子程序、步进梯形图、跳转指令中也可使用，在这种情况下，执行 PID 指令前请清除 [S3] +7 后再使用，采样时间必须大于 PLC 的一个运算周期。PID 控制用的参数的设定值必须预先通过 MOV 等指令写入。

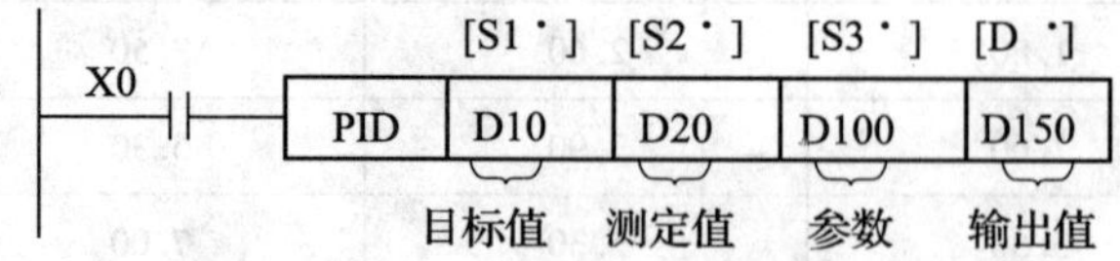

图 3—5—2 PID 指令的使用说明

2. PID 参数定义

PID 运算指令的控制参数【S3】～【S3】+25 的定义见表 3—5—3。

表 3—5—3　　PID 参数设定表

参数【S3】+X	名称/功能	设定范围及说明
【S3】+0	采样时间	1~32 767（ms）
【S3】+1	动作方向（ACT）	bit 0：0 为正动作，1 为逆动作 bit 1：0、1 分别为输入变化量报警无、有效 bit 2：0、1 分别为输出变化量报警无、有效 bit 3：不可使用 bit 4：0、1 分别为自动调谐不动作与执行 bit 5：0、1 分别为输出上下限无、有效 bit 6~bit 15：不可使用
【S3】+2	输入滤波常数（a）	0~99%，为 0 时没有输入滤波
【S3】+3	比例增益（KP）	1%~32 767%
【S3】+4	积分时间（TI）	（0~32 767）×10 ms，0 时无积分
【S3】+5	微分增益（KD）	0~100%，0 时无微分增益
【S3】+6	微分时间（TD）	（0~32 767）×10 ms，0 时无微分
【S3】+7~【S3】+19	PID 运算的内部处理占用	
【S3】+20	输入变化量（增侧）报警设定值	0~32 767（【S3】+1 的 bit 1 =“1”时有效）
【S3】+21	输入变化量（减侧）报警设定值	0~32 767（【S3】+1 的 bit 1 =“1”时有效）
【S3】+22	输出变化量（增侧）报警设定值 输出上限设定值	0~32 767（【S3】+1 的 bit 2 =“1”或 bit 5 =“0”时有效） -32 767~32 767（【S3】+1 的 bit 2 =“0”或 bit 5 =“1”时有效）
【S3】+23	输出变化量（减侧）报警设定值 输出下限设定值	0~32 767（【S3】+1 的 bit 2 =“1”或 bit 5 =“0”时有效） -32 767~32 767（【S3】+1 的 bit 2 =“0”或 bit 5 =“1”时有效）
【S3】+24	报警输出	bit 0：输入变化量（增侧）溢出 bit 1：输入变化量（减侧）溢出 bit 2：输出变化量（增侧）溢出 bit 3：输出变化量（减侧）溢出 【S3】+1 的 bit 1 =“1”或 bit 2 =“1”时有效

3. 自动调谐

为了得到最佳的 PID 控制效果，最好使用自动调谐功能。当【S3】+1 的 bit 4 =“1”时，自动调谐有效，系统通过自动调节，使 PID 的相关参数自动达到最佳状态。为了使自动调谐高效进行，自动调谐开始时的偏差（设定值与当前值之差）必须大于 150（可通过改变设定值来满足）。当前值达到设定值的三分之一时，自动调谐标志（【S3】+1 的 bit 4 =“1”）会被复位，自动调谐完成，转为正常的 PID 调节，这时可将设定值改回到正常设定值而不要令 PID 指令 OFF。要完成 PLC 的 PID 控制的恒压供水系统，除了需有 PID 指令外，还必须有模拟量处理模块。

三、模拟量输入/输出模块 FX0N－3A

1. A/D 通道的校准

（1）A/D 校准程序

A/D 校准程序如图 3—5—3 所示。

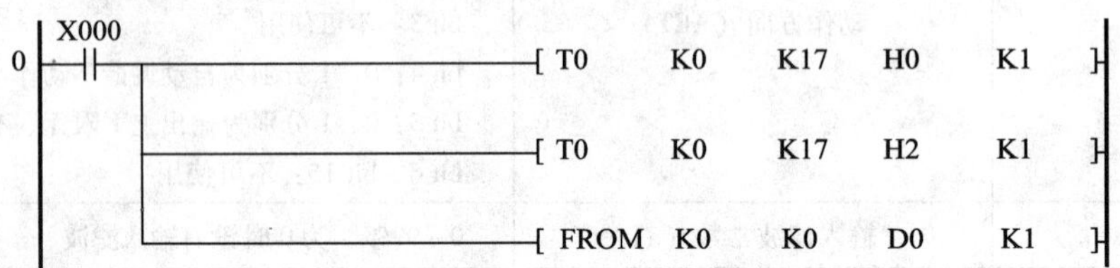

图 3—5—3 A/D 校准程序

（2）输入偏移校准

运行如图 3—5—3 所示的程序，使 X0 为 ON，在模拟输入 CH1 通道输入表 3—5—4 所示的模拟电压/电流信号，调整其 A/D 的 OFFSET 电位器，使读入 DO 的值为 1。顺时针调整为数字量增加，逆时针调整为数字量减小。

表 3—5—4 输入偏移对照表

模拟输入范围	0～10 V	0～5 V	4～20 mA
输入的偏移校准值	0.04 V	0.02 V	4.064 mA

（3）输入增益校准

运行如图 3—5—3 所示的程序，并使 X0 为 ON，在模拟输入 CH1 通道输入表 3—5—5 所示的模拟电压/电流信号，调整其 A/D 的 GAIN 电位器，使读入 DO 的值为 250。

表 3—5—5 输入增益对照表

模拟输入范围	0～10 V	0～5 V	4～20 mA
输入的增益校准值	10 V	5 V	20 mA

2. D/A 通道的校准

（1）D/A 校准程序

D/A 校准程序如图 3—5—4 所示。

（2）D/A 输出偏移校准

运行如图 3—5—4 所示程序，使 X0 为 ON，X1 为 OFF，调整模块 D/A 的 OFFSET 电位器，使输出值满足表 3—5—6 所示的电压、电流值。

（3）D/A 输出增益校准

运行如图 3—5—4 所示程序，使 X1 为 ON，X0 为 OFF，调整模块 D/A 的 GAIN 电位器，使输出满足表 3—5—7 所示的电压、电流值。

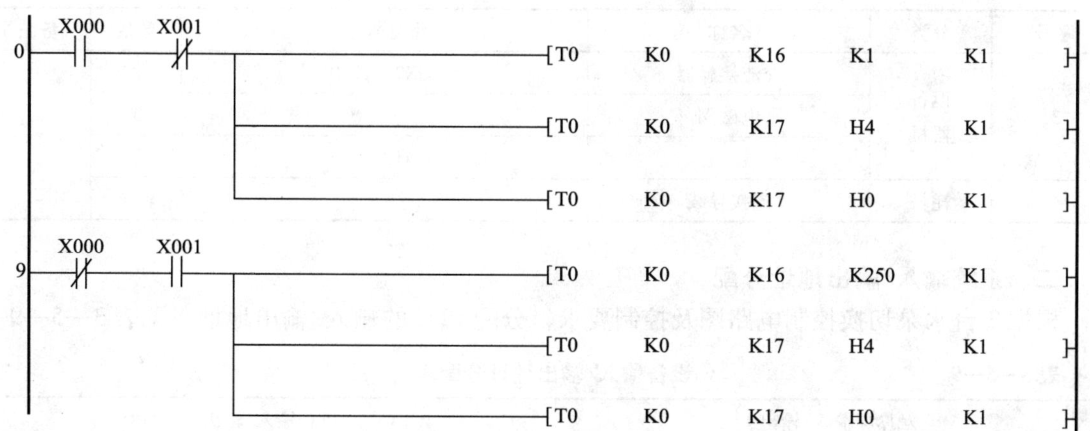

图 3—5—4 D/A 校准程序

表 3—5—6 **输出偏移对照表**

模拟输入范围	0 ~ 10 V	0 ~ 5 V	4 ~ 20 mA
输出的偏移校准值	0.04 V	0.02 V	4.064 mA

表 3—5—7 **输出增益对照表**

模拟输入范围	0 ~ 10 V	0 ~ 5 V	4 ~ 20 mA
输出的增益校准值	10 V	5 V	20 mA

任务实施

一、任务准备

实施本任务所需的实训设备及工具材料见表 3—5—8。

表 3—5—8 **实训设备及工具材料**

序号	分类	名称	型号规格	数量	备注
1	工具	电工常用工具	型号自定	1	
2	仪表	万用表	型号自定	1	
3	设备器材	计算机	已安装三菱 GX Developer 编程软件	1	
		变频器	三菱 FR - E740 系列	1	
		PLC	三菱 FX2N 系列	1	
		触摸屏		1	
		变频恒压供水实训装置		1	
		低压断路器	DZ47 - 60 3P 32A	1	

续表

序号	分类	名称	型号规格	数量	备注
3	设备器材	交流接触器	CJX2－1210	2	
		电磁阀		3	
		按钮	LA19－11	3	
4	耗材	连接导线		若干	

二、系统输入/输出地址分配

根据 2 台水泵切换控制电路图及控制要求，分配 PLC 的输入/输出地址，见表 3—5—9。

表 3—5—9　　设备输入/输出地址分配表

触摸屏输入/输出				PLC 输入/输出			
触摸屏输入		触摸屏输出		PLC 输入		PLC 输出	
软元件	功能	软元件	功能	输入设备	地址	输出设备	地址
M500	自动启动	Y0	1 号泵运行指示	1#电磁阀开关	X1	1 号泵接触器 KM1	Y0
M100	手动 1 号泵	Y1	2 号泵运行指示	2#电磁阀开关	X2	2 号泵接触器 KM2	Y1
M101	手动 2 号泵	T20	1 号泵故障	3#电磁阀开关	X3	报警器 HA	Y4
M102	停止	T21	2 号泵故障			变频器正转控制 SFT	Y10
M103	运行时间复位	D101	当前水压				
M104	清除报警	D502	泵累计运行时间				
D500	水压设定	D102	电动机转速				

三、系统接线

根据本课题任务要求，两台水泵电动机由一台变频器拖动，运行通过接触器进行切换控制，变频器的运行频率由 PLC 模拟量输出模块输出的模拟电压信号给定，具体控制电路如图 3—5—5 所示。由压力传感器将检测到的管网压力信号送给模拟量输入、输出混合模块 FX2N－3A，经 A/D 转换后送 PLC 数据寄存器 D101（压力设定值由触摸屏设定），经 PLC 的 PID 运算并控制变频器的运行。变频器的运行频率由 FX2N－3A 模块的模拟量输出给定，由此构成了简易闭环控制系统。

四、触摸屏监控界面制作

1．主界面

创建如图 3—5—6 所示触摸屏监控主界面。主界面设置文本对象“变频恒压供水系统”、画面切换按钮“自动”和“手动”。将画面切换按钮“自动”和“手动”分别设置为对应切换画面。

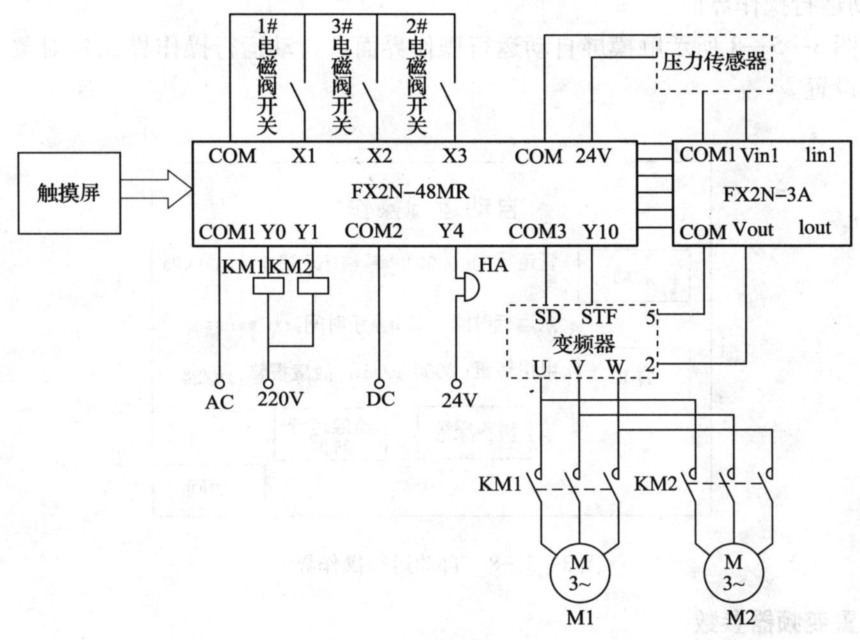

图 3—5—5 2 台水泵切换控制电路图

2. 手动运行操作界面

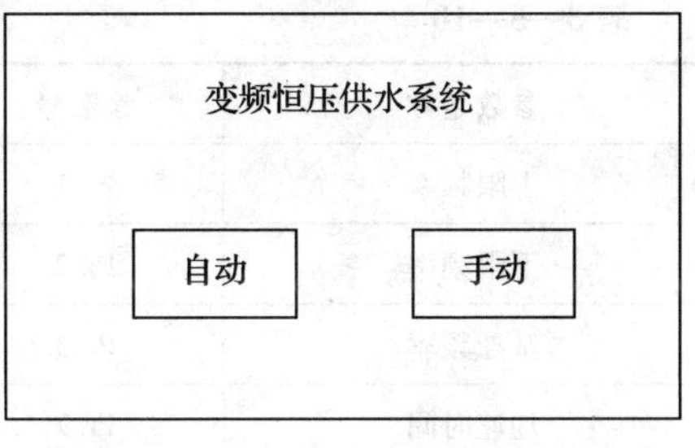

图 3—5—6 主界面

创建如图 3—5—7 所示触摸屏手动运行操作界面。手动运行操作界面中“1#泵启动”“2#泵启动”“停止”设置为保持型按钮；“手动运行操作”“管道压力”“系统压力设定”“泵运行时间”“系统时间”“电动机转速”“故障报警”设置为文本对象；文本对象相对应的显示数值设置为数值显示对象，其中“系统压力设定”设置为设值按钮；“清除报警”“清除运行时间”设置为保持型按钮，而数据的清除由 PLC 程序实现；“返回”设置为画面切换按钮。

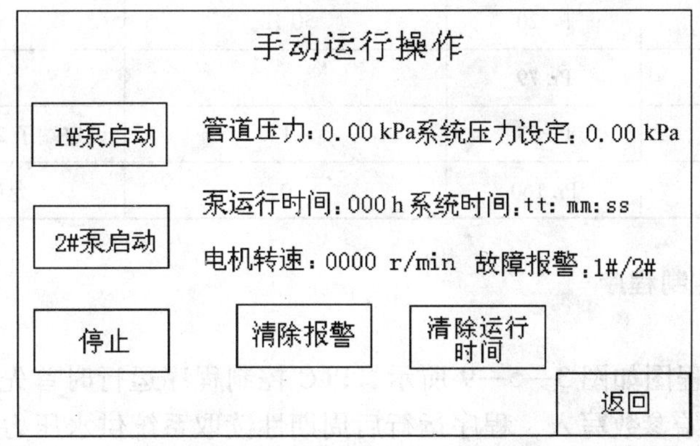

图 3—5—7 手动运行操作界面

3. 自动运行操作界面

创建如图3—5—8所示触摸屏自动运行操作界面。自动运行操作界面各对象元件名称参照手动界面设置。

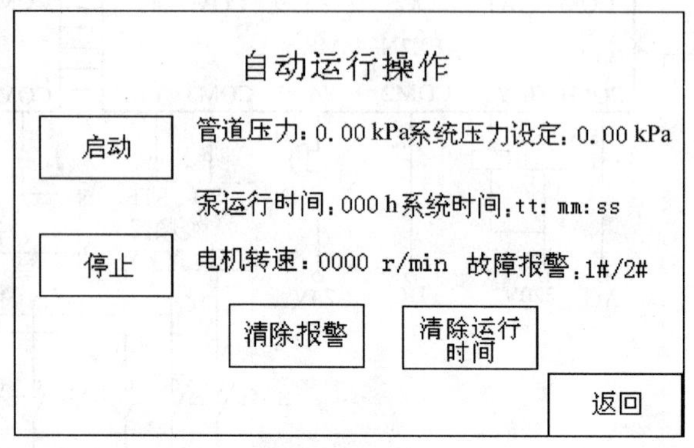

图3—5—8　自动运行操作界面

五、设置变频器参数

根据控制要求设定变频器参数，见表3—5—10。

表3—5—10　　变频器设定参数

参数名称	参数号	设定值	备注
上限频率	Pr. 1	50 Hz	
下限频率	Pr. 2	30 Hz	
基准频率	Pr. 3	50 Hz	
加速时间	Pr. 7	3 s	
减速时间	Pr. 8	5 s	
电子过流保护	Pr. 9	电动机的额定电流	以实际使用电动机为准
启动频率	Pr. 13	10 Hz	
加、减速基准频率	Pr. 20	50 Hz	
操作模式	Pr. 79	2	
0～5 V/0～10 V选择	Pr. 73	1	设定端子2和5间的频率为电压信号
用户参数组读出选择	Pr. 160	0	允许所有参数的读/写

六、编制PLC控制程序

1. 程序流程图

PLC控制程序流程图如图3—5—9所示，PLC控制程序运行时首先进行模拟量模块初始化设置和PID运算初始参数写入，程序运行后周期性读取系统供水压力，经PID运算后，直接由D/A模块将变频器工作频率传送给变频器。2台水泵的切换则由PLC定时程序实现。

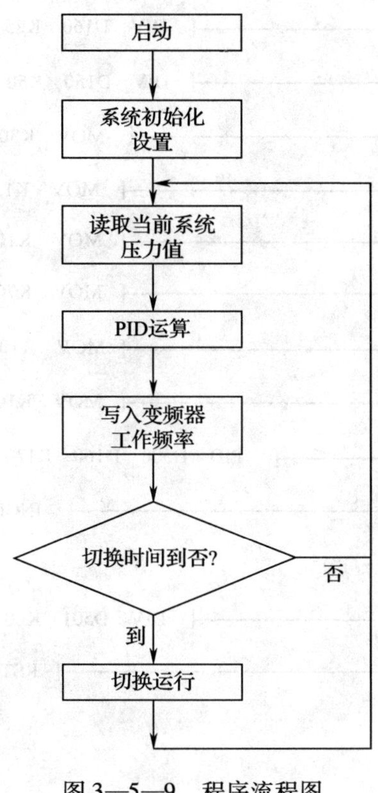

图 3—5—9　程序流程图

2. PLC 程序

根据程序流程图编写 PLC 控制程序，如图 3—5—10 所示。

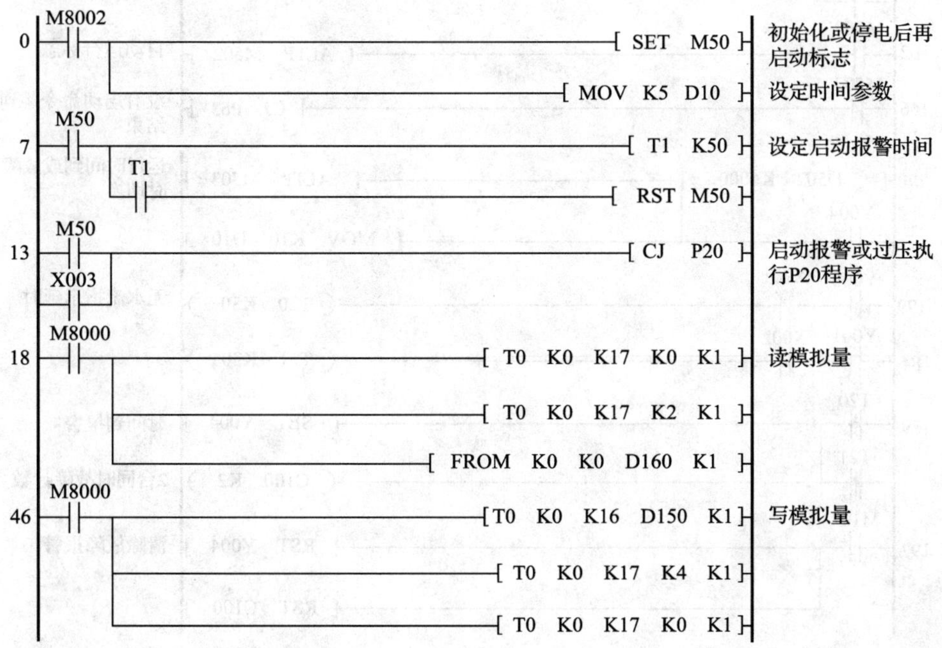

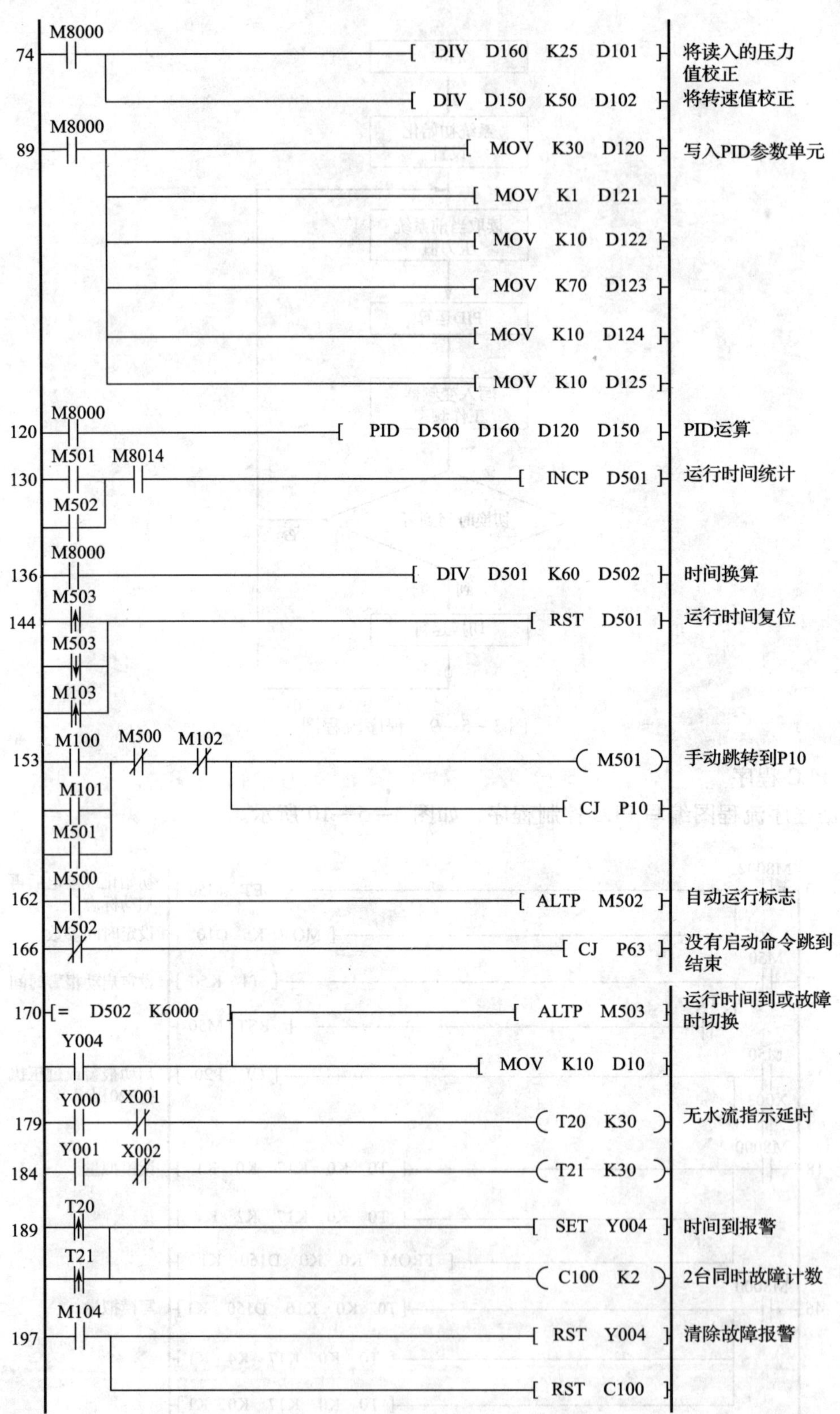

74 M8000 [DIV D160 K25 D101] 将读入的压力值校正
[DIV D150 K50 D102] 将转速值校正
89 M8000 [MOV K30 D120] 写入PID参数单元
[MOV K1 D121]
[MOV K10 D122]
[MOV K70 D123]
[MOV K10 D124]
[MOV K10 D125]
120 M8000 [PID D500 D160 D120 D150] PID运算
130 M501 M8014 M502 [INCP D501] 运行时间统计
136 M8000 [DIV D501 K60 D502] 时间换算
144 M503 M503 M103 [RST D501] 运行时间复位
153 M100 M101 M501 M500 M102 (M501) 手动跳转到P10
[CJ P10]
162 M500 [ALTP M502] 自动运行标志
166 M502 [CJ P63] 没有启动命令跳到结束
170 [= D502 K6000] Y004 [ALTP M503] 运行时间到或故障时切换
[MOV K10 D10]
179 Y000 X001 (T20 K30) 无水流指示延时
184 Y001 X002 (T21 K30)
189 T20 T21 [SET Y004] 时间到报警
(C100 K2) 2台同时故障计数
197 M104 [RST Y004] 清除故障报警
[RST C100]

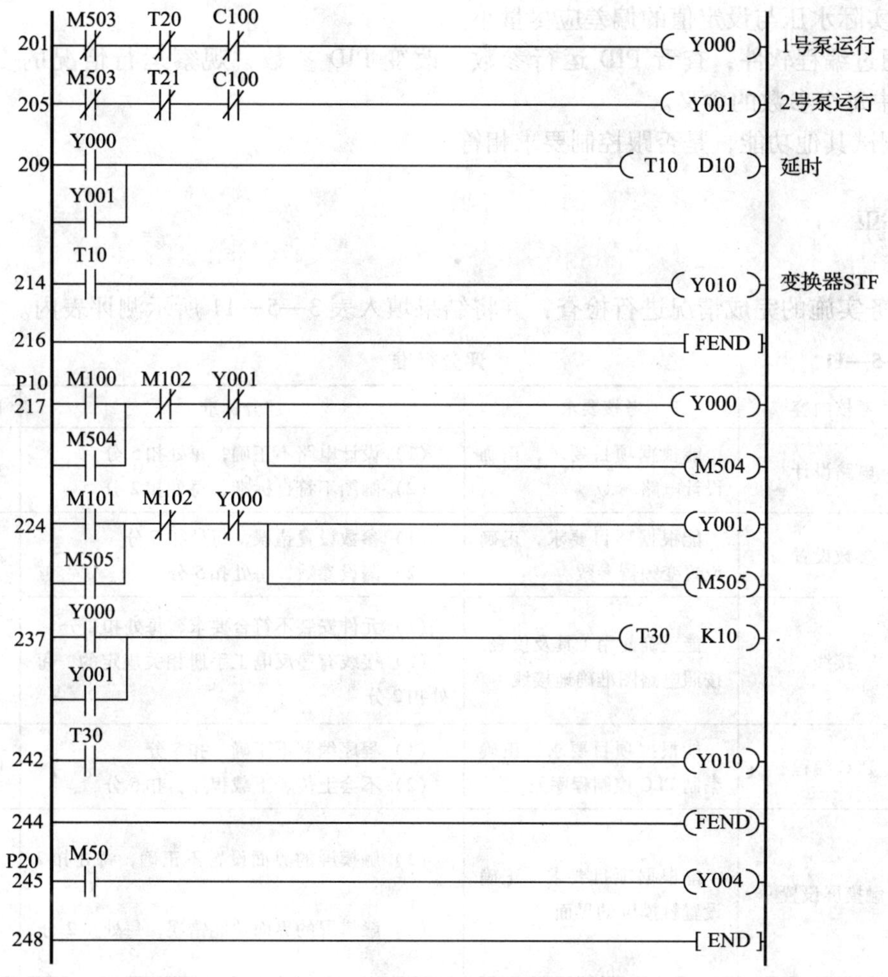

图 3—5—10　梯形图部分参考程序

七、联机调试

1. 编写好 FX0N—3A 偏移/增益调整程序，连接好 FX0N—3A 输入、输出电路，通过 OFFSET 和 GAIN 旋钮调整好偏移/增益分别为 0 V 和 5 V。

2. 按图 3—5—5 所示接线图接好线路，并将编译好的 PLC 程序（部分参考程序）下载到 PLC。

3. 正确设置变频器参数。

4. 使自动调谐开始时的偏差大于 150，然后选择自动调谐选择开关 X0，Y0 有输出，变频器运行。如变频器不运行，检查 Y0 输出是否有问题，或模拟输出是否正确，可用万用表测试输出电压是否正确，或查看 PID 运行的出错码。当自动调谐结束后，运行 PID 控制，观察 PID 运行是否正常，如出现振荡，则可以停止运行，重新进行自动调谐，直到运行稳定。

5. 连接触摸屏与计算机 RS232 接口，连接触摸屏 RS422 接口与 PLC 编程接口。接通触摸屏电源，将已创建的图 3—5—6 至图 3—5—8 所示触摸屏监控界面下载到触摸屏中。

6. 按手动启动，设备应正常启动，观察各设备运行是否正常，变频器输出频率是否相对平稳，实际水压与设定值的偏差应尽量小。

7．通过编程软件，查看 PID 运行参数，改变 PID 参数，观察运行情况的变化，理解 PID 控制中每个参数的含义。

8．测试其他功能，是否跟控制要求相符。

任务测评

对任务实施的完成情况进行检查，并将结果填入表 3—5—11 所示测评表内。

表 3—5—11　　**评分标准**

序号	考核内容	考核要求	评分标准	配分	得分
1	电路设计	能根据项目要求，正确设计电路	（1）设计电路不正确，每处扣 5 分 （2）画图不符合标准，每处扣 2 分	20 分	
2	参数设置	能根据项目要求，正确设置变频器参数	（1）参数设置错误，每处扣 5 分 （2）漏设参数，每处扣 5 分	20 分	
3	接线	能正确使用工具及仪表，按照电路图准确地接线	（1）元件安装不符合要求，每处扣 2 分 （2）接线有违反电工手册相关规定的，每处扣 2 分	10 分	
4	PLC 编程	能根据项目要求，正确编制 PLC 控制程序	（1）程序编制不正确，扣 5 分 （2）不会上传、下载程序，扣 5 分	10 分	
5	触摸屏设置	能根据项目要求，正确设置触摸屏的界面	（1）触摸屏的界面设置不正确，每处扣 2 分 （2）触摸屏的界面功能错误，每处扣 2 分	10	
6	调试	能正确进行参数设置，现场调试变频器的运行	（1）不会修改参数，每处扣 10 分 （2）不能正确调试变频器，每处扣 10 分	30 分	
7	安全文明生产	参照相关的法规，确保人身和设备安全	违反安全文明生产规程，扣 5 ~ 10 分		
备注			合计		
			教师签字：		

思考与练习

为某一物业小区设计恒压供水控制系统，具体要求如下：

1．供水系统设定为“手动”与“自动”两种运行方式，可外部切换。

2．供水系统共有 3 台水泵，“手动”运行时，可根据需要，独立启动或关闭各水泵电动机。

3．“自动”运行时，按设计要求 2 台水泵运行，1 台水泵备用，运行水泵与备用水泵 10

天轮换一次。

4．用水高峰时，1 台水泵工频全速运行，1 台水泵变频运行；用水低谷时，1 台水泵变频运行，另 1 台水泵停止运行。

5．三台水泵分别由 M1、M2、M3 电动机拖动，3 台电动机由 KM1、KM3、KM5 变频控制；KM2、KM4、KM6 全速控制 3 台电动机；主系统接线图如图 3—5—11 所示。

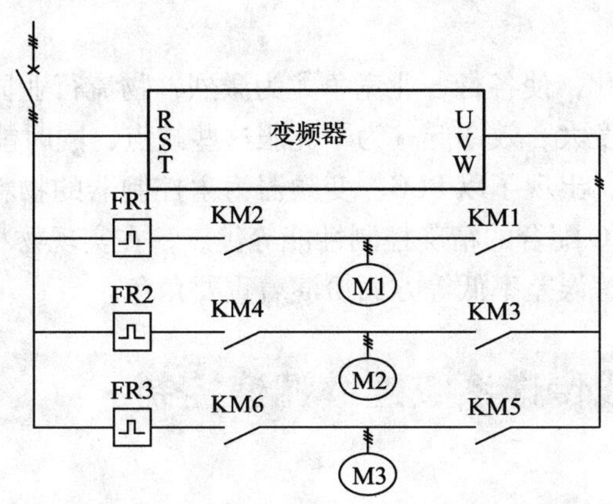

图 3—5—11　恒压供水控制电气主系统接线图

6．变速控制根据供水压力由 PLC 采用 PID 方式控制。

7．水泵投入工频运行时，电动机的过载有热继电器保护，能停止电动机工频运行，并有报警信号指示。

8．变频器其余参数自行设定。

课题四　物料检测生产线变频调速控制

现代社会生产的多元化，使各行各业竞争尤为激烈，物流行业同样如此。物流企业若采用人工分拣作业，则劳动强度大、效率低。为了克服这些缺点，同时能满足对不同材质、颜色的物料进行自动分类的要求，出现了以 PLC、变频器为主控制器的物料检测控制系统。变频器以其良好的调速特性、与 PLC 配合的精确控制性能等优点，在实现物料检测生产线连续、大批量分拣货物，高效运行且分拣误差率低等方面扮演着重要角色。

任务1　生产线传送系统连续调速控制

学习目标

1. 掌握模拟量输入方法。
2. 能根据控制要求，连接控制系统、设置变频器参数。
3. 能根据控制要求，设计生产线传送系统变频控制程序。
4. 掌握生产线传送变频控制系统的安装与调试方法。

工作任务

物料检测生产线装置模型如图 4—1—1 所示，其由交流电动机、传送带机构、传感器、光电编码器、开关电源、电磁阀、气缸等组成，可分拣金属、非金属、颜色块等。

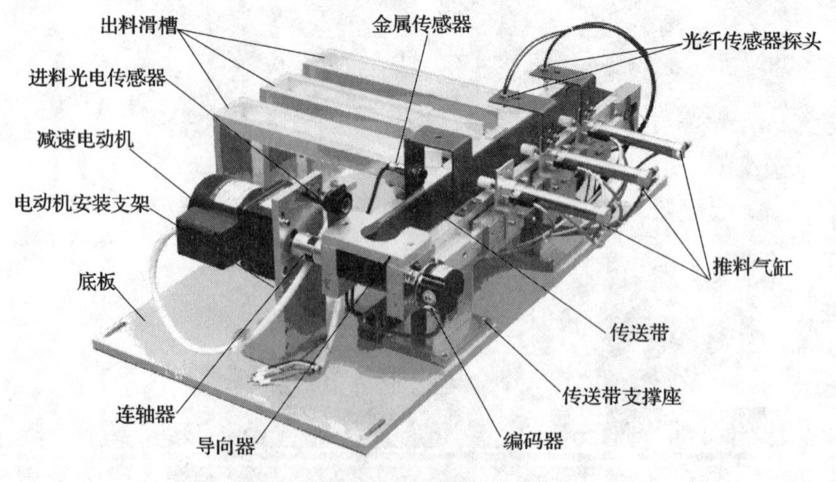

图 4—1—1　物料检测生产线装置

现有三类工件，即白色塑料工件、金属工件和黑色塑料工件，要求系统实现分拣功能，具体要求如下：

1. 当进料光电传感器检测到有工件时，传送带向右运行，要求将金属工件送入第一个料槽当中，其余工件送入第二个料槽中。

2. 电动机的电源频率在 20 ~ 30 Hz 之间可以连续调节。

3. 推送工件时，传送带停止。

相关知识

变频器的调速控制方法有端子控制、模拟量控制和通信控制三种。其中，端子控制方法可以实现多段速调速，若要实现连续调速则需要采用模拟量控制方法。

一、变频器模拟量输入信号端子的选择

FR – E740 系列变频器提供 2 个模拟量输入信号端子（端子 2、端子 4）用作连续变化的频率设定。在出厂设定情况下，只能使用端子 2，端子 4 无效。

要使端子 4 有效，需要在各接点输入端子 STF、STR、…、RES 之中选择一个，将其功能定义为 AU 信号输入。当这个端子与 SD 端短接时，AU 信号为 ON，端子 4 变为有效，端子 2 变为无效。

例如，选择 RES 端子用作 AU 信号输入，则设置参数 Pr. 184 = “4”，在 RES 端子与 SD 端之间连接一个开关，当此开关断开时，AU 信号为 OFF，端子 2 有效；反之，当此开关接通时，AU 信号为 ON，端子 4 有效。

二、变频器模拟量信号的输入规格

如果使用端子 2，模拟量信号可为 0 ~ 5 V 或 0 ~ 10 V 的电压信号，用参数 Pr. 73 指定，其出厂设定值为 1，指定为 0 ~ 5 V 的输入规格，并且不能可逆运行。参数 Pr. 73 的取值范围为 0，1，10，11，具体内容见表 4—1—1。

表 4—1—1　　**模拟量输入选择（Pr. 73、Pr. 267）**

参数编号	名称	初始值	设定范围	内容	
Pr. 73	模拟量输入选择	1	0	端子 2 输入 0 ~ 10 V	无可逆运行
			1	端子 2 输入 0 ~ 5 V	
			10	端子 2 输入 0 ~ 10 V	有可逆运行
			11	端子 2 输入 0 ~ 5 V	
Pr. 267	端子 4 输入选择	0	0	电压/电流输入切换开关	内容
				I V	端子 4 输入 4 ~ 20 mA
			1	I V	端子 4 输入 0 ~ 5 V
			2		端子 4 输入 0 ~ 10 V

注：电压输入时：输入电阻 10 ± 1 kΩ、最大容许电压 DC20 V。

电流输入时：输入电阻 233 ± 5Ω、最大容许电流 30 mA。

如果使用端子4，模拟量信号可为电压输入（0～5 V、0～10 V）或电流输入（4～20 mA初始值），用参数Pr. 267和电压/电流输入切换开关设定，并且要输入与设定相符的模拟量信号。Pr. 267取值范围为0、1、2，具体内容见表4—1—1。

必须注意的是，若发生切换开关与输入信号不匹配的错误（例如，开关设定为电流输入，但端子输入却为电压信号；或开关设定为电压输入，但端子输入却为电流信号）时，会导致外部输入设备或变频器故障。

对于频率设定信号（DC0～5 V、0～10 V或4～20 mA）的相应输出频率的大小可用参数Pr. 125（对端子2）或Pr. 126（对端子4）设定，用于确定输入增益（最大）的频率。它们的出厂设定值均为50 Hz，设定范围为0～400 Hz。

任务实施

一、任务准备

实施本任务所需要的实训设备及工具材料见表4—1—2。

表4—1—2　　实训设备及工具材料

序号	分类	名称	型号规格	数量	备注
1	工具	电工常用工具	型号自定	1	
2	仪表	万用表	型号自定	1	
3	设备器材	计算机	已安装三菱GX Developer编程软件	1	
		变频器	三菱FR－E740系列	1	
		PLC	三菱FX2N系列	1	
		通信电缆		1	
		模拟量输入、输出模块	FX0N－3 A	1	
		物料检测生产线装置		1	
		低压断路器	DZ47－60　3P　20 A	1	
		按钮	LA19－11	3	
		指示灯	AD16－22D DC24 V	2	
		安装配电盘 600 mm×900 mm		1	
4	耗材	连接导线		若干	

二、系统输入/输出地址分配

根据任务控制要求，可确定PLC需要7个输入点，4个输出点，其输入/输出分配表见表4—1—3。

表 4—1—3　　输入/输出地址分配表

输入信号			输出信号		
名称	元件代号	地址	名称	元件代号	地址
启动按钮	SB1	X000	传送带电动机正转	1Y	Y000
停止按钮	SB2	X001	传送带电动机反转	2Y	Y001
光电传感器	SC1	X003	推杆 1 电磁阀	STF	Y004
金属传感器	SC2	X004	推杆 2 电磁阀	STR	Y005
推杆 1 到位检测	1B	X005			
推杆 2 到位检测	2B	X006			
急停按钮	SB3	X007			

三、系统接线

生产线传动系统接线图如图 4—1—2 所示。

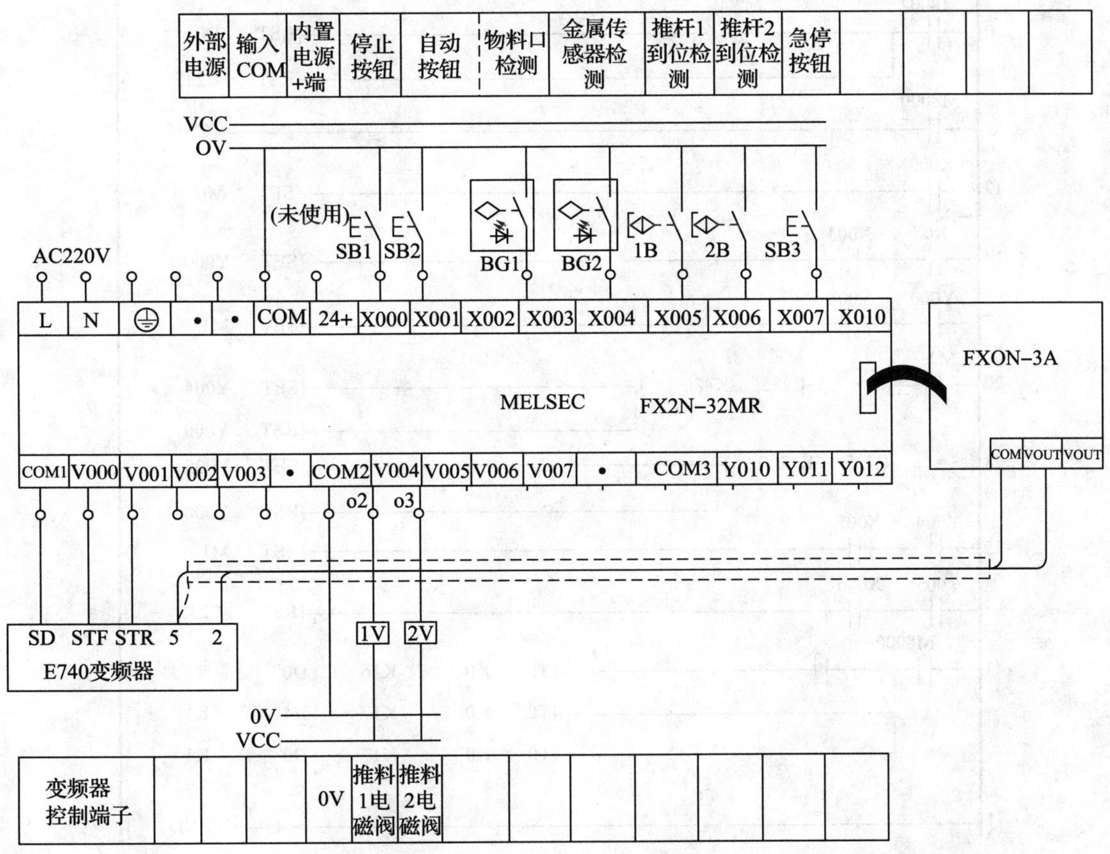

图 4—1—2　生产线传动系统接线图

四、设置变频器参数

表 4—1—4　　变频器参数设置表

变频器参数号	参数功能	参考值	设置值
Pr. 1	基准频率	0 ~ 120	50
Pr. 2	上限频率	0 ~ 120	60
Pr. 3	下限频率	0 ~ 120	0
Pr. 7	加速时间	5 s	1 s
Pr. 8	减速时间	5 s	1 s
Pr. 9	电子过流保护	—	1
Pr. 79	模式选择	—	2
Pr. 73	模拟量输入选择	1	10
Pr. 267	端子 4 输入选择	0	2

五、编制 PLC 控制程序

根据任务控制要求编写 PLC 控制程序，如图 4—1—3 所示。

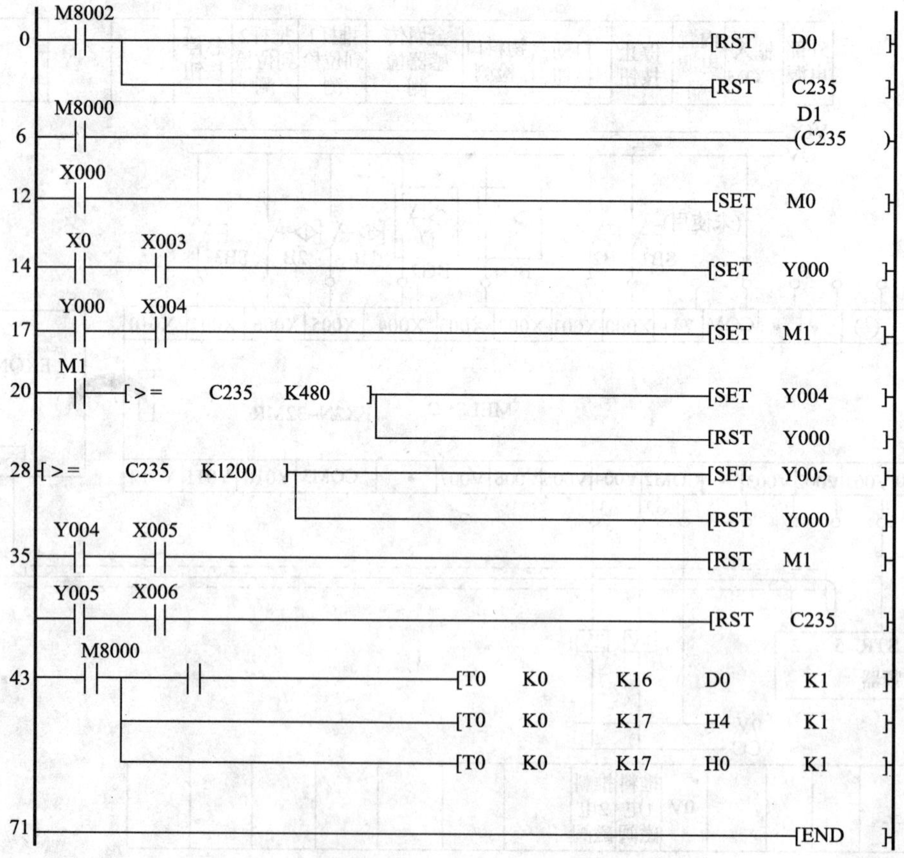

图 4—1—3　参考程序

六、联机调试

安装好控制系统的主电路和控制电路，设置好变频器的相应参数后，将编译成功的控制程序下载到 PLC 主机，并将 PLC 程序运行开关拨向“RUN”状态，然后进行联机调试。

1. 按下“SB1”，放入金属工件，传送带带动工件运行至 1 号槽位。
2. 按下“SB1”，放入非金属工件，传送带带动工件运行至 2 号槽位。
3. 修改程序，改变频率再次运行。
4. 按下“SB2”，停止运行。

任务测评

对任务实施的完成情况进行检查，并将结果填入表 4—1—5 所示评分表内。

表 4—1—5　　任务测评表

序号	考核内容	考核要求	评分标准	配分	得分
1	电路设计	能根据项目要求，正确设计电路	（1）设计电路不正确，每处扣 5 分 （2）画图不符合标准，每处扣 2 分	10 分	
2	参数设置	1. 正确设置变频器的基本参数 2. 正确设置模拟量模块参数	（1）参数设置错误，每处扣 5 分 （2）漏设参数，每处扣 5 分	30 分	
3	接线	能正确使用工具及仪表，按照电路图准确地接线	（1）元件安装不符合要求，每处扣 2 分 （2）接线有违反电工手册相关规定的，每处扣 2 分	10 分	
4	PLC 编程	能根据项目要求，正确编制 PLC 控制程序	（1）程序编制不正确，扣 3 分 （2）不会上传、下载程序，扣 5 分	20 分	
5	调试	能正确进行参数设置，现场调试变频器的运行	（1）不会修改参数，每处扣 5 分 （2）系统功能不正确，每处扣 10 分	30 分	
6	安全文明生产	参照相关的法规，确保人身和设备安全	违反安全文明生产规程，扣 5～10 分		
备注			合计		
			教师签字：		

知识拓展

FX0N－3 A 模拟特殊功能模块专用指令 RD3A/WR3 A

1. RD3A 指令

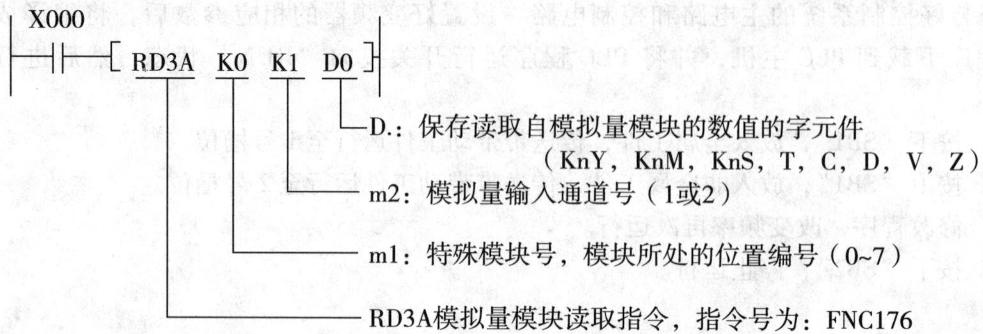

注释：从处于 No. 0 的 FX0N－3A 中读出缓冲存储器（BFM）0#的 A/D 数据传送至上位机 PLC 的 D0 中。

2. WR3A 指令

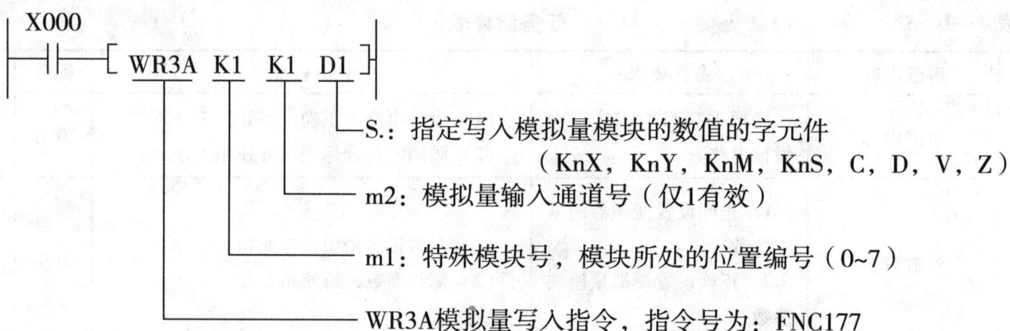

注释：对处于 No. 0 的 FX0N－3A 中缓冲存储器（BFM）16#写入上位机 PLC 中 D1 的数据，以便进行 D/A 转换。

思考与练习

现有三类工件，即白色塑料工件、金属工件和黑色塑料工件。要求使用图 4—1—1 所示的设备设计一控制系统实现分拣功能，具体要求如下：

1. 当进料光电传感器检测到有工件时，传送带向右运行，要求将金属工件送入第一个料槽当中，白色工件送入第二个料槽中，黑色工件送入第三个料槽中。

2. 电动机的电源频率在 20 ~ 30 Hz 由触摸屏输入。

3. 推送工件时，电源频率为 0 Hz。

任务 2　生产线变频传送系统的 PLC 控制

学习目标

1. 掌握 PLC 与变频器的通信方法。

2. 能根据控制要求连接生产线变频传送系统、设置变频器参数。

3. 能实现 PLC 与变频器通信，并控制系统的运行。

工作任务

物料传送单元结构如图 4—2—1 所示，该单元模拟了实际生产中的物料传送系统。通过变频器驱动传送带，当按下正转、反转、高速、中速、低速及停止按钮时，传送带机执行相对应的动作。

具体控制要求为：

1. 传送带机能实现正、反转，低、中、高速控制，低速频率为 10 Hz；中速频率 30 Hz；高速频率 50 Hz。

2. 按下停止按钮，传送带机立即停止当前状态。

3. 频率可以被远程修改。

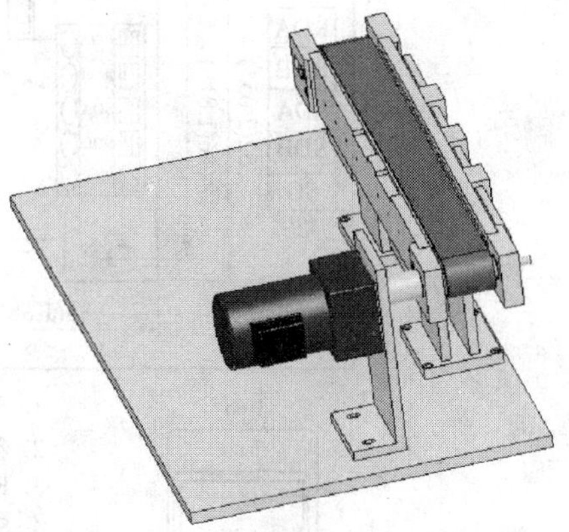

图 4—2—1 物料传送单元结构

相关知识

实际的物料生产线控制中需要频率显示、频率在线修改，而此时通过面板控制、端子控制等方式显然是不可行的。采用 PLC 与变频器通信的方式则可以达到要求。PLC 与变频器通信常用的方法就是 PLC 通过 FX2N－485－BD 模块和变频器连接，实现通信。该方式使用的硬件少，传送的信息量大，速度快。

一、PLC 与变频器的通信连接

FX2N－485－BD 与三菱 FR－E740 变频器的通信接线如图 4—2—2 所示，RJ－45 水晶头插入变频器的 PU 接口，另一端的对应信号线接在 FX2N－485－BD。

FX2N－485－BD 与三菱 PLC 的通信接线如图 4—2—3 所示。

二、PLC 与变频器间的数据通信执行过程

PLC 与变频器间的数据通信执行过程如图 4—2—4 所示。其中，①是指如果发现数据错误则进行再试，即从用户程序执行再试操作。如果连续再试次数超过参数设定值，变频器进入报警停止状态。②是指接收一个错误数据时，变频器给 PLC 返回再试数据，如果连续数据错误次数达到或超过参数设定值，变频器也进入报警停止状态。

三、数据定义

1. 控制代码：控制代码的定义见表 4—2—1。

2. 变频器站号：规定与 PLC 通信的站号，在 H00～H1F 之间设定。

3. 指令代码：由 PLC 发给变频器，指明程序要求。

4. 数据：表示与变频器传输的数据，例如，频率和参数。

四、PLC 通信格式

为了使用串行数据的发送和接收，变频器和 PLC 的通信格式必须一致，PLC 的通信参数通过 D8120 来设定。PLC 通信格式见表 4—2—2。

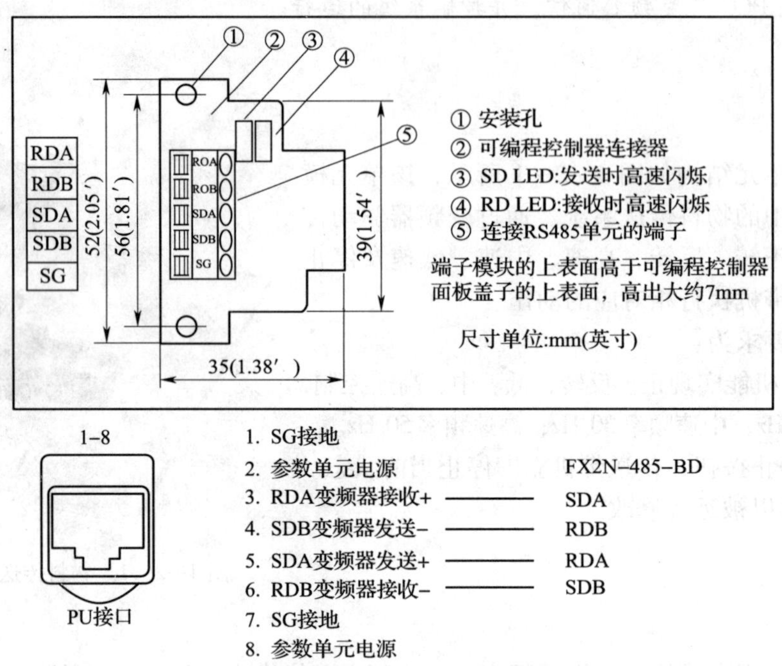

图 4—2—2　FX2N－485－BD 与三菱 FR－E740 变频器的通信接线

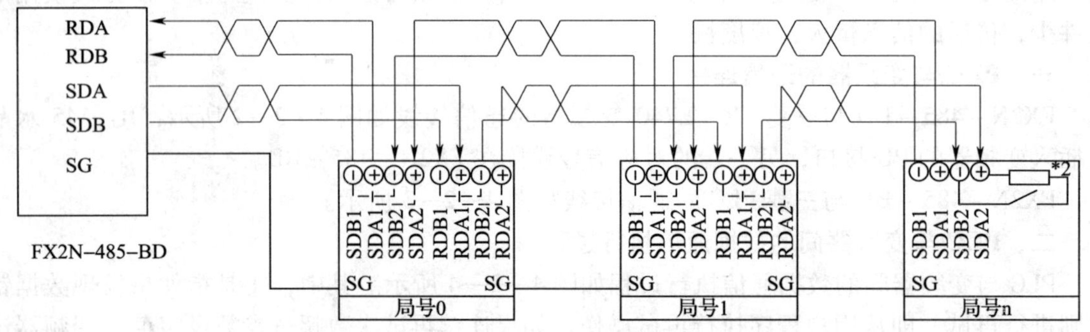

图 4—2—3　PLC 与 FX2N－485－BD 的通信接线

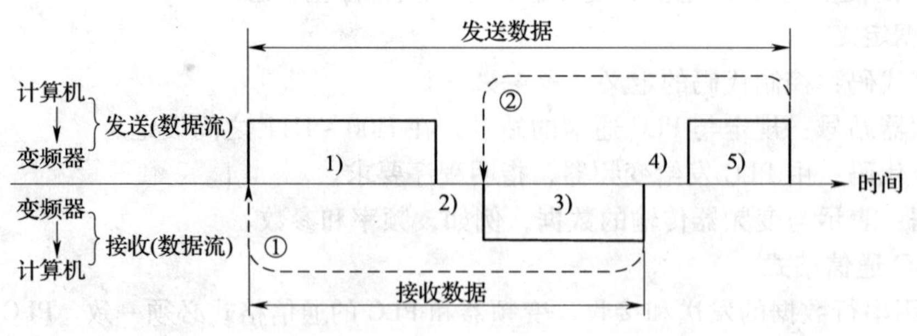

图 4—2—4　通信执行过程

表 4—2—1　　控制代码定义

信号	ASCII 码	说明
STX	H02	数据开始
ETX	H03	数据结束
ENQ	H05	通信请求
ACK	H06	承认（没有发现数据错误）
LF	H0A	换行
CR	H0D	回车
NAK	H15	不承认（发现数据错误）

表 4—2—2　　PLC 通信格式

<table>
<tr><td>B15</td><td>B14</td><td>B13</td><td>B12</td><td>B11</td><td>B10</td><td>B9</td><td>B8</td><td>B7</td><td>B6</td><td>B5</td><td>B4</td><td>B3</td><td>B2</td><td>B1</td><td>B0</td></tr>
<tr><td>0</td><td>0</td><td>0</td><td>0</td><td>0</td><td>0</td><td>0</td><td>0</td><td>1</td><td>0</td><td>0</td><td>1</td><td>1</td><td>1</td><td>1</td><td>1</td></tr>
<tr><td colspan="3">使用 RS 指令</td><td>保留</td><td>发送
和接收</td><td>保留</td><td colspan="2">无起始符
无停止符</td><td colspan="4">波特率为 19.2 bit/s</td><td>2 位
停止位</td><td colspan="2">偶数</td><td>8 位
数据</td></tr>
</table>

任务实施

一、任务准备

实施本任务所需的实训设备及工具材料见表 4—2—3。

表 4—2—3　　实训设备及工具材料

序号	分类	名称	型号规格	数量	备注
1	工具	电工常用工具	型号自定	1	
2	仪表	万用表	型号自定	1	
3	设备器材	计算机	已安装三菱 GX Developer 编程软件	1	
		变频器	三菱 FR－E740 系列	1	
		PLC	三菱 FX2N 系列	1	
		材料传送分拣装置		1	
		低压断路器	DZ47－60，3P、20A	1	
		按钮	LA19－11	6	
		通信电缆	PLC 与变频器间通信专用	1	
4	耗材	连接导线		若干	

二、PLC 地址

根据控制要求分配 PLC 地址，见表 4—2—4。

表 4—2—4　　地址分配表

PLC 地址	控制说明
X000	正转
X001	反转
X002	停止
X003	低速运行信号 10 Hz
X004	中速运行信号 30 Hz
X005	高速运行信号 50 Hz

三、系统接线

根据表 4—2—4 所示 PLC 地址分配表，按照如图 4—2—5 所示连接变频器主电路、控制电路。

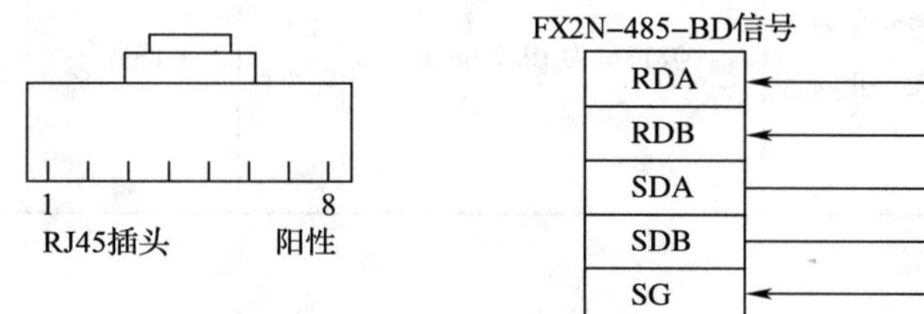

a)

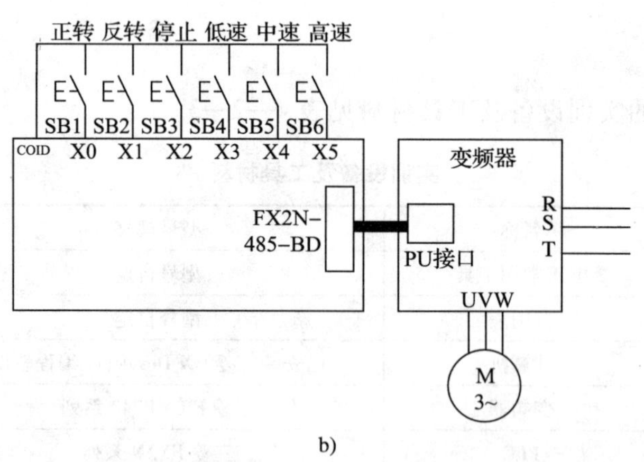

b)

图 4—2—5　PLC 与变频器连接

a）控制电路　b）主电路

四、设置变频器、PLC 通信参数

1. 变频器通信参数设置

变频器通信参数设置见表 4—2—5。

表 4—2—5　　变频器通信参数设置

参数名称	参数号	设定值	备注
PU 通信站号	Pr. 117	1	地址为 1
PU 通信速率	Pr. 118	96	波特率为 9 600 bps
PU 通信停止位长	Pr. 119	11	停止位长 2 bit，数据长 7 bit
PU 通信奇偶校验	Pr. 120	2	偶校验
PU 通信再试次数	Pr. 121	9 999	
PU 通信校验时间间隔	Pr. 122	9 999	
PU 通信等待时间设定	Pr. 123	9 999	
PU 通信有无 CR/LF 选择	Pr. 124	0	
通信 EEPROM 写入选择	Pr. 342	1	

(1) PLC 与变频器之间进行通信时，变频器需进行参数设定，每次参数设定后，需复位变频器或重新启动变频器。

(2) 进行通信时，必须在 NET 网络模式下进行运行。设置 Pr. 79 = "6"；Pr. 340 = "10"（当 Pr. 79 = "6" 时，可以在保持运行状态的同时，进行 PU 运行、外部运行、网络运行的切换；Pr. 340 = "10"，变频器采用网络运行模式启动，可通过操作面板切换 PU 模式与网络运行模式）。

(3) 参数必须按照通信规格进行设定，其中有一个错误设定，通信将不能进行。

2. PLC 通信参数设置

PLC 通信格式 D8120 = H009F，其意义为波特率为 19.2 K，2 位停止位，采用偶校验，8 位数据位。PLC 命令数据代码见表 4—2—6。

表 4—2—6　　数据代码表

名称	正转 H02 数据 ASCII 码	反转 H04 数据 ASCII 码	停止 H00 数据 ASCII 码
变频器操作命令代码	H30	H30	H30
	H32	H34	H30
变频器校验数据代码	H34	H34	H34
	H39	H42	H37

五、编制 PLC 控制程序

根据控制要求编制生产线变频传动系统的 PLC 控制梯形图，如图 4—2—6 所示。

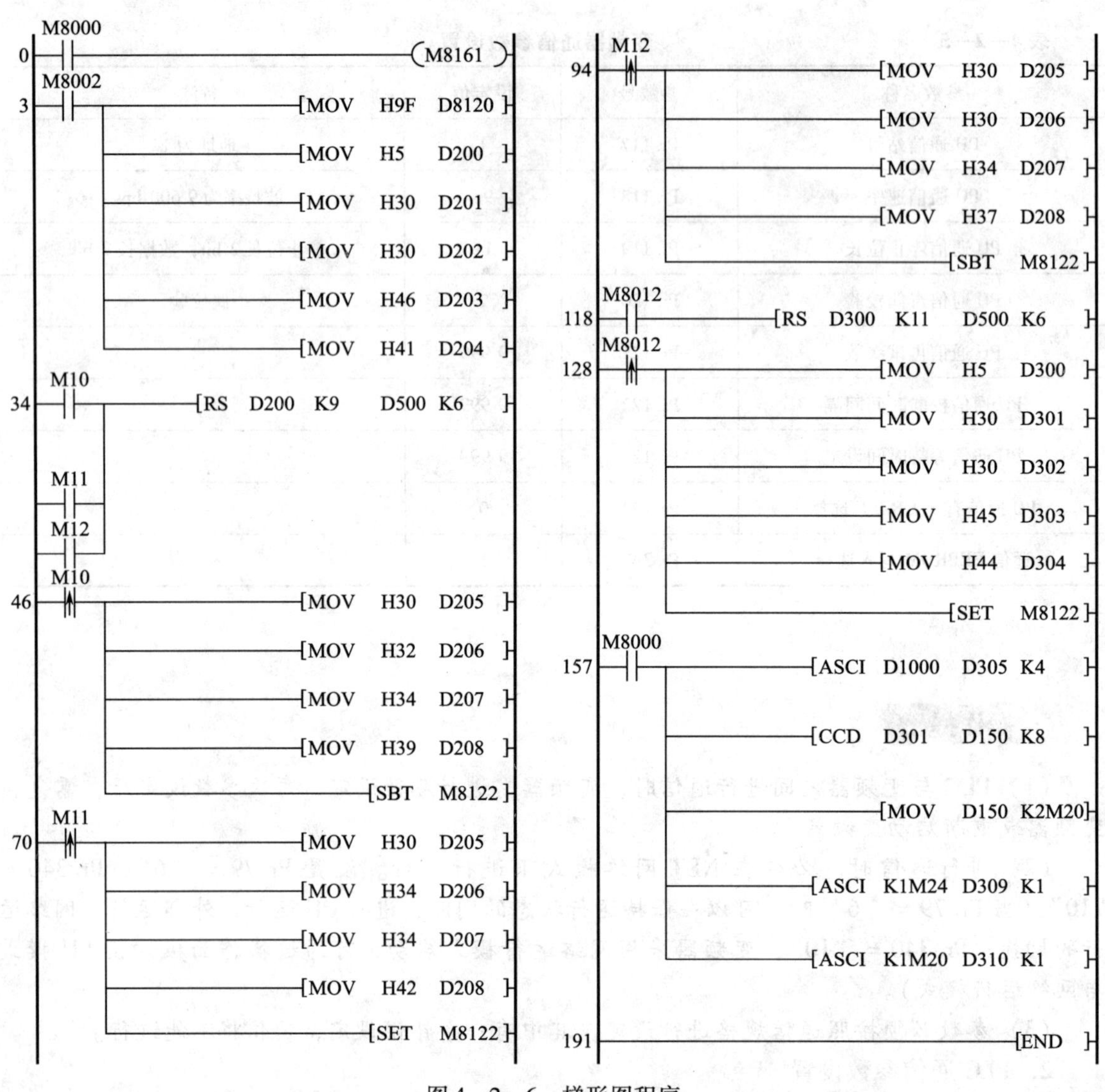

图 4—2—6　梯形图程序

六、联机调试

安装好控制系统的主电路和控制电路，设置好变频器的相应参数后，将编译成功的控制程序下载到 PLC 主机，并将 PLC 程序运行开关拨向“RUN”状态，然后进行联机调试。具体步骤见表 4—2—7。如出现故障，应立即切断电源，分析原因、检查电路或梯形图，排除故障后，方可进行重新调试，直到系统功能调试成功为止。

表 4—2—7　　　　**程序调试步骤及运行情况记录**

步骤	输入元件动作情况	变频器指示灯点亮情况			电动机运行状态
		RUN	MON	NET	
第一步	按下正转按钮				
第二步	按下反转按钮				

续表

步骤	输入元件动作情况	变频器指示灯点亮情况			电动机运行状态
		RUN	MON	NET	
第三步	按下高速按钮				
第四步	按下中速按钮				
第五步	按下低速按钮				
第六步	按下停止按钮				

任务测评

对任务实施的完成情况进行检查，并将结果填入表4—2—8。

表4—2—8　　任务测评表

序号	考核内容	考核要求	评分标准	配分	得分
1	电路设计	能根据项目要求，正确设计电路	（1）设计电路不正确，每处扣5分 （2）画图不符合标准，每处扣2分	10分	
2	参数设置	1. 正确设置变频器的基本参数 2. 正确设置通信模块参数	（1）参数设置错误，每处扣5分 （2）漏设参数，每处扣5分	30分	
3	接线	能正确使用工具及仪表，按照电路图准确地接线	（1）元件安装不符合要求，每处扣2分 （2）接线有违反电工手册相关规定的，每处扣2分	10分	
4	PLC编程	能根据项目要求，正确编制PLC控制程序	（1）程序编制不正确，扣5分 （2）不会上传、下载程序，扣5分	20分	
5	调试	能正确进行参数设置，现场调试变频器的运行	（1）不会修改参数，每处扣5分 （2）系统功能不正确，每处扣10分	30分	
6	安全文明生产	参照相关的法规，确保人身和设备安全	违反安全文明生产规程，扣5～10分		
备注			合计		
			教师签字：		

知识拓展

一、Modbus 协议

Modbus是Modicon公司为其PLC与主机之间的通信而发明的串行通信协议。其物理层采用 RS232、RS485 等异步串行标准。由于其开放性而被大量的 PLC 及 RTU 厂家采用。Modbus 通信方式采用主从方式的查询——相应机制，只有主站发出查询时，从站才能给出响应，从站不能主动发送数据。主站可以向某一个从站发出查询，也可以向所有从站广播信息。从站只响应单独发给它的查询，而不响应广播消息。Modbus 通信协议有两种传送模式：RTU 模式和 ASCII 模式。三菱 E700 系列变频器能够通过 RS－485 端子使用 MODBUS RTU 通信协议，进行通信运行和参数设定。

二、Modbus 协议通信举例

有一三菱 PLC 与三菱变频器通过 FX2N－485－BD 采用 Modbus 协议实现通信，两者之间通过数据线连接，具体接线参照图 4—2—2 和图 4—2—3。

1．三菱变频器参数设置

PLC 与变频器之间进行通信时，通信规格必须在变频器中进行设定（见表 4—2—9），每次参数初始化设定后，需复位变频器或重新启动变频器。

表 4—2—9　　通信规格设定

参数号	名称	设定值	说明
Pr331	通信站号	1	设定变频器站号为 1
Pr332	通信速度	96	设定通信速度为 9 600 bps
Pr334	奇偶校验停止位长	2	偶校验，停止位长 1 位
Pr539	通信校验时间	9 999	不进行通信校验
Pr549	协议选择	1	ModbusRTU 协议
Pr551	PU 模式操作权选择	2	PU 运行模式操作权为 PU 接口

要点提示

进行 Modbus RTU 协议通信时，Pr551 必须设置为“2”，Pr340 设置为除 0 以外的值，Pr79 设置为“0”“2”或“6”。通过 RS－485 端子进行 Modbus RTU 协议通信时，必须在 NET 网络模式下运行。

2．三菱 PLC 的设置

对通信格式 D8120 进行设置：D8120 设置值为“0C87”，即数据长度为 8 位，偶校验停止位 1 位，波特率 9 600 bps，无标题符和终结符。修改 D8120 设置后，确保重新启动 PLC 电源一次。

3．通信程序

采用 Modbus RTU 协议与变频器通信的部分 PLC 程序如图 4—2—7 所示。

4．程序说明

（1）当 X1 接通一次后，变频器进入正转状态。

```
      M8002
0  ───┤├───┬──────────────────────[MOV  H0C87  D8120]
           ├──────────────────────────[SET      M8161]
           └──────────────────────[ZRST D0     D300 ]
      M8000
13 ───┤├──────────────────[RS  D200  K8  D220  K8   ]
      X001
23 ───┤├───┬──────────────────────[MOV  H1     D200 ]
           ├──────────────────────[MOV  H6     D201 ]
           ├──────────────────────[MOV  H0     D202 ]
           ├──────────────────────[MOV  H8     D203 ]
           ├──────────────────────[MOV  H0     D204 ]
           ├──────────────────────[MOV  H2     D205 ]
           ├──────────────────────[MOV  K6     D3   ]
           ├──────────────────────────[CALL     P2  ]
           ├──────────────────────[MOV  D31    D206 ]
           └──────────────────────[MOV  D32    D207 ]
      X002
2  ───┤├──────────────────────────[MOV  H1     D200 ]
           ├──────────────────────[MOV  H6     D201 ]
           ├──────────────────────[MOV  H0     D202 ]
           ├──────────────────────[MOV  H0D    D203 ]
           ├──────────────────────[MOV  H1     D204 ]
           ├──────────────────────[MOV  H70    D205 ]
           ├──────────────────────[MOV  H6     D3   ]
           ├──────────────────────────[CALL     P2  ]
           ├──────────────────────[MOV  D31    D206 ]
   ────────┴──────────────────────[MOV  D32    D207 ]
```

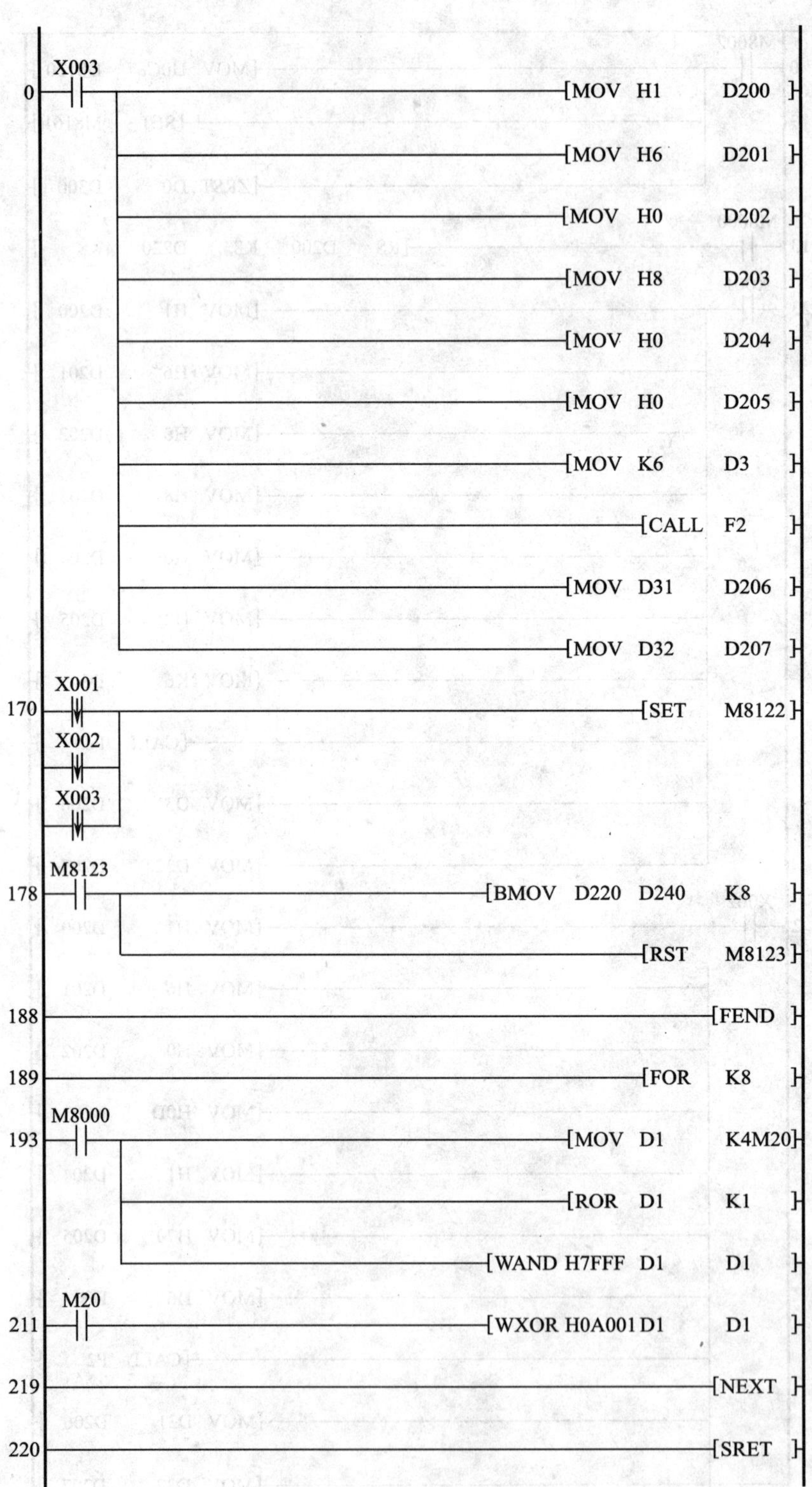
X003
0
MOV H1 D200
MOV H6 D201
MOV H0 D202
MOV H8 D203
MOV H0 D204
MOV H0 D205
MOV K6 D3
CALL F2
MOV D31 D206
MOV D32 D207
X001
170
SET M8122
X002
X003
M8123
178
BMOV D220 D240 K8
RST M8123
188
FEND
189
FOR K8
M8000
193
MOV D1 K4M20
ROR D1 K1
WAND H7FFF D1 D1
M20
211
WXOR H0A001 D1 D1
219
NEXT
220
SRET

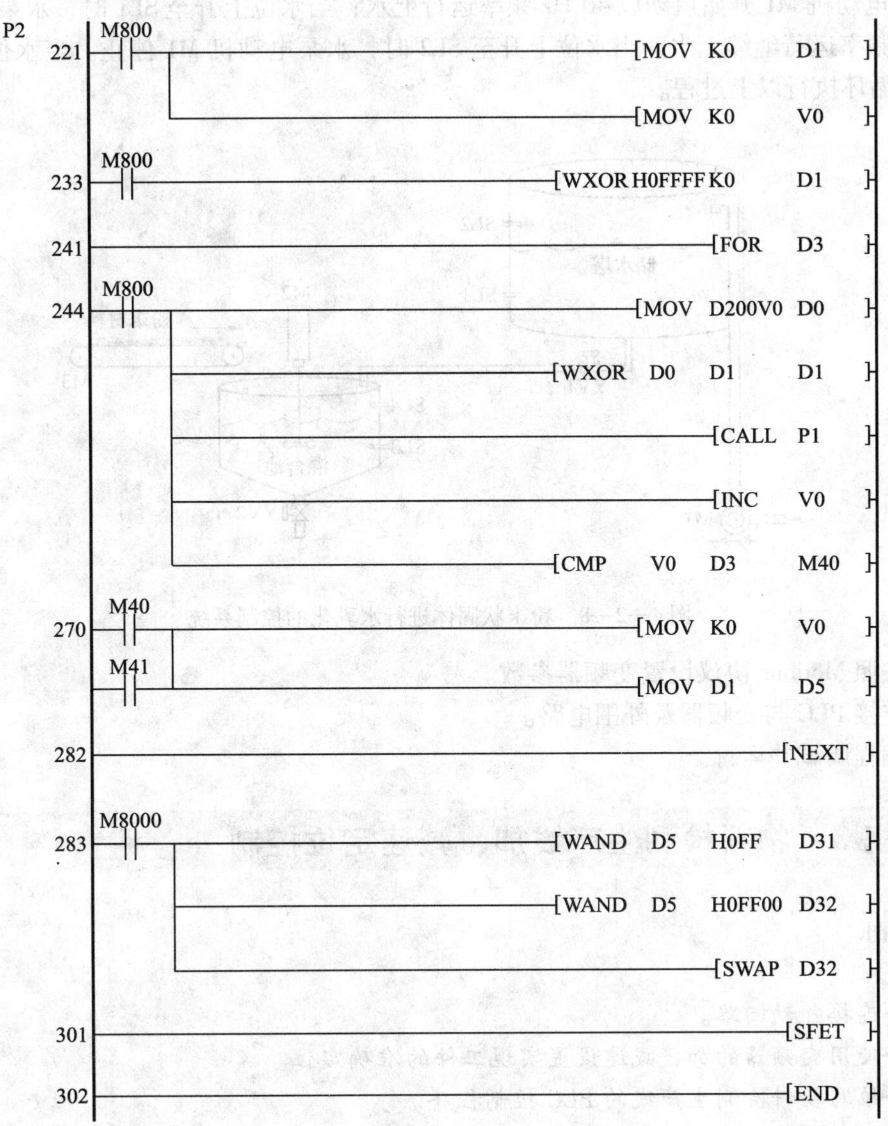

图 4—2—7 通信的 PLC 程序

（2）当 X2 接通一次后，写入变频器运行频率 60 Hz。

（3）当 X3 接通一次后，变频器进入停止状态。

当变频器指令地址为 0 时，为广播指令，所有从站变频器只接受 PLC 发出的指令，不向主机发送响应信息。

思考与练习

某化工厂有一套将粉末状固体进行水乳化的控制系统，如图 4—2—8 所示。由储水塔向混合池供水，储水塔中的水位控制方式为：当液位低于某一高度（液位传感器 SL1 为 OFF）时，水泵电动机 M1 开始启动以 40 Hz 频率运行上水；当水位上升至 SL1 时，水泵电动机 M1 以 30 Hz 频率运行继续上水，当水位上升至 SL2 时，水泵电动机 M1 停止。当水位再次低于 SL1 时，循环执行以上过程。

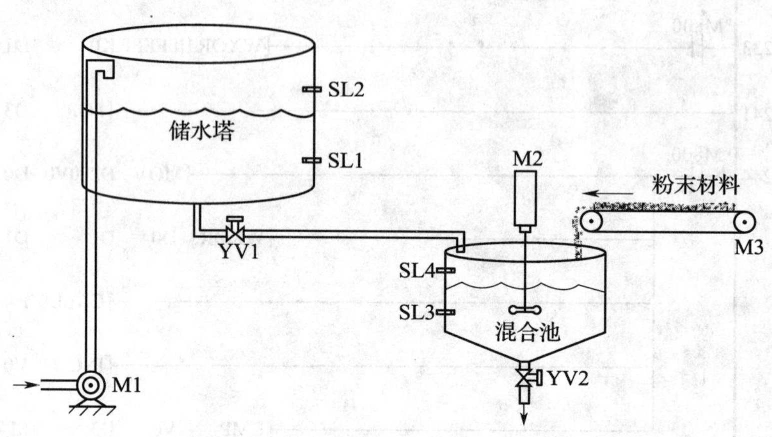

图 4—2—8 粉末状固体进行水乳化的控制系统

1. 按照 Modbus 协议设置变频器参数。
2. 连接 PLC 与变频器及外围电路。
3. 编程调试并运行。

任务 3 物料检测生产线加、减速定位控制

学习目标

1. 会连接气动回路。
2. 会使用变频器的加、减速设置实现工件的准确定位。
3. 会编写物料检测生产线的 PLC 控制程序。

工作任务

物料检测生产线装置如图 4—3—1 所示。当在传送带入料口处人工放下已装配的工件时，变频器延时 3 s 后启动，传动电动机以频率固定为 30 Hz 的速度运行，将工件传送到分拣区。如果工件为白色塑料件，则该工件到达 1 号滑槽中间，传送带停止，工件被推到 1 号槽中；如果工件为黑色塑料件，则该工件到达 2 号滑槽中间，传送带停止，工件被推到 2 号槽中；如果工件为金属件，则该工件到达 3 号滑槽中间，传送带停止，工件被推到 3 号槽中。工件被推出滑槽后，该工作单元的一个工作周期结束。仅当工件被推出滑槽后，才能再次向传送带下料。

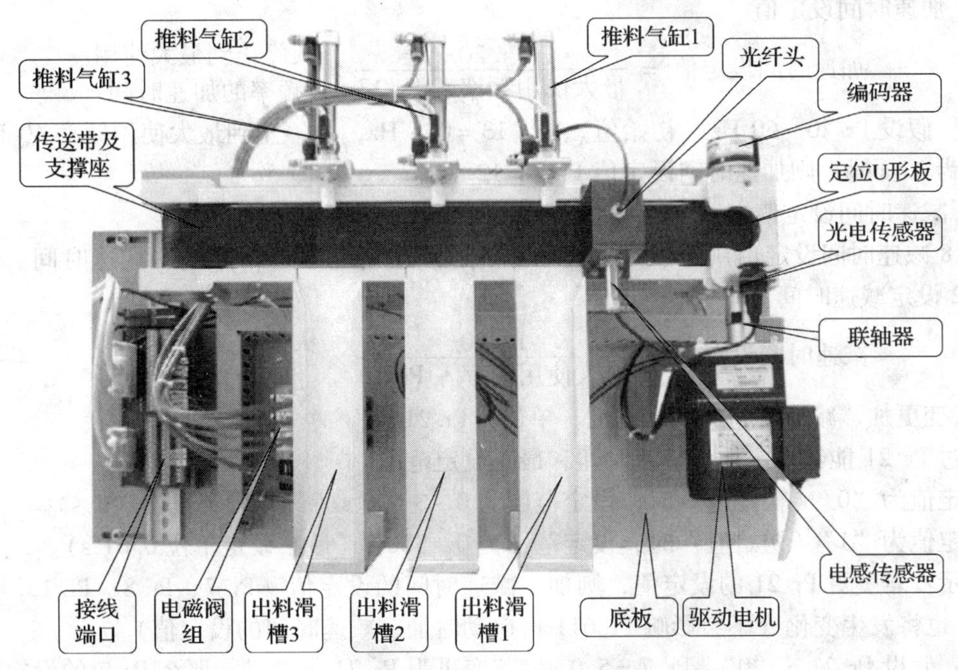

图 4—3—1 物料检测生产线装置

系统要求能够区分金属货物和塑料货物，以及能检测出白色和黑色，因此需要用到两种传感器，即光纤传感器和光电传感器。根据现有设备，用于判别工件材料颜色属性的传感器只需在传感器支架上安装一个电感传感器和一个光纤传感器，另一个光纤传感器可不使用。

相关知识

物料传送过程中，要能实现物料的分拣与准确入仓，则需工件准确地停止，实现定位。要想得到比较准确的位置，首先就要正确设置变频器的减速时间，使其在接收到停止信号后能够准确地停下来；传送中要有较快的响应速度，则需要合理地设置变频器的加速时间。

一、加速时间与减速时间

变频器加速时间是指变频器输出给电动机的频率从0加速到加、减速基准频率所用的时间。变频器减速时间是指变频器输出给电动机的频率从加、减速基准频率降至0时所用的时间（见图 4—3—2）。功能较强的变频器一般配置四组以上的加、减速时间参数供用户使用，在电动机的启动或停止阶段到底是哪一组加、减速时间参数起作用，取决于控制端子的状态。加、减速时间最长可设置为600 s，最短可设置为0 s。

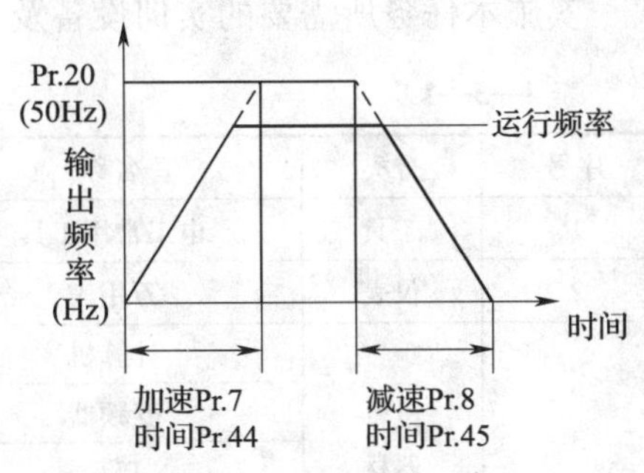

图 4—3—2 加速时间与减速时间

二、加、减速时间的设定

1．加速时间设定值

$$\text{加速时间设定值} = \frac{\text{Pr. 20}}{\text{最大使用频率} - \text{Pr. 13}} \times \begin{array}{c}\text{从停止到最大使用}\\\text{频率的加速时间}\end{array} \qquad (4\text{—}3\text{—}1)$$

例：假设 Pr. 20 =50 Hz（初始值）、Pr. 13 =0. 5 Hz，从停止到最大使用频率 40 Hz 的加速时间为 10 s 时，则加速时间设定值 Pr. 7 =12. 7 s。

2．减速时间设定值

Pr. 8 减速时间设定值用于设定从 Pr. 20 加、减速基准频率到停止的减速时间。通过式 4—3—2 设定减速时间。

$$\text{减速时间设定值} = \frac{\text{Pr. 20}}{\text{最大使用频率} - \text{Pr. 10}} \times \begin{array}{c}\text{从最大使用频率到}\\\text{停止的减速时间}\end{array} \qquad (4\text{—}3\text{—}2)$$

3．变更加、减速时间的设定范围、单位（Pr. 21）

通过 Pr. 21 能够设定加、减速时间和最小设定范围。

设定值为“0”（初始值）时，设定范围为 0 ~3 600 s（最小设定单位 0. 1 s）。

设定值为“1”（初始值）时，设定范围为 0 ~360 s（最小设定单位 0. 01 s）。

提示：若变更 Pr. 21 的设定值，则加、减速时间的设定值（Pr. 7、Pr. 8、Pr. 16、Pr. 44、Pr. 45）也将发生变化（不会影响 Pr. 611 再启动时加、减速时间的设定值）。

例：假设 Pr. 21 = “0”，Pr. 7 =5. 0 s，若变更为 Pr. 21 = “1”，那么 Pr. 7 的设定值将自动变更为 0. 5 s。

三、加、减速模式选择

加、减速模式选择又叫加、减速曲线选择。一般变频器有线性、非线性和 S 形三种曲线，由参数 Pr. 29 确定（Pr. 29 = “0”，直线加、减速；Pr. 29 = “1”，S 形曲线加、减速 A；Pr. 29 =2，S 形曲线加、减速 B）。通常大多选择线性曲线；S 形曲线加、减速 A 适用于变转矩负载，如风机等；S 形曲线加、减速 B 适用于恒转矩负载，其加、减速变化较为缓慢。设定时可根据负载转矩特性，选择相应曲线。本任务中应采用线性曲线。

任务实施

一、任务准备

实施本任务所需要的实训设备及工具材料见表 4—3—1。

表 4—3—1　　实训设备及工具材料

序号	分类	名称	型号规格	数量	备注
1	工具	电工常用工具	型号自定	1	
2	仪表	万用表	型号自定	1	
3	设备器材	计算机	已安装三菱 GX Developer 编程软件	1	
		变频器	三菱 FR – E740 系列	1	
		PLC	三菱 FX2N 系列	1	
		通信电缆	PLC 与变频器通信专用	1	

续表

序号	分类	名称	型号规格	数量	备注
3	设备器材	物料检测生产线装置		1	
		低压断路器	DZ47－60　3P　20 A	1	
		稳压电源	DC24 V	1	
		指示灯	AD16－22D DC24 V	2	
		安装配电盘 600 mm×900 mm		1	
4	耗材	连接导线		若干	

二、系统输入/输出地址分配

FR—E740 变频器数字多段速外部输入端口是 RH、RM 和 RL，通过设置变频器参数 Pr. 4～Pr. 6 来控制电动机的运行频率为高速、中速、低速运行（本任务可只用一种运行速度）。根据该物料传送单元确定 PLC 的 I/O 地址分配，见表 4—3—2。

表 4—3—2　　输入/输出地址分配表

输入信号			输出信号		
名称	元件代号	地址	名称	元件代号	地址
旋转编码器	SC0	X000	变频器正转启动	STF	Y001
落料传感器	SC1	X001	高速端子	RH	Y003
金属传感器	SC2	X002	1 号气缸	YV1	Y004
光纤传感器	SC3	X004	2 号气缸	YV2	Y005
1 号气缸伸出限位	B1	X005	3 号气缸	YV3	Y006
2 号气缸伸出限位	B2	X006			
3 号气缸伸出限位	B3	X007			

三、系统接线

1. 根据 PLC 输入、输出地址分配情况，绘制出 PLC、变频器外部接线图，如图 4—3—3 所示。

2. 连接气动回路。分拣单元的电磁阀组使用了 3 个由二位五通带手控开关的单电控电磁阀，它们安装在汇流板上。这 3 个阀分别对 3 个出料槽的推动气缸的气路进行控制，以改变各自的动作状态。气动控制回路的工作原理如图 4—3—4 所示。

四、设置变频器参数

为确保变频器运行的可靠性，一般在进行变频器参数设置前，先要对变频器进行复位，使各参数恢复为默认值，然后再设置变频器参数。该系统的变频器参数设置见表4—3—3。

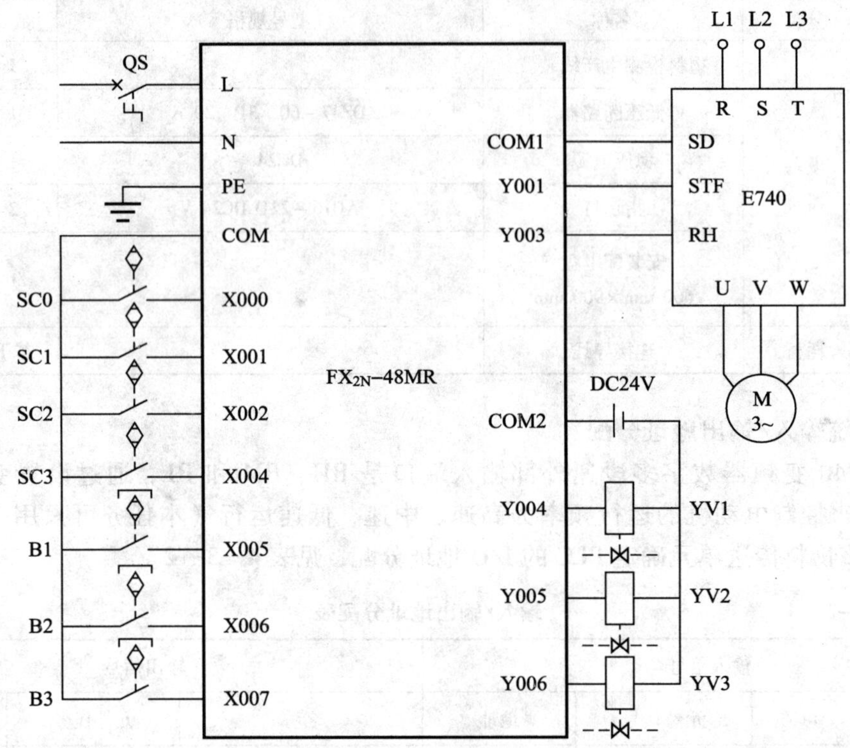

图 4—3—3　PLC、变频器外部接线图

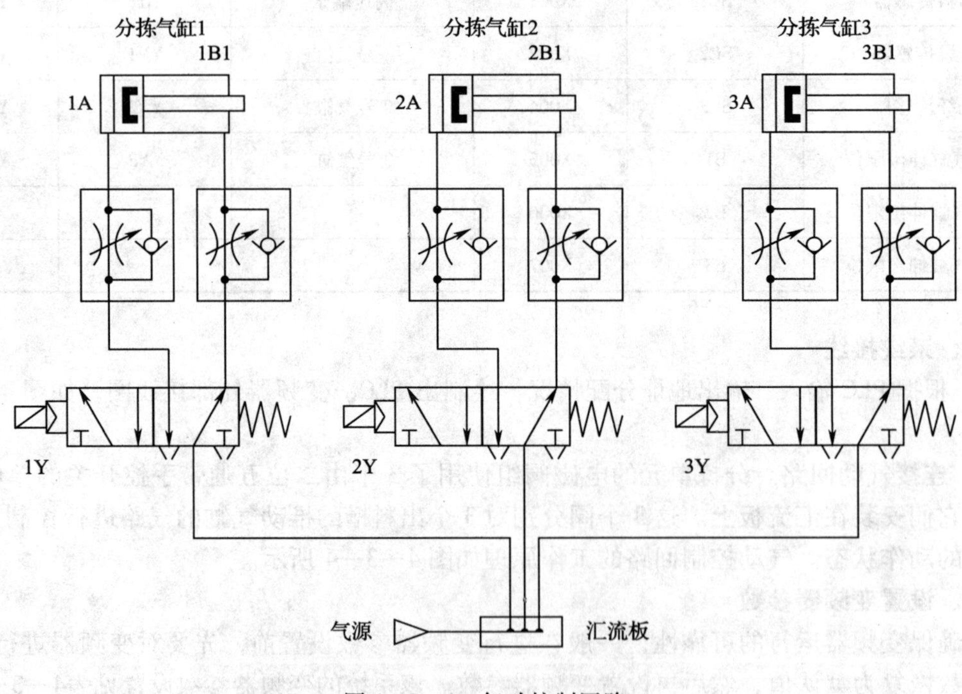

图 4—3—4　气动控制回路

表 4—3—3　　变频器参数设置

E700 变频器参数号	参数功能	参考值	设置值
Pr. 1	基准频率	0～120	50
Pr. 2	上限频率	0～120	60
Pr. 3	下限频率	0～120	0
Pr. 4	高速频率	0～120	30
Pr. 7	加速时间		
Pr. 8	减速时间		
Pr. 9	电子过流保护		1
Pr. 79	模式选择		2

变频器的加、减速时间通过实验的方法计算确定。减速时间计算，首先确定变频器从接到停止信号到准确停止在料槽的中心线处所需时间，然后代入式 4—3—2 计算。加速时间以此类推。

五、编制 PLC 控制程序

1．程序流程图

根据本任务的功能要求，程序控制流程如图 4—3—5 所示。

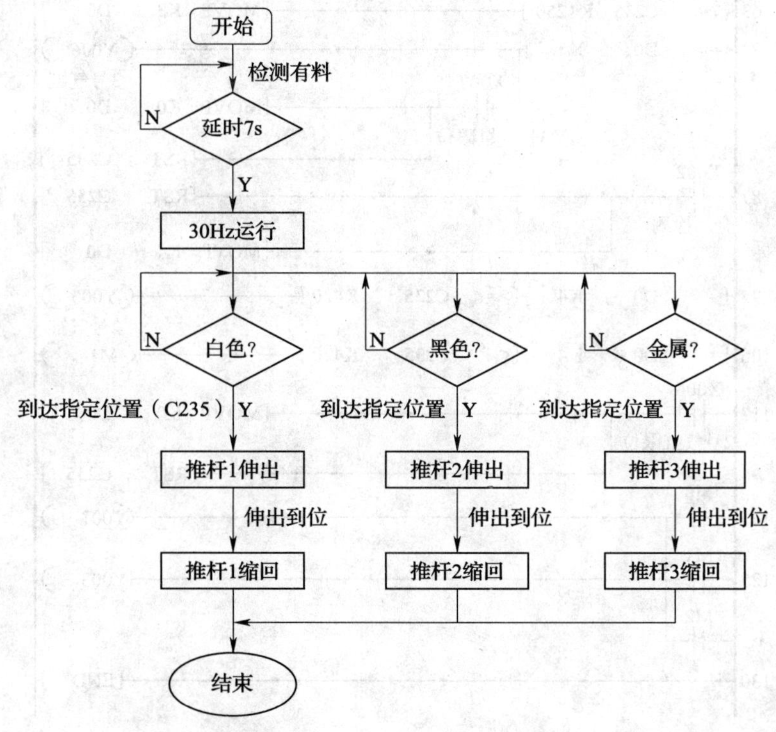

图 4—3—5　程序流程图

2．梯形图程序

根据程序流程图编制物料检测生产线控制系统的PLC程序，如图4—3—6所示。

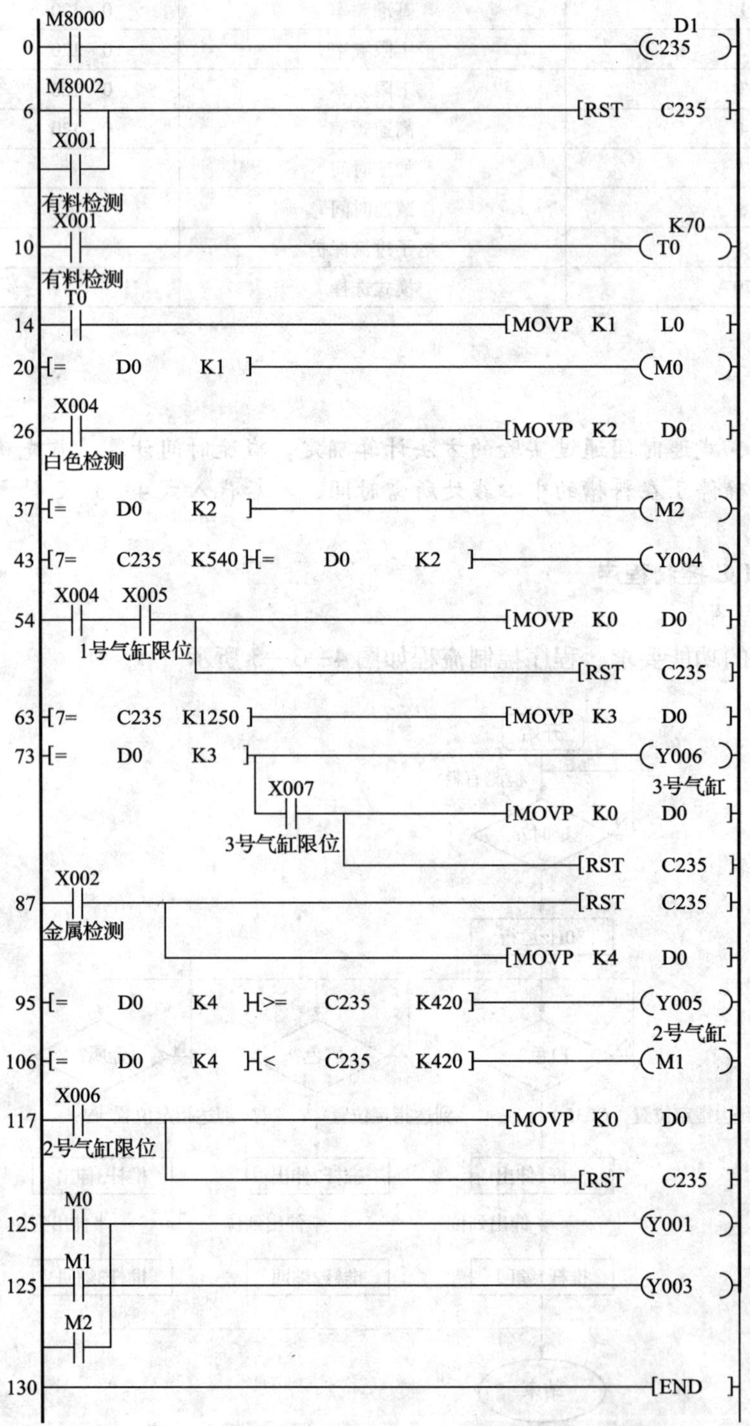

图4—3—6　PLC控制程序

六、联机调试

安装好控制系统的主电路和控制电路，设置好变频器的相应参数后，将编译成功的控制程序下载到PLC主机，并将PLC程序运行开关拨向“RUN”状态，然后进行联机调试，并将运行情况记录在表4—3—4中。如出现故障，应立即切断电源，分析原因、检查电路或梯形图，排除故障后，方可进行重新调试，直到系统功能调试成功为止。

表4—3—4　　运行情况记录表

步骤	输入元件动作情况	各气缸状态			电动机运行状态
		气缸1	气缸2	气缸3	
第一步	检测有料				
第二步	检测为白色				
第三步	检测为黑色				
第四步	检测为金属				

任务测评

对任务实施的完成情况进行检查，并将结果填入表4—3—5。

表4—3—5　　任务测评表

序号	考核内容	考核要求	评分标准	配分	得分
1	电路设计	能根据项目要求，正确设计电路	（1）设计电路不正确，每处扣5分 （2）画图不符合标准，每处扣2分	10分	
2	参数设置	1. 正确设置变频器的基本参数； 2. 正确计算设置加、减速时间参数	（1）参数设置错误，每处扣5分 （2）漏设参数，每处扣5分	30分	
3	接线	能正确使用工具及仪表，按照电路图准确地接线	（1）元件安装不符合要求，每处扣2分 （2）接线有违反电工手册相关规定的，每处扣2分	10分	
4	PLC编程	能根据项目要求，正确编制PLC控制程序	（1）程序编制不正确，扣5分 （2）不会上传、下载程序，扣5分	20分	
5	调试	能正确进行参数设置，现场调试变频器的运行	（1）不会修改参数，每处扣5分 （2）系统功能不正确，每处扣10分	30分	
6	安全文明生产	参照相关的法规，确保人身和设备安全	违反安全文明生产规程，扣5～10分		
备注			合计		
			教师签字：		

知识拓展

第二加、减速时间的设定主要涉及到 RT 信号及 Pr. 44、Pr. 45、Pr. 147 等参数。

具体如下：

1. 在 RT 信号为 ON 时，Pr. 44、Pr. 45 设定值有效（或输出频率超过 Pr. 147 的设定值时有效），在 RT 信号为 ON 之前为第一加速时间。

2. 如果 Pr. 45 设定为“9999”，减速时间和加速时间（Pr. 44）将相同。

3. RT 信号通过将 Pr. 178 ~ 184（输入端子功能选择）设定为“3”来进行功能的分配。

4. RT 信号为 OFF 时，可以通过 Pr. 147 自动切换加、减速时间。

Pr. 147 参数的设定含义见表 4—3—6。其参数功能如图 4—3—7 所示。

表 4—3—6　　Pr. 147 设定及含义

Pr. 147 设定值	加、减速时间	内容
9999（初始值）	Pr. 7、Pr. 8	无加、减速时间自动切换
0. 00 Hz	Pr. 44、Pr. 45	自启动时开始为第 2 加、减速时间
0. 01 Hz≤Pr. 147≤设定频率	输出频率 < Pr. 147：Pr. 7、Pr. 8 Pr. 147≤输出频率：Pr. 44、Pr. 45	加、减速时间自动切换动作 *
设定频率 < Pr. 147	Pr. 7、Pr. 8	由于未达到切换频率，因此无法切换

注：即使没有达到 Pr. 147 中设定的频率，因 RT 信号而发生切换时也会切换为第 2 加、减速时间。

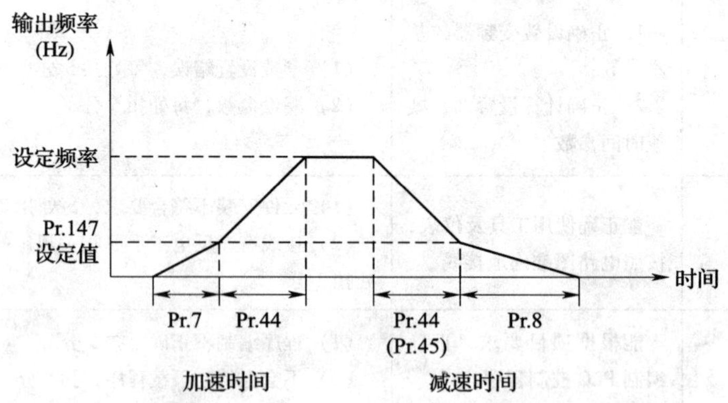

图 4—3—7　Pr. 147 参数功能图

思考与练习

如图 4—3—8 所示为一电镀流水线。工人在原位装好工件后按下启动按钮，卷扬电动机抱闸自动松开，卷扬电动机正转，吊篮上升，上升到位后卷扬电动机停止。同时卷扬电动机抱闸动作，进行制动。接着小车电动机抱闸松开，变频器控制小车按第一段速度向右运行，到达1#槽上方后，小车电动机停转。同时小车电动机抱闸动作，进行制动，然后卷扬电动机抱闸松开，卷扬电动机反转，吊篮下降，下降到位后卷扬电动机停止。同时卷扬电动机抱闸动作，进行制动。在1#槽停留1 min，然后卷扬电动机抱闸松开重复上述过程，其中1#槽位置至2#槽位置小车运行第二段速度，经过2#槽停留3 min；2#槽至3#槽运行第三段速度，经过3#槽停留1 min。当在3#槽上升到位后，变频器控制小车运行第四段速度直接回原位，小车向左运行3 s后切换成工频运行（切换时，要求变频先断开，1 s后才能接通工频运行）。重复卷扬电动机下降过程，工人卸下工件重新装上工件后进行下一次电镀。

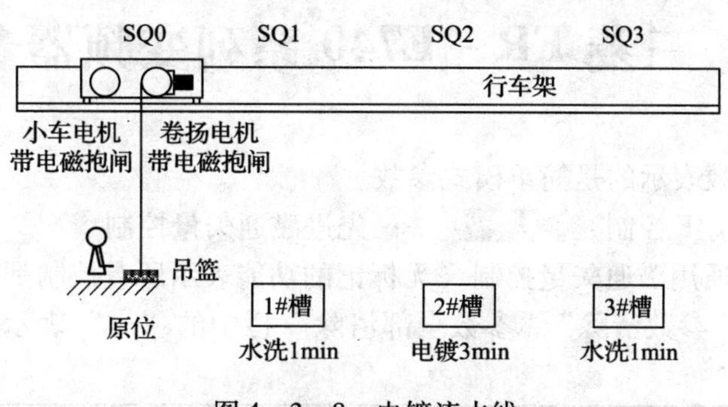

图4—3—8　电镀流水线

变频器控制小车电动机左、右行四段速（设置参数：第一段速为25 Hz，加速时间2 s；第二段速为35 Hz；第三段速为40 Hz；第四段速为50 Hz）。

使用外部按钮实现启动、停止控制，并显示工作状态。工作过程中，在按停止按钮前，指示灯HL1闪亮报警。按下停止按钮后指示灯HL1关闭，指示灯HL2亮，整个动作过程结束。为使吊篮处于电镀槽的中心位置入槽，要调整好传感器的位置，并合理设置加、减速参数。

附录

附录1　三菱 FR－E740 系列变频器参数一览表

· 有◎标记的参数表示的是简单模式参数。

· V/F ……V/F 控制、先进磁通 ……先进磁通矢量控制

· 通用磁通 ……通用磁通矢量控制（无标记的功能表示所有控制都有效。）

· “参数复制”“参数清除”“参数全部清除”栏中的“○”表示可以，“×”表示不可以。

功能	参数	关联参数	名称	单位	初始值	范围	内容	参数复制	参数清除	参数全部清除
手动转矩提升 V/F	0 ◎		转矩提升	0.1%	6/4/3% *	0～30%	0 Hz 时的输出电压以(%)设定 *根据容量不同而不同(6%：0.75 K 以下/4%：1.5 K～3.7 K/3%：5.5 K，7.5 K)	○	○	○
		46	第 2 转矩提升	0.1%	9999	0～30%	RT 信号为 ON 时的转矩提升	○	○	○
						9999	无第 2 转矩提升			
上、下限频率	1 ◎		上限频率	0.01 Hz	120 Hz	0～120 Hz	输出频率的上限	○	○	○
	2 ◎		下限频率	0.01 Hz	0 Hz	0～120 Hz	输出频率的下限	○	○	○
		18	高速上限频率	0.01 Hz	120 Hz	120～400 Hz	在 120 Hz 以上运行时设定	○	○	○
基准频率、电压 V/F	3 ◎		基准频率	0.01 Hz	50 Hz	0～400 Hz	电机的额定频率（50 Hz/60 Hz）	○	○	○
		19	基准频率电压	0.1 V	9999	0～1 000 V	基准电压	○	○	○
						8888	电源电压的 95%			
						9999	与电源电压一样			
		47	第 2V/F（基准频率）	0.01 Hz	9999	0～400 Hz	RT 信号为 ON 时的基准频率	○	○	○
						9999	第 2V/F 无效			

续表

功能	参数	关联参数	名称	单位	初始值	范围	内容	参数复制	参数清除	参数全部清除
通过多段速设定运行	4	◎	多段速设定（高速）	0.01 Hz	50 Hz	0～400 Hz	RH－ON 时的频率	○	○	○
	5	◎	多段速设定（中速）	0.01 Hz	30 Hz	0～400 Hz	RM－ON 时的频率	○	○	○
	6	◎	多段速设定（低速）	0.01 Hz	10 Hz	0～400 Hz	RL－ON 时的频率	○	○	○
		24～27	多段速设定（4～7 速）	0.01 Hz	9999	0～400 Hz 9999	可以用 RH、RM、RL、REX 信号的组合来设定 4～15 速的频率 9999：不选择	○	○	○
		232～239	多段速设定（8～15 速）	0.01 Hz	9999	0～400 Hz 9999		○	○	○
	7	◎	加速时间	0.1/0.01 s	5/10 s*	0～3 600/360 s	电机加速时间 *根据变频器容量不同而不同 (3.7 K 以下/5.5 K、7.5 K)	○	○	○
加、减速时间的设定	8	◎	减速时间	0.1/0.01 s	5/10 s*	0～3 600/360 s	电机减速时间 *根据变频器容量不同而不同。(3.7 K 以下/5.5 K、7.5 K)	○	○	○
		20	加、减速基准频率	0.01 Hz	50 Hz	1～400 Hz	成为加、减速时间基准的频率 加、减速时间在停止～Pr. 20 间的频率变化时间	○	○	○
		21	加、减速时间单位	1	0	0	单位：0.1 s 范围：0～3 600 s（可以改变加、减速时间的设定单位与设定范围）	○	○	○
						1	单位：0.01 s 范围：0～360 s			
		44	第 2 加、减速时间	0.1/0.01 s	5/10 s*	0～3 600/360 s	RT 信号为 ON 时加、减速时间 *根据变频器容量不同而不同。(3.7 K 以下/5.5 K、7.5 K)	○	○	○
		45	第 2 减速时间	0.1/0.01 s	9999	0～3 600/360 s	RT 信号为 ON 时的减速时间	○	○	○
						9999	加速时间＝减速时间			
		147	加、减速时间切换频率	0.01 Hz	9999	0～400 Hz	Pr. 44、Pr. 45 的加、减速时间的自动切换为有效的频率	○	○	○
						9999	无功能			

续表

功能	参数	关联参数	名称	单位	初始值	范围	内容	参数复制	参数清除	参数全部清除
电机的过热保护（电子过电流保护）	9 ◎		电子过电流保护	0.01 A	变频器额定电流＊	0～500 A	设定电机的额定电流 ＊对于 0.75 K 以下的产品，应设定为变频器额定电流的85%	○	○	○
		51	第 2 电子过电流保护	0.01 A	9999	0～500 A	RT 信号为 ON 时有效 设定电机的额定电流	○	○	○
						9999	第 2 电子过电流保护无效			
直流制动预备励磁	10		直流制动动作频率	0.01 Hz	3 Hz	0～120 Hz	直流制动的动作频率	○	○	○
	11		直流制动动作时间	0.1 s	0.5 s	0	无直流制动	○	○	○
						0.1～10 s	直流制动的动作时间			
	12		直流制动动作电压	0.1%	4%	0	无直流制动	○	○	○
						0.1～30%	直流制动电压（转矩）			
启动频率	13		启动频率	0.01 Hz	0.5 Hz	0～60 Hz	启动时频率	○	○	○
		571	启动时维持时间	0.1s	9999	0.0～10.0 s	Pr. 13 启动频率的维持时间	○	○	○
						9999	启动时的维持功能无效			
适合用途的V/F 曲线 V/F	14		适用负载选择	1	0	0	用于恒转矩负载	○	○	○
						1	用于低转矩负载			
						2	恒转矩升降用：反转时提升0%			
						3	恒转矩升降用：正转时提升0%			
点动运行	15		点动频率	0.01 Hz	5 Hz	0～400 Hz	点动运行时的频率	○	○	○
	16		点动加、减速时间	0.1/0.01 s	0.5 s	0～3 600/360 s	点动运行时的加、减速时间 加、减速时间是指加、减速到 Pr. 20 加、减速基准频率中设定的频率（初始值为50 Hz）的时间 加、减速时间不能分别设定	○	○	○
输出停止信号（MRS）的逻辑选择	17		MRS 输入选择	1	0	0	常开输入	○	○	○
						2	常闭输入（b 接点输入规格）			
						4	外部端子：常闭输入（b 接点输入规格） 通信：常开输入			

续表

<table>
<tr><th rowspan="2">功能</th><th colspan="2">参数</th><th rowspan="2">名称</th><th rowspan="2">单位</th><th rowspan="2">初始值</th><th rowspan="2">范围</th><th rowspan="2">内容</th><th rowspan="2">参数复制</th><th rowspan="2">参数清除</th><th rowspan="2">参数全部清除</th></tr>
<tr><th></th><th>关联参数</th></tr>
<tr><td rowspan="3">——</td><td colspan="2">18</td><td colspan="8">请参照 Pr. 1、Pr. 2</td></tr>
<tr><td colspan="2">19</td><td colspan="8">请参照 Pr. 3</td></tr>
<tr><td colspan="2">20、21</td><td colspan="8">请参照 Pr. 7、Pr. 8</td></tr>
<tr><td rowspan="14">失速防止动作</td><td colspan="2" rowspan="2">22</td><td rowspan="2">失速防止动作水平</td><td rowspan="2">0.1%</td><td rowspan="2">150%</td><td>0</td><td>失速防止动作无效</td><td rowspan="2">○</td><td rowspan="2">○</td><td rowspan="2">○</td></tr>
<tr><td>0.1～200%</td><td>失速防止动作开始的电流值</td></tr>
<tr><td colspan="2" rowspan="2">23</td><td rowspan="2">倍速时失速防止动作水平补偿系数</td><td rowspan="2">0.1%</td><td rowspan="2">9999</td><td>0～200%</td><td>可降低额定频率以上的高速运行时的失速动作水平</td><td rowspan="2">○</td><td rowspan="2">○</td><td rowspan="2">○</td></tr>
<tr><td>9999</td><td>一律 Pr. 22</td></tr>
<tr><td rowspan="10"></td><td rowspan="3">48</td><td rowspan="3">第 2 失速防止动作水平</td><td rowspan="3">0.1%</td><td rowspan="3">9999</td><td>0</td><td>第 2 失速防止动作无效</td><td rowspan="3">○</td><td rowspan="3">○</td><td rowspan="3">○</td></tr>
<tr><td>0.1～200%</td><td>第 2 失速防止动作水平</td></tr>
<tr><td>9999</td><td>与 Pr. 22 同一水平</td></tr>
<tr><td>66</td><td>失速防止动作水平降低开始频率</td><td>0.01 Hz</td><td>50 Hz</td><td>0～400 Hz</td><td>失速动作水平开始降低时的频率</td><td>○</td><td>○</td><td>○</td></tr>
<tr><td>156</td><td>失速防止动作选择</td><td>1</td><td>0</td><td>0～31
100、101</td><td>根据加、减速的状态选择是否防止失速</td><td>○</td><td>○</td><td>○</td></tr>
<tr><td rowspan="2">157</td><td rowspan="2">0L 信号输出延时</td><td rowspan="2">0.1 s</td><td rowspan="2">0 s</td><td>0～25 s</td><td>失速防止动作时输出的 OL 信号开始输出的时间</td><td rowspan="2">○</td><td rowspan="2">○</td><td rowspan="2">○</td></tr>
<tr><td>9999</td><td>无 OL 信号输出</td></tr>
<tr><td rowspan="2">277</td><td rowspan="2">失速防止电流切换</td><td rowspan="2">1</td><td rowspan="2">0</td><td>0</td><td>输出电流超过限制水平时，通过限制输出频率来限制电流
限制水平以变频器额定电流为基准</td><td rowspan="2">○</td><td rowspan="2">○</td><td rowspan="2">○</td></tr>
<tr><td>1</td><td>输出转矩超过限制水平时，通过限制输出频率来限制转矩
限制水平以电机额定转矩为基准</td></tr>
<tr><td colspan="8"></td></tr>
<tr><td>——</td><td colspan="2">24～27</td><td colspan="8">请参照 Pr. 4～Pr. 6</td></tr>
<tr><td rowspan="3">加、减速曲线</td><td colspan="2" rowspan="3">29</td><td rowspan="3">加、减曲线选择</td><td rowspan="3">1</td><td rowspan="3">0</td><td>0</td><td>直线加、减速</td><td rowspan="3">○</td><td rowspan="3">○</td><td rowspan="3">○</td></tr>
<tr><td>1</td><td>S 形曲线加、减速 A</td></tr>
<tr><td>2</td><td>S 形曲线加、减速 B</td></tr>
</table>

续表

<table>
<tr><th rowspan="2">功能</th><th colspan="2">参数</th><th rowspan="2">名称</th><th rowspan="2">单位</th><th rowspan="2">初始值</th><th rowspan="2">范围</th><th rowspan="2">内容</th><th rowspan="2">参数复制</th><th rowspan="2">参数清除</th><th rowspan="2">参数全部清除</th></tr>
<tr><th></th><th>关联参数</th></tr>
<tr><td rowspan="4">再生单元的选择</td><td rowspan="3" colspan="2">30</td><td rowspan="3">再生制动功能选择</td><td rowspan="3">1</td><td rowspan="3">0</td><td>0</td><td>无再生功能
制动单元（FR－BU2）、
高功率因数变流器（FR－HC）、
电源再生共通变流器（FR－CV）</td><td rowspan="3">○</td><td rowspan="3">○</td><td rowspan="3">○</td></tr>
<tr><td>1</td><td>高频度用制动电阻器（FR－ABR）</td></tr>
<tr><td>2</td><td>高功率因数变流器（FR－HC）
（选择瞬时停电再启动时）</td></tr>
<tr><td></td><td>70</td><td>特殊再生制动使用率</td><td>0.1%</td><td>0%</td><td>0～30%</td><td>使用高频度用制动电阻器（FR－ABR）时的制动器使用率</td><td>○</td><td>○</td><td>○</td></tr>
<tr><td rowspan="6">避免机械共振点（频率跳变）</td><td colspan="2">31</td><td>频率跳变1A</td><td>0.01 Hz</td><td>9999</td><td>0～400 Hz、9999</td><td rowspan="6">1A～1B、2A～2B、3A～3B跳变时的频率
9999：功能无效</td><td>○</td><td>○</td><td>○</td></tr>
<tr><td colspan="2">32</td><td>频率跳变1B</td><td>0.01 Hz</td><td>9999</td><td>0～400 Hz、9999</td><td>○</td><td>○</td><td>○</td></tr>
<tr><td colspan="2">33</td><td>频率跳变2A</td><td>0.01 Hz</td><td>9999</td><td>0～400 Hz、9999</td><td>○</td><td>○</td><td>○</td></tr>
<tr><td colspan="2">34</td><td>频率跳变2B</td><td>0.01 Hz</td><td>9999</td><td>0～400 Hz、9999</td><td>○</td><td>○</td><td>○</td></tr>
<tr><td colspan="2">35</td><td>频率跳变3A</td><td>0.01 Hz</td><td>9999</td><td>0～400 Hz、9999</td><td>○</td><td>○</td><td>○</td></tr>
<tr><td colspan="2">36</td><td>频率跳变3B</td><td>0.01 Hz</td><td>9999</td><td>0～400 Hz、9999</td><td>○</td><td>○</td><td>○</td></tr>
<tr><td rowspan="2">转速显示</td><td rowspan="2" colspan="2">37</td><td rowspan="2">转速显示</td><td rowspan="2">0.001</td><td rowspan="2">0</td><td>0</td><td>频率的显示及设定</td><td rowspan="2">○</td><td rowspan="2">○</td><td rowspan="2">○</td></tr>
<tr><td>0.01～9 998</td><td>50 Hz运行时的机械速度</td></tr>
<tr><td rowspan="2">RUN键旋转方向的选择</td><td rowspan="2" colspan="2">40</td><td rowspan="2">RUN键旋转方向的选择</td><td rowspan="2">1</td><td rowspan="2">0</td><td>0</td><td>正转</td><td rowspan="2">○</td><td rowspan="2">○</td><td rowspan="2">○</td></tr>
<tr><td>1</td><td>反转</td></tr>
<tr><td rowspan="4">输出频率和电机转数的检测（SU、FU信号）</td><td colspan="2">41</td><td>频率到达动作范围</td><td>0.1%</td><td>1%</td><td>0～100%</td><td>SU信号为ON时的水平</td><td>○</td><td>○</td><td>○</td></tr>
<tr><td colspan="2">42</td><td>输出频率检测</td><td>0.01 Hz</td><td>6 Hz</td><td>0～400 Hz</td><td>FU信号为ON时的频率</td><td>○</td><td>○</td><td>○</td></tr>
<tr><td rowspan="2" colspan="2">43</td><td rowspan="2">反转时输出频率检测</td><td rowspan="2">0.01 Hz</td><td rowspan="2">9999</td><td>0～400 Hz</td><td>反转时FU信号为ON时的频率</td><td rowspan="2">○</td><td rowspan="2">○</td><td rowspan="2">○</td></tr>
<tr><td>9999</td><td>与Pr. 42的设定值一致</td></tr>
</table>

续表

功能	参数（关联参数）	名称	单位	初始值	范围	内容	参数复制	参数清除	参数全部清除
——	44、45	请参照 Pr. 7、Pr. 8							
	46	请参照 Pr. 0							
	47	请参照 Pr. 3							
	48	请参照 Pr. 22							
	51	请参照 Pr. 9							
DU/PU 监视内容的变更 累计监视值的清除	52	DU/PU 主显示数据选择	1	0	0，5、7～12、14、20、23～25、52～57、61、62、100	选择操作面板和参数单元所显示的监视器、输出到端子 AM 的监视器 0：输出频率（Pr. 52） 1：输出频率（Pr. 158） 2：输出电流（Pr. 158） 3：输出电压（Pr. 158） 5：频率设定值 7：电动机转矩 8：变流器输出电压 9：再生制动器使用率 10：电子过电流保护负载率 11：输出电流峰值 12：变流器输出电压峰值 14：输出电力 20：累计通电时间（Pr. 52） 21：基准电压输出（Pr. 158） 23：实际运行时间（Pr. 52） 24：电动机负载率 25：累计电力（Pr. 52） 52：PID 目标值 53：PID 测量值 54：PID 偏差（Pr. 52） 55：输入/输出端子状态（Pr. 52） 56：选件输入端子状态（Pr. 52） 57：选件输出端子状态（Pr. 52） 61：电动机过电流保护负载率 62：变频器过电流保护负载率 100：停止中设定频率、运行中输出频率（Pr. 52）	○	○	○
	158	AM 端子功能选择	1	1	1～3、5、7～12、14、21、24、52、53、61、62		○	○	○

续表

功能	参数	关联参数	名称	单位	初始值	范围	内容	参数复制	参数清除	参数全部清除
DU/PU监视内容的变更 累计监视值的清除	170		累计电度表清零	1	9999	0	累计电度表监视器清零时设定为“0”	○	×	○
						10	通信监视情况下的上限值在0～9999 kWh范围内设定			
						9999	通信监视情况下的上限值在0～65 535 kWh范围内设定			
	171		实际运行时间清零	1	9999	0、9999	运行时间监视器清零时设定为“0” 设定为9999时不会清零	×	×	×
	268		监视器小数位选择	1	9999	0	用整数值显示	○	○	○
						1	显示到小数点下1位			
						9999	无功能			
	563		累计通电时间次数	1	0	（0～65 535）	通电时间监视器显示超过65 535 h后的次数（仅读取）	×	×	×
	564		累计运转时间次数	1	0	（0～65 535）	运行时间监视器显示超过65 535 h后的次数（仅读取）	×	×	×
从端子AM输出的监视基准	55		频率监视基准	0.01 Hz	50 Hz	0～400 Hz	输出频率监视值输出到端子AM时的最大值	○	○	○
	56		电流监视基准	0.01A	变频器额定电流	0～500 A	输出电流监视值输出到端子AM时的最大值	○	○	○
瞬时停电再启动动作/非强制驱动功能（高速起步）	57		再启动自由运行时间	0.1 s	9999	0	1.5 K以下……. 1 s 2.2～7.5 K…. 2 s 的自由运行时间	○	○	○
						0.1～5 s	瞬时停电到复电后由变频器引导再启动的等待时间			
						9999	不进行再启动			

续表

<table>
<tr><th rowspan="2">功能</th><th colspan="2">参数</th><th rowspan="2">名称</th><th rowspan="2">单位</th><th rowspan="2">初始值</th><th rowspan="2">范围</th><th rowspan="2" colspan="2">内容</th><th rowspan="2">参数复制</th><th rowspan="2">参数清除</th><th rowspan="2">参数全部清除</th></tr>
<tr><th></th><th>关联参数</th></tr>
<tr><td rowspan="15">瞬时停电再启动动作/非强制驱动功能（高速起步）</td><td>58</td><td></td><td>再启动上升时间</td><td>0.1 s</td><td>1 s</td><td>0～60 s</td><td colspan="2">再启动时的电压上升时间</td><td>○</td><td>○</td><td>○</td></tr>
<tr><td rowspan="14"></td><td rowspan="2">30</td><td rowspan="2">再生制动功能选择</td><td rowspan="2">1</td><td rowspan="2">0</td><td>0、1</td><td colspan="2">MRS （X10） - ON→OFF 时、由启动频率启动</td><td rowspan="2">○</td><td rowspan="2">○</td><td rowspan="2">○</td></tr>
<tr><td>2</td><td colspan="2">MRS （X10） - ON→OFF 时、再启动动作</td></tr>
<tr><td rowspan="4">162</td><td rowspan="4">瞬时停电再启动动作选择</td><td rowspan="4">1</td><td rowspan="4">1</td><td>0</td><td>有频率搜索</td><td rowspan="4">使用频率搜索时，对接线长度有限制</td><td rowspan="4">○</td><td rowspan="4">○</td><td rowspan="4">○</td></tr>
<tr><td>1</td><td>无频率搜索（减电压方式）</td></tr>
<tr><td>10</td><td>每次启动时频率搜索</td></tr>
<tr><td>11</td><td>每次启动时的减电压方式</td></tr>
<tr><td>165</td><td>再启动失速防止动作水平</td><td>0.1%</td><td>150%</td><td>0～200%</td><td colspan="2">将变频器额定电流设为100%，设定再启动动作时的失速防止动作水平</td><td>○</td><td>○</td><td>○</td></tr>
<tr><td rowspan="2">298</td><td rowspan="2">频率搜索增益</td><td rowspan="2">1</td><td rowspan="2">9999</td><td>0～32 767</td><td colspan="2">通过 V/F 控制实施了离线自动调谐时，将设定电机常数（R1）以及瞬时停电再启动的频率搜索所必须的频率搜索增益</td><td rowspan="2">○</td><td rowspan="2">×</td><td rowspan="2">○</td></tr>
<tr><td>9999</td><td colspan="2">使用三菱电机（SF－JR、SF－HRCA）常数</td></tr>
<tr><td rowspan="3">299</td><td rowspan="3">再启动时的旋转方向检测选择</td><td rowspan="3">1</td><td rowspan="3">0</td><td>0</td><td colspan="2">无旋转方向检测</td><td rowspan="3">○</td><td rowspan="3">○</td><td rowspan="3">○</td></tr>
<tr><td>1</td><td colspan="2">有旋转方向检测</td></tr>
<tr><td>9999</td><td colspan="2">Pr. 78 = “0” 时，有旋转方向检测
Pr. 78 = “1” “2” 时，无旋转方向检测</td></tr>
<tr><td rowspan="2">611</td><td rowspan="2">再启动时的加速时间</td><td rowspan="2">0.1 s</td><td rowspan="2">9999</td><td>0～3 600 s</td><td colspan="2">再启动时到达设定频率的加速时间</td><td rowspan="2">○</td><td rowspan="2">○</td><td rowspan="2">○</td></tr>
<tr><td>9999</td><td colspan="2">再启动时的加速时间为通常的加速时间（Pr. 7 等）</td></tr>
</table>

续表

功能	参数	关联参数	名称	单位	初始值	范围	内容		参数复制	参数清除	参数全部清除
遥控设定功能	59		遥控功能选择	1	0	0	RH、RM、RL信号功能	频率设定记忆功能	○	○	○
							多段速设定	—			
						1	遥控设定	有			
						2	遥控设定	无			
						3	遥控设定	无（用STF/STR - OFF来清除遥控设定频率）			
节能控制选择 V/F	60		节能控制选择	1	0	0	通常运行模式		○	○	○
						9	最佳励磁控制模式				
自动加、减速	61		基准电流	0.01 A	9999	0~500 A	以设定值（电机额定电流）为基准		○	○	○
						9999	以变频器额定电流为基准				
	62		加速时基准值	1%	9999	0~200%	以设定值为限制值		○	○	○
						9999	以150%为限制值				
	63		减速时基准值	1%	9999	0~200%	以设定值为限制值		○	○	○
						9999	以150%为限制值				
		292	自动加、减速	1	0	0	通常模式		○	○	○
						1	最短加、减速模式	无制动器			
						11	最短加、减速模式	有制动器			
						7	制动器顺控模式1				
						8	制动器顺控模式2				
		293	加、减速个别动作选择模式	1	0	0	对于最短加、减速模式的加速、减速均计算加、减速时间		○	○	○
						1	仅对最短加、减速模式的加速时间进行计算				
						2	仅对最短加、减速模式的减速时间进行计算				

续表

<table>
<tr><th rowspan="2">功能</th><th colspan="2">参数</th><th rowspan="2">名称</th><th rowspan="2">单位</th><th rowspan="2">初始值</th><th rowspan="2">范围</th><th rowspan="2" colspan="2">内容</th><th rowspan="2">参数复制</th><th rowspan="2">参数清除</th><th rowspan="2">参数全部清除</th></tr>
<tr><th></th><th>关联参数</th></tr>
<tr><td rowspan="6">报警发生时的再试功能</td><td colspan="2">65</td><td>再试选择</td><td>1</td><td>0</td><td>0~5</td><td colspan="2">再试报警的选择</td><td>○</td><td>○</td><td>○</td></tr>
<tr><td rowspan="5"></td><td rowspan="3">67</td><td rowspan="3">报警发生时的再试次数</td><td rowspan="3">1</td><td rowspan="3">0</td><td>0</td><td colspan="2">无再试动作</td><td rowspan="3">○</td><td rowspan="3">○</td><td rowspan="3">○</td></tr>
<tr><td>1~10</td><td colspan="2">报警发生时的再试次数
再试动作中不进行异常输出</td></tr>
<tr><td>101~110</td><td colspan="2">报警发生时的再试次数（设定值-100为再试次数）
再试动作中进行异常输出</td></tr>
<tr><td>68</td><td>再试等待时间</td><td>0.1 s</td><td>1 s</td><td>0.1~360 s</td><td colspan="2">报警发生到再试之间的等待时间</td><td>○</td><td>○</td><td>○</td></tr>
<tr><td>69</td><td>再试次数显示和消除</td><td>1</td><td>0</td><td>0</td><td colspan="2">消除再试后再启动成功的次数</td><td>○</td><td>○</td><td>○</td></tr>
<tr><td rowspan="3">——</td><td colspan="2">66</td><td colspan="9">请参照 Pr.22、Pr.23</td></tr>
<tr><td colspan="2">67~69</td><td colspan="9">请参照 Pr.65</td></tr>
<tr><td colspan="2">70</td><td colspan="9">请参照 Pr.30</td></tr>
<tr><td rowspan="9">电机的选择（适用电机）</td><td colspan="2" rowspan="9">71</td><td rowspan="9">适用电机</td><td rowspan="9">1</td><td rowspan="9">0</td><td>0</td><td colspan="2">适合标准电机的热特性</td><td rowspan="9">○</td><td rowspan="9">○</td><td rowspan="9">○</td></tr>
<tr><td>1</td><td colspan="2">适合三菱恒转矩电机的热特性</td></tr>
<tr><td>40</td><td colspan="2">三菱高效率电机（SF-HR）的热特性</td></tr>
<tr><td>50</td><td colspan="2">三菱恒转矩电机（SF-HRCA）的热特性</td></tr>
<tr><td>3</td><td>标准电机</td><td rowspan="5">选择“离线自动调谐设定”</td></tr>
<tr><td>13</td><td>恒转矩电机</td></tr>
<tr><td>23</td><td>三菱标准电机（SF-JR 4P 1.5 kW 以下）</td></tr>
<tr><td>43</td><td>三菱高效率电机（SF-HR）</td></tr>
<tr><td>53</td><td>三菱恒转矩电机（SF-HRCA）</td></tr>
</table>

续表

<table>
<tr><th rowspan="2">功能</th><th colspan="2">参数</th><th rowspan="2">名称</th><th rowspan="2">单位</th><th rowspan="2">初始值</th><th rowspan="2">范围</th><th rowspan="2" colspan="2">内容</th><th rowspan="2">参数复制</th><th rowspan="2">参数清除</th><th rowspan="2">参数全部清除</th></tr>
<tr><th></th><th>关联参数</th></tr>
<tr><td rowspan="12">电机的选择（适用电机）</td><td rowspan="9" colspan="2">71</td><td rowspan="9">适用电机</td><td rowspan="9">1</td><td rowspan="9">0</td><td>4</td><td>标准电机</td><td rowspan="5">可以进行自动调谐数据读取以及变更设定</td><td rowspan="9">○</td><td rowspan="9">○</td><td rowspan="9">○</td></tr>
<tr><td>14</td><td>恒转矩电机</td></tr>
<tr><td>24</td><td>三菱标准电机（SF－JR 4P 1.5 kW 以下）</td></tr>
<tr><td>44</td><td>三菱高效率电机（SF－HR）</td></tr>
<tr><td>54</td><td>三菱恒转矩电机（SF－HRCA）</td></tr>
<tr><td>5</td><td>标准电机</td><td rowspan="2">星形接线
可以进行电机常数的直接输入</td></tr>
<tr><td>15</td><td>恒转矩电机</td></tr>
<tr><td>6</td><td>标准电机</td><td rowspan="2">三角形接线
可以进行电机常数的直接输入</td></tr>
<tr><td>16</td><td>恒转矩电机</td></tr>
<tr><td rowspan="3"></td><td rowspan="3">450</td><td rowspan="3">第 2 适用电机</td><td rowspan="3">1</td><td rowspan="3">9999</td><td>0</td><td colspan="2">适合标准电机的热特性</td><td rowspan="3">○</td><td rowspan="3">○</td><td rowspan="3">○</td></tr>
<tr><td>1</td><td colspan="2">适合三菱恒转矩电机的热特性</td></tr>
<tr><td>9999</td><td colspan="2">第 2 电机无效（第 1 电机（Pr. 71）的热特性）</td></tr>
<tr><td rowspan="3">载波频率和 Soft－PWM 选择</td><td colspan="2">72</td><td>PWM 频率选择</td><td>1</td><td>1</td><td>0～15</td><td colspan="2">PWM 载波频率
设定值以［kHz］为单位。
但是，0 表示 0.7 kHz，15 表示 14.5 kHz</td><td>○</td><td>○</td><td>○</td></tr>
<tr><td rowspan="2"></td><td rowspan="2">240</td><td rowspan="2">Soft－PWM 动作选择</td><td rowspan="2">1</td><td rowspan="2">1</td><td>0</td><td colspan="2">Soft－PWM 无效</td><td rowspan="2">○</td><td rowspan="2">○</td><td rowspan="2">○</td></tr>
<tr><td>1</td><td colspan="2">Pr. 72 ＝ “0 ～ 5” 时，Soft－PWM 有效</td></tr>
</table>

续表

功能	参数	关联参数	名称	单位	初始值	范围	内容		参数复制	参数清除	参数全部清除
模拟量输入选择	73		模拟量输入选择	1	1	0	端子2输入	极性可逆	○	×	○
							0~10 V	无			
						1	0~5 V				
						10	0~10 V	有			
						11	0~5 V				
		267	端子4输入选择	1	0	0	端子4输入4~20 mA		○	×	○
						1	端子4输入0~5 V				
						2	端子4输入9~10 V				
模拟量输入的响应性或噪声消除	74		输入滤波时间常数	1	1	0~8	对于模拟量输入的1次延迟滤波器时间常数设定值越大，过滤效果越明显		○	○	○
复位选择、PU脱离检测	75		复位选择/PU脱离检测/PU停止选择	1	14	0~3、14~17	复位输入接纳选择、PU（FR－PU04－CH/FR－PU07）接头脱离检测功能选择、PU停止功能选择初始值为常时可复位、无PU脱离检测、有PU停止功能		○	×	×
防止参数值被意外改写	77		参数写入选择	1	0	0	仅限于停止时可以写入		○	○	○
						1	不可写入参数				
						2	可以在所有运行模式中不受运行状态限制地写入参数				
电机的反转防止	78		反转防止选择	1	0	0	正转和反转均可		○	○	○
						1	不可反转				
						2	不可正转				
运行模式的选择	79 ◎		运行模式选择	1	0	0	外部/PU切换模式		○	○	○
						1	PU运行模式固定				
						2	外部运行模式固定				
						3	外部/PU组合运行模式1				
						4	外部/PU组合运行模式2				
						6	切换模式				
						7	外部运行模式（PU运行互锁）				

续表

<table>
<tr><th rowspan="2">功能</th><th colspan="2">参数</th><th rowspan="2">名称</th><th rowspan="2">单位</th><th rowspan="2">初始值</th><th rowspan="2">范围</th><th rowspan="2" colspan="2">内容</th><th rowspan="2">参数复制</th><th rowspan="2">参数清除</th><th rowspan="2">参数全部清除</th></tr>
<tr><th></th><th>关联参数</th></tr>
<tr><td rowspan="3">运行模式的选择</td><td rowspan="3"></td><td rowspan="3">340</td><td rowspan="3">通信启动模式选择</td><td rowspan="3">1</td><td rowspan="3">0</td><td>0</td><td colspan="2">根据 Pr. 79 的设定</td><td rowspan="3">○</td><td rowspan="3">○</td><td rowspan="3">○</td></tr>
<tr><td>1</td><td colspan="2">以网络运行模式启动</td></tr>
<tr><td>10</td><td colspan="2">以网络运行模式启动
可通过操作面板切换 PU 运行模式与网络运行模式</td></tr>
<tr><td rowspan="8">控制方法的选择
先进磁通
通用磁通</td><td colspan="2" rowspan="2">80</td><td rowspan="2">电机容量</td><td rowspan="2">0. 01 kW</td><td rowspan="2">9999</td><td>0. 1 ~ 15 kW</td><td colspan="2">适用电机容量</td><td rowspan="2">○</td><td rowspan="2">○</td><td rowspan="2">○</td></tr>
<tr><td>9999</td><td colspan="2">V/F 控制</td></tr>
<tr><td colspan="2" rowspan="2">81</td><td rowspan="2">电机极数</td><td rowspan="2">1</td><td rowspan="2">9999</td><td>2、4、6、8、10</td><td colspan="2">设定电机极数</td><td rowspan="2">○</td><td rowspan="2">○</td><td rowspan="2">○</td></tr>
<tr><td>9999</td><td colspan="2">V/F 控制</td></tr>
<tr><td rowspan="2"></td><td rowspan="2">89</td><td rowspan="2">速度控制增益（先进磁通矢量）</td><td rowspan="2">0. 1%</td><td rowspan="2">9999</td><td>0 ~ 200%</td><td colspan="2">在先进磁通矢量控制时，调整由负载变动造成的电机速度变动
基准为 100%</td><td rowspan="2">○</td><td rowspan="2">×</td><td rowspan="2">○</td></tr>
<tr><td>9999</td><td colspan="2">Pr. 71 中设定的电机所对应的增益</td></tr>
<tr><td rowspan="2"></td><td rowspan="2">800</td><td rowspan="2">控制方法选择</td><td rowspan="2">1</td><td rowspan="2">20</td><td>20</td><td>先进磁通矢量控制</td><td rowspan="2">设定为 Pr. 80、Pr. 81 ≠ “9999” 时</td><td rowspan="2">○</td><td rowspan="2">○</td><td rowspan="2">○</td></tr>
<tr><td>30</td><td>通用磁通矢量控制</td></tr>
<tr><td rowspan="4">离线自动调谐</td><td colspan="2" rowspan="2">82</td><td rowspan="2">电机励磁电流</td><td rowspan="2">0. 01A*</td><td rowspan="2">9999</td><td>0 ~ 500 A *</td><td colspan="2">调谐数据
（通过离线自动调谐测量到的值会自动设定）
* 根据 Pr. 71 的设定值不同而不同</td><td rowspan="2">○</td><td rowspan="2">×</td><td rowspan="2">○</td></tr>
<tr><td>9999</td><td colspan="2">使用三菱电机（SF - JR、SF - HR、SF - JR-CA、SF - HRCA）常数</td></tr>
<tr><td colspan="2">83</td><td>电机额定电压</td><td>0. 1V</td><td>400 V</td><td>0 ~ 1 000 V</td><td colspan="2">电机额定电压（V）</td><td>○</td><td>○</td><td>○</td></tr>
<tr><td colspan="2">84</td><td>电机额定频率</td><td>0. 01 Hz</td><td>50 Hz</td><td>10 ~ 120 Hz</td><td colspan="2">电机额定频率（Hz）</td><td>○</td><td>○</td><td>○</td></tr>
</table>

续表

功能	参数	关联参数	名称	单位	初始值	范围	内容	参数复制	参数清除	参数全部清除
离线自动调谐		90	电机常数（R1）	0.001 Ω*	9999	0 ~ 50 Ω*、9999	调谐数据 （通过离线自动调谐测量到的值会自动设定） * 根据 Pr. 71 的设定值不同而不同 9999：使用三菱电机（SF - JR、SF - HR、SF - JRCA、SF - HRCA）常数	○	×	○
		91	电机常数（R2）	0.001 Ω	9999			○	×	○
		92	电机常数（L1）	0.1 mH*	9999	0 ~ 1 000 mH*、9999	调谐数据 （通过离线自动调谐测量到的值会自动设定） * 根据 Pr. 71 的设定值不同而不同 9999：使用三菱电机（SF - JR、SF - HR、SF - JRCA、SF - HRCA）常数	○	×	○
		93	电机常数（L2）	0.1 mH*	9999			○	×	○
		94	电机常数（X）	0.1% *	9999	0 ~ 100% *	调谐数据 （通过离线自动调谐测量到的值会自动设定） * 根据 Pr. 71 的设定值不同而不同	○	×	○
						9999	使用三菱电机（SF - JR、SF - HR、SF - JRCA、SF - HRCA）常数			
		96	自动调谐设定/状态	1	0	0	不实施离线自动调谐	○	×	○
						1	先进磁通矢量控制用离线自动调谐时电机不运转（所有电机常数）			
						11	通用磁通矢量控制用离线自动调谐时电机不运转（仅电机常数（R1））			
						21	V/F 控制用离线自动调谐（瞬时停电再启动（有频率搜索时用））			

续表

<table>
<tr><th rowspan="2">功能</th><th colspan="2">参数</th><th rowspan="2">名称</th><th rowspan="2">单位</th><th rowspan="2">初始值</th><th rowspan="2">范围</th><th rowspan="2">内容</th><th rowspan="2">参数复制</th><th rowspan="2">参数清除</th><th rowspan="2">参数全部清除</th></tr>
<tr><th></th><th>关联参数</th></tr>
<tr><td rowspan="2">离线自动调谐</td><td rowspan="2"></td><td rowspan="2">859</td><td rowspan="2">转矩电流</td><td rowspan="2">0.01A*</td><td rowspan="2">9999</td><td>0～500 A*</td><td>调谐数据
（通过离线自动调谐测量到的值会自动设定）
*根据 Pr. 71 的设定值不同而不同</td><td rowspan="2">○</td><td rowspan="2">×</td><td rowspan="2">○</td></tr>
<tr><td>9999</td><td>使用三菱电机（SF－JR、SF－HR、SF－JR-CA、SF－HRCA）常数</td></tr>
<tr><td rowspan="3">——</td><td colspan="2">89</td><td colspan="8">请参照 Pr 81</td></tr>
<tr><td colspan="2">90～94</td><td colspan="8">请参照 Pr. 82～Pr. 84</td></tr>
<tr><td colspan="2">96</td><td colspan="8">请参照 Pr. 82～Pr. 84</td></tr>
<tr><td rowspan="6">通信初始设定</td><td colspan="2">117</td><td>PU 通信站号</td><td>1</td><td>0</td><td>0～31
（0～247）</td><td>变频器站号指定
1 台个人计算机连接多台变频器时要设定变频器的站号
当 Pr. 549 ＝“1”（Modbus－RTU 协议）时设定范围为括号内的数值</td><td>○</td><td>○</td><td>○</td></tr>
<tr><td colspan="2">118</td><td>PU 通信速率</td><td>1</td><td>192</td><td>48、96、192、381</td><td>通信速率
通信速率为设定值×100（例如，如果设定值是 192 通信速率则为 19 200 bps）</td><td>○</td><td>○</td><td>○</td></tr>
<tr><td colspan="2" rowspan="4">119</td><td rowspan="4">PU 通信停止位长</td><td rowspan="4">1</td><td rowspan="4">1</td><td>0</td><td>停止位长：1 bit 数据长：8 bit</td><td rowspan="4">○</td><td rowspan="4">○</td><td rowspan="4">○</td></tr>
<tr><td>1</td><td>停止位长：2 bit 数据长：8 bit</td></tr>
<tr><td>10</td><td>停止位长：1 bit 数据长：7 bit</td></tr>
<tr><td>11</td><td>停止位长：2 bit 数据长：7 bit</td></tr>
</table>

续表

<table>
<tr><th rowspan="2">功能</th><th>参数</th><th rowspan="2">名称</th><th rowspan="2">单位</th><th rowspan="2">初始值</th><th rowspan="2">范围</th><th rowspan="2">内容</th><th rowspan="2">参数复制</th><th rowspan="2">参数清除</th><th rowspan="2">参数全部清除</th></tr>
<tr><th>关联参数</th></tr>
<tr><td rowspan="11">通信初始设定</td><td rowspan="3">120</td><td rowspan="3">PU 通信奇偶校验</td><td rowspan="3">1</td><td rowspan="3">2</td><td>0</td><td>无奇偶校验
（Modbus - RTU 时：停止位长：2 bit）</td><td rowspan="3">○</td><td rowspan="3">○</td><td rowspan="3">○</td></tr>
<tr><td>1</td><td>奇校验
（Modbus - RTU 时：停止位长：1 bit）</td></tr>
<tr><td>2</td><td>偶校验
（Modbus - RTU 时：停止位长：1bit）</td></tr>
<tr><td rowspan="2">121</td><td rowspan="2">PU 通信再试次数</td><td rowspan="2">1</td><td rowspan="2">1</td><td>0 ~ 10</td><td>发生数据接收错误时的再试次数容许值连续发生错误次数超过容许值时，变频器将通过 E. PUE（计算机链接）/E. ESR（Modbus - RTU）报警并停止</td><td rowspan="2">○</td><td rowspan="2">○</td><td rowspan="2">○</td></tr>
<tr><td>9999</td><td>即使发生通信错误变频器也不会报警并停止</td></tr>
<tr><td rowspan="3">122</td><td rowspan="3">PU 通信校验时间间隔</td><td rowspan="3">0.1 s</td><td rowspan="3">0</td><td>0</td><td>可进行 RS - 485 通信
但是，有操作权的运行模式启动的瞬间将发生通信错误（E. PUE）</td><td rowspan="3">○</td><td rowspan="3">○</td><td rowspan="3">○</td></tr>
<tr><td>0.1 ~ 999.8 s</td><td>通信校验（断线检测）时间间隔
无通信状态超过容许时间以上时，变频器将报警并停止
（根据 Pr. 502）</td></tr>
<tr><td>9999</td><td>不进行通信检测（断线检测）</td></tr>
<tr><td rowspan="2">123</td><td rowspan="2">PU 通信等待时间设定</td><td rowspan="2">1</td><td rowspan="2">9999</td><td>0 ~ 150 ms</td><td>设定向变频器发出数据后信息返回的等待时间</td><td rowspan="2">○</td><td rowspan="2">○</td><td rowspan="2">○</td></tr>
<tr><td>9999</td><td>用通信数据进行设定</td></tr>
</table>

续表

功能	参数	关联参数	名称	单位	初始值	范围	内容	参数复制	参数清除	参数全部清除
通信初始设定	124		PU 通信有无 CR/LF 选择	1	1	0	无 CR、LE	○	○	○
						1	有 CR			
						2	有 CR、LF			
		342	通信 EEPROM 写入选择	1	0	0	通过通信写入参数时，写入到 EEPROM、RAM	○	○	○
						1	通过通信写入参数时，写入到 RAM			
		343	通信错误计数	1	0	—	显示 Modbus－RTU 通信时的通信错误次数（仅读取）只在选择 Modbus－RTU 协议时显示	×	×	×
		502	通信异常时停止模式选择	1	0	0、3	通信异常发生时的变频器动作选择：自由运行停止	○	○	○
						1、2	通信异常发生时的变频器动作选择：减速停止			
		549	协议选择	1	0	0	三菱变频器（计算机链接）协议；变更设定后请复位（切断电源后再供给电源）变更的设定在复位后起作用	○	○	○
						1	Modbus－RTU 协议；变更设定后请复位（切断电源后再供给电源）变更的设定在复位后起作用			
模拟量输入频率的变更电压、电流输入、频率的调整（校正）	125	◎	端子 2 频率设定增益频率	0.01 Hz	50 Hz	0～400 Hz	端子 2 输入增益（最大）的频率	○	×	○
	126	◎	端子 4 频率设定增益频率	0.01 Hz	50 Hz	0～400 Hz	端子 4 输入增益（最大）的频率	○	×	○
		241	模拟输入显示单位切换	1	0	0	%单位；模拟量输入显示单位的选择	○	○	○
						1	V/mA 单位；模拟量输入显示单位的选择			
		C2 (902)	端子 2 频率设定偏置频率	0.01 Hz	0 Hz	0～400 Hz	端子 2 输入偏置侧的频率	○	×	○

续表

功能	参数	关联参数	名称	单位	初始值	范围	内容		参数复制	参数清除	参数全部清除
模拟量输入频率的变更电压、电流输入、频率的调整（校正）		C3（902）	端子 2 频率设定偏置	0.1%	0%	0～300%	端子 2 输入偏置侧电压（电流）的%换算值		○	×	○
		C4（903）	端子 2 频率设定增益	0.1%	100%	0～300%	端子 2 输入增益侧电压（电流）的%换算值		○	×	○
		C5（904）	端子 4 频率设定偏置频率	0.01 Hz	0 Hz	0～400 Hz	端子 4 输入偏置侧的频率		○	×	○
		C6（904）	端子 4 频率设定偏置	0.1%	20%	0～300%	端子 4 输入偏置侧电流（电压）的%换算值		○	×	○
		C7（905）	端子 4 频率设定增益	0.1%	100%	0～300%	端子 4 输入增益侧电流（电压）的%换算值		○	×	○
		C22（922）～C25（923）	生产厂家设定用参数，请不要设定								
PID 控制/储线器控制	127		PID 控制自动切换频率	0.01 Hz	9999	0～400 Hz	自动切换到 PID 控制的频率		○	○	○
						9999	无 PID 控制自动切换功能				
	128		PID 动作选择	1	0	0	PID 控制无效		○	○	○
						20	PID 负作用	测量值输入（端子 4）目标值（端子 2 或 Pr. 133）			
						21	PID 正作用				
						40～43	储线器控制				
						50	PID 负作用	偏差值信号输入（Lon Works 通信、CC－Link 通信）			
						51	PID 正作用				
						60	PID 负作用	测定值、目标值输入（Lon Works 通信、CC－Link 通信）			
						61	PID 正作用				

续表

功能	参数	关联参数	名称	单位	初始值	范围	内容	参数复制	参数清除	参数全部清除
PID 控制/储线器控制	129		PID 比例带	0.1%	100%	0.1～1 000%	比例带狭窄（参数的设定值小）时，测量值的微小变化可以带来大的操作量变化随比例带的变小，响应灵敏度（增益）会变得更好，但可能会引起振动等、降低稳定性 增益 Kp＝1/比例带	○	○	○
						9999	无比例控制			
	130		PID 积分时间	0.1 s	1 s	0.1～3 600 s	在偏差步进输入时，仅在积分（I）动作中得到与比例（P）动作相同的操作量所需要的时间（Ti） 随着积分时间变小，到达目标值的速度会加快，但是容易发生振动现象	○	○	○
						9999	无积分控制			
	131		PID 上限	0.1%	9999	0.1～100%	上限值 反馈量超过设定值的情况下输出 FUP 信号 测量值（端子 4）的最大输入（20 mA/5 V/10 V）相当于 100%	○	○	○
						9999	无功能			
	132		PID 下限	0.1%	9999	0～100%	下限值 测定值低于设定值范围的情况下输出 FDN 信号 测量值（端子 4）的最大输入（20 mA/5 V/10 V）相当于 100%	○	○	○
						9999	无功能			
	133		PID 动作目标值	0.01%	9999	0～100%	PID 控制时的目标值	○	○	○
						9999	PID 控制：端子 2 输入电压为目标值			
							储线器控制：固定于 50%			

续表

功能	参数	关联参数	名称	单位	初始值	范围	内容		参数复制	参数清除	参数全部清除
PID 控制/储线器控制	134		PID 微分时间	0.01 s	9999	0.01 ~ 10.00 s	在偏差指示灯输入时，仅得到比例动作（P）的操作量所需要的时间（Td） 随微分时间的增大，对偏差变化的反应也越大		○	○	○
						9999	无微分控制				
		44	第 2 加、减速时间	0.1/0.01 s	5/10 s*	0 ~ 3 600/360 s	储线器控制时，变成主速度的加速时间第 2 加、减速时间无效 *根据变频器容量不同而不同 （3.7 K 以下/5.5 K、7.5 K）		○	○	○
		45	第 2 减速时间	0.1/0.01 s	9999	0 ~ 3 600/360 s、9999	储线器控制时，变成主速度的减速时间第 2 减速时间无效		○	○	○
参数单元的显示语言选择	145		PU 显示语言切换	1	1		FR－PU07	FR－PU04－CH	○	×	×
						0	日语	英语			
						1	英语	汉语			
						2	德语	英语			
						3	法语				
						4	西班牙语				
						5	意大利语				
						6	瑞典语				
						7	芬兰语				
——	146		生产厂家设定用参数，请不要设定								
——	147		请参照 Pr. 7、Pr. 8								

续表

功能	参数	关联参数	名称	单位	初始值	范围	内容	参数复制	参数清除	参数全部清除
输出电流的检测（Y12 信号）零电流的检测（Y13 信号）	150		输出电流检测水平	0.1%	150%	0～200%	输出电流检测水平 变频器的额定电流为100%	○	○	○
	151		输出电流检测信号延迟时间	0.1 s	0 s	0～10 s	输出电流检测时间 从输出电流超出设定值到输出电流检测信号（Y12）开始输出为止的时间	○	○	○
	152		零电流检测水平	0.1%	5%	0～200%	零电流检测水平 变频器额定电流为100%	○	○	○
	153		零电流检测时间	0.01 s	0.5 s	0～1 s	从输出电流 Pr. 152 降低到设定值以下到输出零电流检测信号（Y13）为止的时间	○	○	○
—	156、157		请参照 Pr. 22							
	158		请参照 Pr. 52							
用户参数组功能	160	◎	用户参数组读取选择	1	0	0	显示所有参数	○	○	○
						1	只显示注册到用户参数组的参数			
						9999	只显示简单模式的参数			
		172	用户参数组注册数显示/一次性删除	1	0	（0～16）	显示注册到用户参数组的参数数量（仅读取）	○	×	×
						9999	将注册到用户参数组的参数一次性删除			
		173	用户参数组注册	1	9999	0～999、9999	注册到用户参数组的参数编号 读取值任何时候都是“9999”	×	×	×
		174	用户参数组删除	1	9999	0～999、9999	从用户参数组删除的参数编号 读取值任何时候都是“9999”	×	×	×

续表

功能	参数（关联参数）	名称	单位	初始值	范围	内容		参数复制	参数清除	参数全部清除
操作面板的动作选择	161	频率设定/键盘锁定操作选择	1	0	0	M 旋钮频率设定模式	键盘锁定模式无效	○	×	○
					1	M 旋钮电位器模式				
					10	M 旋钮频率设定模式	键盘锁定模式有效			
					11	M 旋钮电位器模式				
——	162～165	请参照 Pr. 57								
	168～169	生产厂家设定用参数，请不要设定								
	170～171	请参照 Pr. 52								
	172～174	请参照 Pr. 160								
输入端子的功能分配	178	STF 端子功能选择	1	60	0～5、7、8、10、12、14～16、18、24、25、60、62 65～67、9999	0：低速运行指令 1：中速运行指令 2：高速运行指令 3：第 2 功能选择 4：端子 4 输入选择 5：点动运行选择 7：外部热敏继电器输入 8：15 速选择 10：变频器运行许可信号（FR－HC/FR－CV 连接） 12：PU 运行外部互锁 14：PID 控制有效端子 15：制动器开放完成信号 16：PU－外部运行切换 18：V/F 切换 24：输出停止 26：启动自保持选择 60：正转指令（只能分配给 STF 端子（Pr. 178）） 61：反转指令（只能分配给 STR 端子（Pr. 179）） 62：变频器复位 65：PU－NET 运行切换 66：外部－网络运行切换 67：指令权切换 9999：无功能		○	×	○
	179	STR 端子功能选择	1	61	0～5、7、8、10、12、14～16、18、24、25、61、62 65～67、9999			○	×	○
	180	RL 端子功能选择	1	0	0～5、7、8、10、12、14～16、18、24、25、62、65～67、9999			○	×	○
	181	RM 端子功能选择	1	1				○	×	○
	182	RH 端子功能选择	1	2				○	×	○
	183	MRS 端子功能选择	1	24				○	×	○
	184	RES 端子功能选择	1	62				○	×	○

续表

功能	参数	关联参数	名称	单位	初始值	范围	内容	参数复制	参数清除	参数全部清除
输出端子的功能分配	190		RUN 端子功能选择	1	0	0、1、3、4、7、8、11~16、20、25、26、46、47、64、90、91、93、95、96、98、99、100、101、103、104、107、108、111~116、120、125、126、146、147、164、190、191、193、195、196、198、199、9999	0、100：变频器运行中 1、101：频率到达 3、103：过负载警报 4、104：输出频率检测 7、107：再生制动预报警 8、108：电子过电流保护预报警 11、111：变频器运行准备完毕 12、112：输出电流检测 13、113：零电流检测 14、114：PID 下限 15、115：PID 上限 16、116：PID 正反转动作输出 20、120：制动器开放请求 25、125：风扇故障输出 26、126：散热片过热预报警 46、146：停电减速中（保持到解除） 47、147：PID 控制动作中 64、164：再试中 90、190：寿命警报 91、191：异常输出 3（电源切断信号） 93、193：电流平均值监视信号 95、195：维修时钟信号 96、196：远程输出 98、198：轻故障输出 99、199：异常输出 9999、－：无功能 0～99：正逻辑，100～199：负逻辑	○	×	○
	191		FU 端子功能选择	1	4			○	×	○
	192		ABC 端子功能选择	1	99	0、1、3、4、7、8、11~16、20、25、26、46、47、64、90、91、95、96、98、99、100、101、103、104、107、108、111~116、120、125、126、146、147、164、190、191、195、196、198、199、9999		○	×	○

续表

<table>
<tr><th rowspan="2">功能</th><th colspan="2">参数</th><th rowspan="2">名称</th><th rowspan="2">单位</th><th rowspan="2">初始值</th><th rowspan="2">范围</th><th rowspan="2">内容</th><th rowspan="2">参数复制</th><th rowspan="2">参数清除</th><th rowspan="2">参数全部清除</th></tr>
<tr><th></th><th>关联参数</th></tr>
<tr><td rowspan="3">——</td><td colspan="2">232 ~ 239</td><td colspan="8">请参照 Pr. 4 ~ Pr. 6</td></tr>
<tr><td colspan="2">240</td><td colspan="8">请参照 Pr. 72</td></tr>
<tr><td colspan="2">241</td><td colspan="8">请参照 Pr. 125、Pr. 126</td></tr>
<tr><td rowspan="2">延长冷却风扇的寿命</td><td colspan="2" rowspan="2">244</td><td rowspan="2">冷却风扇的动作选择</td><td rowspan="2">1</td><td rowspan="2">1</td><td>0</td><td>在电源 ON 的状态下冷却风扇启动
冷却风扇 ON－OFF 控制无效（电源 ON 的状态下总是 ON）</td><td rowspan="2">○</td><td rowspan="2">○</td><td rowspan="2">○</td></tr>
<tr><td>1</td><td>冷却风扇 ON－OFF 控制无效
变频器运行过程中始终为 ON，停止时监视变频器的状态，根据温度的高低为 ON 或 OFF</td></tr>
<tr><td rowspan="4">转差补偿
通用磁通
V/F</td><td colspan="2" rowspan="2">245</td><td rowspan="2">额定转差</td><td rowspan="2">0.01%</td><td rowspan="2">9999</td><td>0 ~ 50%</td><td>电机额定转差</td><td rowspan="2">○</td><td rowspan="2">○</td><td rowspan="2">○</td></tr>
<tr><td>9999</td><td>无转差补偿</td></tr>
<tr><td colspan="2">246</td><td>转差补偿时间常数</td><td>0.01 s</td><td>0.5 s</td><td>0.01 ~ 10 s</td><td>转差补偿的响应时间值设定越小响应速度越快，但负载惯性越大越容易发生再生过电压（E.0 V□）错误</td><td>○</td><td>○</td><td>○</td></tr>
<tr><td colspan="2">247</td><td>恒功率区域转差补偿选择</td><td>1</td><td>9999</td><td>0
9999</td><td>恒功率区域（比 Pr. 3 中设定的频率还高的频率领域）中不进行转差补偿
恒功率区域的转差补偿</td><td>○</td><td>○</td><td>○</td></tr>
<tr><td rowspan="2">接地检测</td><td colspan="2" rowspan="2">249</td><td rowspan="2">启动时接地检测的有无</td><td rowspan="2">1</td><td rowspan="2">1</td><td>0</td><td>无接地检测</td><td rowspan="2">○</td><td rowspan="2">○</td><td rowspan="2">○</td></tr>
<tr><td>1</td><td>有接地检测</td></tr>
</table>

续表

功能	参数	关联参数	名称	单位	初始值	范围	内容		参数复制	参数清除	参数全部清除
电机停止方法和启动信号的选择	250		停止选择	0.1 s	9999	0～100 s	启动信号OFF、经过设定的时间后以自由运行停止	STF 信号：正转启动 STR 信号：反转启动	○	○	○
						1 000～1 100 s	启动信号OFF、经过（Pr.250－1 000）s后以自由运行停止	STF 信号：启动信号 STR 信号：正转、反转信号			
						9999	启动信号 OFF 后减速停止	STF 信号：正转启动 STR 信号：反转启动			
						8 888		STF 信号：启动信号 STR 信号：正转、反转信号			
输入输出缺相保护选择	251		输出缺相保护选择	1	1	0	无输出缺相保护		○	○	○
						1	有输出缺相保护				
		872	输入缺相保护选择	1	1	0	无输出缺相保护		○	○	○
						1	有输入缺相保护				
显示变频器零件的寿命	255		寿命报警状态显示	1	0	（0～15）	显示控制电路电容器，主电路电容器，冷却风扇，浪涌电流抑制电路的各元件的寿命是否到达报警输出水平（仅读取）		×	×	×
	256		浪涌电流抑制电路寿命显示	1%	100%	（0～100%）	显示浪涌电流抑制电路的老化程度（仅读取）		×	×	×
	257		控制电路电容器寿命显示	1%	100%	（0～100%）	显示控制电路电容器的才老化程序（仅读取）		×	×	×

续表

功能	参数（关联参数）	名称	单位	初始值	范围	内容	参数复制	参数清除	参数全部清除
显示变频器零件的寿命	258	主电路电容器寿命显示	1%	100%	（0～100%）	显示主电路电容器的老化程度（仅读取）显示通过 Pr. 259 实施测量的值	×	×	×
	259	测定主电路电容器寿命	1	0	0、1	设定为“1”，并把电源置于 OFF，开始测量主电路电容器的寿命 再次接通电源后 Pr. 259 的设定值变成“3”时测定完毕 在 Pr. 258 中读取劣化程度	○	○	○
发生掉电时的运行	261	掉电停止方式选择	1	0	0	自由运行停止 电压不足或发生掉电时切断输出	○	○	○
					1	电压不足或发生掉电时减速停止			
					2	电压不足或发生掉电时减速停止 掉电减速中复电的情况下进行再加速			
——	267	请参照 Pr. 73							
	268	请参照 Pr. 52							
	269	厂家设定用参数，请勿自行设定							
挡块定位控制 先进磁通 通用磁通	270	挡块定位控制选择	1	0	0	无挡块定位控制	○	○	○
					1	挡块定位控制			
	275	挡块定位励磁电流低速倍率	0.1%	9999	0～300%	挡块定位控制时的力（保持转矩）的大小通常为 130%～180%	○	○	○
					9999	无补偿			
	276	挡块定位时 PWM 载波频率	1	9999	0～9	挡块定位控制时 PWM 载波频率（输出频率 3Hz 以下为有效）	○	○	○
					9999	根据 Pr. 72PWM 频率选择的设定			

续表

功能	参数	关联参数	名称	单位	初始值	范围	内容	参数复制	参数清除	参数全部清除
——	277		请参照 Pr. 22							
制动器顺控功能 先进磁通 通用磁通	278		制动开启频率	0.01 Hz	3 Hz	0 ~ 30 Hz	设定电机的额定转差频率 +1.0 Hz 左右 仅 Pr. 278≤Pr. 282 时可以设定	○	○	○
	279		制动开启电流	0.1%	130%	0 ~ 200%	设定值过低的话，会造成启动时易于滑落，所以一般设定在 50 ~ 90% 以变频器额定电流为 100%	○	○	○
	280		制动开启电流检测时间	0.1 s	0.3 s	0 ~ 2 s	一般设定为 0.1 ~ 0.3 s	○	○	○
	281		制动操作开始时间	0.1 s	0.3 s	0 ~ 5 s	Pr. 292 = "7"：制动器缓解之前的机械延迟时间 Pr. 292 = "8"：设定制动器缓解之前的机械延迟时间 +0.1 ~ 0.2 s	○	○	○
	282		制动操作频率	0.01 Hz	6 Hz	0 ~ 30 Hz	使制动器开放请求信号（BOF）为 OFF 的频率一般设定为 Pr. 278 的设定值 +3 ~ 4 Hz 仅 Pr. 282≥Pr. 278 时可以设定	○	○	○
	283		制动操作停止时间	0.1 s	0.3 s	0 ~ 5 s	Pr. 292 = "7"：设定制动器关闭之前的机械延迟时间 +0.1 s Pr. 292 = "8"：设定制动器关闭之前的机械延迟时间 +0.2 ~ 0.3 s	○	○	○
		292	自动加、减速	1	0	0、1、7、8、11	设定值为"7、8"时，制动器顺控功能有效			
偏差控制 先进磁通	286		偏差增益	0.1%	0%	0	偏差控制无效	○	○	○
						0.1 ~ 100%	对应电机额定频率的额定转矩时的垂下量			
	287		滤波器偏差时定值	0.01 s	0.3 s	0 ~ 1 s	转矩分电流所用一次延迟滤波器的时间常数	○	○	○

续表

功能	参数	关联参数	名称	单位	初始值	范围	内容	参数复制	参数清除	参数全部清除
——	292、293		请参照 Pr. 61							
通过 M 旋钮设定频率变化量	295		频率变化量设定	0.01	0	0	无效	○	○	○
						0.01、0.10、1.00、10.00	通过 M 旋钮变更设定频率时的最小变化幅度			
——	298、299		请参照 Pr. 57							
通信运行指令权与通信速率指令权	338		通信运行指令权	1	0	0	运行指令权通信	○	○	○
						1	运行指令权外部			
	339		通信速率指令权	1	0	0	速度指令权通信	○	○	○
						1	速度指令权外部（通信方式的频率设定无效，外部方式的端子 2 的设定有效）			
						2	速度指令权外部（通信方式的频率设定有效，外部方式的端子 2 的设定无效）			
		550	网络模式操作权选择	1	9999	0	通信选件有效	○	○	○
						2	PU 接口有效			
						9999	通信选件自动识别 通常情况下 PU 接口有效。通信选件被安装后，通信选件有效			
		551	PU 模式操作权选择	1	9999	2	PU 运行模式操作权由 PU 接口执行	○	○	○
						3	PU 运行模式操作权由 USB 接口执行			
						4	PU 运行模式操作权由操作面板执行			
						9999	USB 连接、PU07 连接自动识别 优先顺序：USB > PU07 > 操作面板			

续表

功能	参数	关联参数	名称	单位	初始值	范围	内容		参数复制	参数清除	参数全部清除
——	340		请参照 Pr. 79								
	342、343		请参照 Pr. 117 ~ Pr. 124								
	450		请参照 Pr. 71								
运程输出功能（REM信号）	495		远程输出选择	1	0	0	电源OFF时清除远程输出内容	变频器复位时清除远程输出内容	○	○	○
						1	电源OFF时保持远程输出内容				
						10	电源OFF时清除远程输出内容	变频器复位时保持远程输出内容			
						11	电源OFF时保持远程输出内容				
	496		远程输出内容1	1	0	0 ~ 4 095	可以进行输出端子的ON/OFF		×	×	×
	497		远程输出内容2	1	0	0 ~ 4 095			×	×	×
——	502		请参照 Pr. 124								
部件的维护	503		维护定时器	1	0	0（1 ~ 9 998）	变频器的累计通电时间以100 h为单位显示（仅读取） 写入设定值“0”时累计通电时间被清除		×	×	×
	504		维护定时器报警输出设定时间	1	9999	0 ~ 9998	设定到维护定时器报警信号（Y95）输出为止的时间		○	×	○
						9999	无功能				
使用了USB通信的变频器的安装	547		USB通信站号	1	0	0 ~ 31	变频器站号指定		○	○	○
	548		USB通信检查时间间隔	0.1 s	9999	0	可进行USB通信 设为PU运行模式时报警停止（E. USB）		○	○	○
						0.1 ~ 999.8 s	通信检查时间间隔				
						9999	无通信检查				
		551	请参照 Pr. 338、Pr. 339								

续表

功能	参数（关联参数）	名称	单位	初始值	范围	内容	参数复制	参数清除	参数全部清除
——	549	请参照 Pr. 117 ~ Pr. 124							
	550、551	请参照 Pr. 338、Pr. 339							
电流平均值监视信号	555	电流平均时间	0. 1 s	1 s	0. 1 ~ 1. 0 s	开始位输出中（1 s）平均电流所需要的时间	○	○	○
	556	数据输出屏蔽时间	0. 1 s	0 s	0. 0 ~ 20. 0 s	不获取过渡状态数据的时间（屏蔽时间）	○	○	○
	557	电流平均值监视信号基准输出电流	0. 01 A	变频器额定电流	0 ~ 500 A	输出电流平均值信号输出的基次（100%）	○	○	○
——	563、564	请参照 Pr. 52							
	571	请参照 Pr. 13							
	611	请参照 Pr. 57							
	645	请参照 C1（901）							
缓和机械共振	653	速度滤波控制	0. 1%	0	0 ~ 200%	减少转矩变动、缓和机械共振引起的振动	○	○	○
——	665	请参照 Pr. 882							
——	800	请参照 Pr. 80							
——	859	请参照 Pr. 84							
——	872	请参照 Pr. 251							
再生回避功能	882	再生回避动作选择	1	0	0	再生回避功能无效	○	○	○
					1	再生回避功能始终有效			
					2	仅在恒速运行时，再生回避功能有效			
	883	再生回避动作水平	0. 1 V	DC 780 V	300 ~ 800 V	再生回避动作的母线电压水平 如果将母线电压水平设定低了，则不容易发生过电压错误，但实际减速时间会延长 将设定值设为高于电源电压 $\times\sqrt{2}$ 的值	○	○	○

续表

功能	参数	关联参数	名称	单位	初始值	范围	内容	参数复制	参数清除	参数全部清除
再生回避功能	885		再生回避补偿频率限制值	0.01 Hz	6 Hz	0~10 Hz	再生回避功能启动时上升的频率的限制值	○	○	
						9999	频率限制无效	○	○	○
	886		再生回避电压增益	0.1%	100%	0~200%	再生回避动作时的响应性 将 Pr. 886 的设定值设定得大一些，对母线电压变化的响应会变好，但输出频率可能会变得不稳定 如果将 Pr. 886 的设定值设定得小一些仍旧无法抵制振动时，请将 Pr. 665 的设定值再设定得小一些	○	○	○
		665	再生回避频率增益	0.1%	100%	0~200%				
自由参数	888		自由参数 1	1	9999	0~9999	可自由使用的参数 安装多个变频器时可以给每个变频器设定不同的固定数字，这样有利于维护和管理 关闭变频器电源仍保持内容	○	×	×
	889		自由参数 2	1	9999	0~9999		○	×	×
端子 AM 输出的调整（校正）	C1（901）		AM 端子校正	—	—	—	校正接在端子 AM 上的模拟仪表的标度	○	×	○
		645	AM 端子 OV 调整	1	1 000	970~1 200	模拟量输出为零时的仪表刻度校正	○	×	○
——	C2(902)~C7（905） C22(922)~C25（923）		请参照 Pr. 125、Pr. 126							
操作面板的蜂鸣器音控制	990		PU 蜂鸣器音控制	1	1	0	无蜂鸣器音	○	○	○
						1	有蜂鸣器音			
PU 对比度调整	991		PU 对比度调整	1	58	0~63	参数单元（FR－PU04－CH/FR－PU07）的 LCD 对比度调整 0：弱 ↓ 63：强	○	×	○

续表

功能	参数	关联参数	名称	单位	初始值	范围	内容	参数复制	参数清除	参数全部清除
被清除参数、初始值变更清单	Pr. CL		参数清除	1	0	0、1	设定为“1”时，除了校正用参数外的参数将恢复到初始值			
	ALLC		参数全部清除	1	0	0、1	设定为“1”时，所有的参数都恢复到初始值			
	Pr. CL		报警历史清除	1	0	0、1	设定为“1”时，将清除过去 8 次的报警历史			
	Pr. CH		初始值变更清单	—	—	—	显示并设定初始值变更后的参数			

( ) 内为使用参数单元（FR－PU04－CH/FR－PU07）时的参数编号。

附录2 三菱 FR－E740 系列变频器报警显示及对策

操作面板显示			名称	内容	检查要点	措施
错误信息	HOLd	HOLD	操作面板锁定	设定了操作锁定模式，除了 STOP RESET 之外的操作无效	—	按 MODE 键 2 s 后操作面板锁定将解除
	Er 1	Er1	禁止写入错误	1. Pr. 77 参数写入选择中设定为禁止写入的情况下试图进行参数的设定时 2. 频率跳变的设定范围重复时 3. 在 PU 和变频器不能正常通信时	1. 确认 Pr. 77 参数写入选择的设定值 2. 确认 Pr. 31 ~ Pr. 36（频率跳变）的设定值 3. 确认 PU 与变频器的连接	
	Er2	Er2	运行中写入错误	Pr. 77 不等于 2（任何运行模式下都可写入）的情况下，在运行中或 STF（STR）置为 ON 时采取参数写入动作时	1. 确认 Pr. 77 的设定值 2. 是否是运行中	1. 设置 Pr. 77 = "2" 2. 停止运行后进行参数的写入动作
	Er3	Er3	校正错误	模拟输入偏置，增益的校正值过于接近时	确认参数 C3、C4、C6、C7（校正功能）的设定值	
	Er4	Er4	模式指定错误	Pr. 77 不等于 2 的情况下在外部、网络运行模式下进行参数设定时	1. 运行模式是否为"PU 运行模式" 2. 确认 Pr. 77 的设定值	1. 把运行模式切换为"PU 运行模式"后进行参数设定 2. 设置为 Pr. 77 = "2"后进行参数设定

续表

操作面板显示			名称	内容	检查要点	措施
错误信息	Err.	Err	变频器复位中	1. 通过 RES 信号，通信以及 PU 发出复位指令时 2. 关闭电源后也显示		将 RES 信号置为 OFF
报警	OL	0L	失速防止（过电流）	加速时：变频器的输出电流（Pr. 277 失速防止电流切换 = “1”时为输出转矩）超出了失速防止动作水平（Pr. 22 失速防止动作水平等）时，将停止频率的上升直至过负荷电流减小，从而可以避免变频器因过电流而切断输出。未达到失速防止动作水平时，频率再次上升 恒速运行时：变频器的输出电流（Pr. 277 失速防止电流切换 = “1”时为输出转矩）超出了失速防止动作水平（Pr. 22 失速防止动作水平等）时，将降低频率，直至过负荷电流减小，从而可以避免变频器因过电流而切断输出。未达到失速防止动作水平时，重新恢复到设定频率运行	1. Pr. 0 转矩提升设定值是否过大 2. Pr. 7 加速时间，Pr. 8 减速时间有可能过短 3. 可能是负载过重 4. 外部设备是否正常 5. Pr. 13 的启动频率是否过大 6. Pr. 22 失速防止动作水平的设定值是否合适	1. 每次将 Pr. 0 转矩提升值减 1%，然后确认电动机的状态 2. Pr. 7 加速时间和 Pr. 8 减速时间设置得长一些 3. 减轻负载 4. 尝试采取先进磁通矢量控制，通用磁通矢量控制方式 5. 尝试变更 Pr. 14 适用负荷选择的设定 6. 可以用 Pr. 22 失速防止动作水平设定失速防止动作电流（出厂值为 150%）有加、减速时间变化的可能性。请用 Pr. 22 失速防止动作水平提高失速防止动作电平。或者用 Pr. 156 失速防止动作选择使失速防止不动作（并且也可以用 Pr. 156 设定 0L 动作时的继续运行）

续表

操作面板显示			名称	内容	检查要点	措施
报警	0L	0L	失速防止（过电流）	减速时：变频器的输出电流（Pr. 277 失速防止电流切换 = "1" 时为输出转矩）超出了失速防止动作水平（Pr. 22 失速防止动作水平等）时，将停止频率的下降直至过负荷电流减小，从而可以避免变频器因过电流而切断输出。未达到失速防止动作水平时，频率再次下降		
	oL	oL	失速防止（过电压）	减速运行时： 1. 电动机的再生能量过大，超过再生能量的消耗能力时，将停止频率的下降，以防止变频器出现过电压跳闸直到再生能量减少后继续减速 2. 选择再生回避功能情况下（Pr. 882 = "1"），电动机的再生能量过大时，提高转速，从而防止频率上升和过电压引起的电源切断	1. 是否急减速运行 2. 是否使用了再生回避功能（Pr. 882 ~ Pr. 886）	可以改变减速时间。用 Pr. 8 减速时间延长减速时间
	PS	PS	PU 停止	在 Pr. 75 的复位选择/操作面板脱出检测/操作面板停止选择状态下用 PU 的 STOP RESET 键设定停止	是否按下操作面板的 STOP RESET 键使其停止	将启动信号置为 OFF，用 PU/EXT 键可以解除

续表

	操作面板显示		名称	内容	检查要点	措施
报警	rb	Rb	再生制动预报警	1. 再生制动器使用率在 Pr.70 特殊再生制动器使用率设定值的 85% 以下时显示。Pr.70 特殊再生制动使用率设为初始值（Pr.70 = “0”）时，该保护功能无效。再生制动器使用率达到 100% 时会引起再生过电压 2. 在显示（RB）的同时可以输出 RBP 信号。关于 RBP 信号输出所使用的端子，请通过在 Pr.190 ~ Pr.196（输出端子功能选择）中的任意一个设定为“7（正逻辑）或 107（负逻辑）”，进行端子功能的分配	1. 制动器的使用率是否不高 2. Pr.30 再生制动功能选择，Pr.70 特殊再生制动器使用率的设定值是否正确	1. 延长减速时间 2. 确认 Pr.30 再生功能选择，Pr.70 特殊再生制动器使用率的设定值
	ΓH	TH	电子过电流保护预报警	1. 电子过电流保护的累计值达到 Pr.9 电子过电流保护设定值的 85% 以上时显示。若达到 Pr.9 电子过电流保护设定值的 100% 时，电动机过负荷断路（E.THM） 2. 在显示（TH）的同时可以输出 THP 信号。关于 THP 信号输出所使用的端子，请通过在 Pr.190 ~ Pr.196（输出端子功能选择）中的任意一个设定为“8（正逻辑）或 108（负逻辑）”，进行端子功能的分配	1. 是否负载过大，是否加速运行过急 2. Pr.9 电子过电流保护的设定值是否妥当	1. 减轻负载，降低运行频度 2. 正确设置 Pr.9 电子过电流保护的设定值

续表

操作面板显示			名称	内容	检查要点	措施
报警	ΠΓ	MT	维护信号输出	提醒变频器的累计通电时间已经达到一定限度。Pr. 504 维护定时器报警输出时间设为初始值（Pr. 504 = “9999”）时，该保护功能无效	Pr. 503 维护定时器的值比 Pr. 504 维护定时器报警输出时间设定的值大	Pr. 503 维护定时器中写入“0”就可消除
	Uu	UV	电压不足	1. 若变频器的电源电压下降，控制电路将无法发挥正常功能。另外，还将导致电动机的转矩不足或发热量增大。因此，当电源电压下降到约 AC 230 V 以下时，则停止变频器输出，显示 Uu 2. 当电压恢复正常后警报便可解除	电源电压是否正常	检查电源等电源系统设备
轻故障	Fn	FN	风扇故障	使用装有冷却风扇的变频器，冷却风扇因故障而停止，或者转速下降时，又或者执行了与 Pr. 244 冷却风扇动作选择的设定不同的动作时，操作面板上显示出 Fn	冷却风扇是否异常	可能是风扇故障
严重故障	E.OC 1	E. OC1	加速时过电流切断	加速运行中，当变频器输出电流超过额定电流的 230% 以上时，保护电路动作，停止变频器输出	1. 是否急加速运转 2. 是否用于升降的下降加速时间设置过长 3. 是否存在输出短路、接地现象 4. 失速防止动作是否正确	1. 延长加速时间（用于升降的下降加速时间设置得短一些） 2. 启动时“E. OC1”总是点亮的情况下，拆下电动机启动。如果“E. OC1”仍点亮，请与经销商联系

续表

操作面板显示			名称	内容	检查要点	措施
严重故障	E.OC1	E. OC1	加速时过电流切断	加速运行中，当变频器输出电流超过额定电流的230%以上时，保护电路动作，停止变频器输出	5. 再生频率是否过高（再生时输出电压是否比*U/f*标准值大，电机电流增加是否为过电流）	3. 确认接线是否正常，确保无输出短路及接地发生 4. 将失速防止动作设定为合适的值 5. 请在Pr.19基准频率电压中设定基准电压（电机的额定电压等）
	E.OC2	E. OC2	恒速时过电流切断	恒速运行中，当变频器输出电流超过额定电流的230%以上时，保护电路动作，停止变频器输出	1. 负载是否急剧变化 2. 是否存在输出短路、接地现象 3. 失速防止动作是否合适	1. 消除负荷急速变化的情况 2. 确认接线是否正常，确保无输出短路及接地发生 3. 将失速防止动作设定为合适的值
	E.OC3	E. OC3	减速时过电流切断	减速运行中（加速，恒速运行之外），当变频器输出电流超过额定电流的230%以上时，保护电路动作，停止变频器输出	1. 是否急减速运转 2. 是否存在输出短路、接地现象 3. 电机的机械制动是否过早 4. 失速防止动作的设定是否正确	1. 延长减速时间 2. 确认接线是否正常，确保无输出短路及接地发生 3. 检查机械制动动作 4. 将失速防止动作设定为合适的值

续表

操作面板显示			名称	内容	检查要点	措施
严重故障	E.Ov1	E. OV1	加速时再生过电压切断	因再生能量使变频器内部的主电路直流电压达到规定值以上时，保护电路动作，停止变频器输出。电源系统里发生的浪涌电压也可能引起动作	1. 加速度是否太缓慢（因升降负荷而下降加速时等） 2. Pr. 22 失速阻止动作水平是否设定得低于无负载电流	1. •缩短加速时间 •使用再生回避功能（Pr. 882、Pr. 883、Pr. 885、Pr. 886） 2. 把 Pr. 22 失速防止动作水平设定得高于无负载电流
	E.Ov2	E. OV2	恒速时再生过电压切断	因再生能量使变频器内部的主电路直流电压超过规定值，保护回路动作，停止变频器输出。电源系统里发生的浪涌电压也可能引起动作	1. 负载是否有急速变化 2. Pr. 22 失速阻止动作水平是否设定得低于无负载电流	1. •取消负载的急速变化 •使用再生回避功能（Pr. 882、Pr. 883、Pr. 885、Pr. 886） •必要时请使用制动单元或共直流母线变流器（FR－CV） 2. 把 Pr. 22 失速防止动作水平设定得高于无负载电流
	E.Ov3	E. OV3	减速时再生过电压切断	因再生能量使变频器内部的主电路直流电压超过规定值，保护回路动作，停止变频器输出。电源系统里发生的浪涌电压也可能引起动作	是否急减速运转	1. 延长减速时（调整为符合负荷的惯性矩的减速时间） 2. 减少制动频度 3. 使用再生回避功能（Pr. 882、Pr. 883、Pr. 885、Pr. 886） 4. 必要时请使用制动电阻器、制动单元或共直流母线变流器（FR－CV）

续表

操作面板显示			名称	内容	检查要点	措施
严重故障		E. THT	变频器过载切断（电子过电流保护）	电路中电流超过额定输出电流，而未到过电流切断（230%以下）时，当输出晶体管元件的温度超过保护水平时，就会停止变频器输出（过负载承受能力150% 60 s，200%，3 s）	1. 电动机是否在过负载状态下使用 2. 环境温度是否过高	1. 减轻负载 2. 将环境温度控制在规定范围内
		E. THM	电动机过载切断（电子过流保护）	变频器内装有的电子热继电器在超负载或恒速运转过程中检测到因冷却能力下降而造成的电动机过热，达到Pr. 9 电子过电流保护设定值的85%时，处于预兆报警（TH 显示）状态，达到规定值的话，保护电路动作，停止变频器的输出。运行多极电动机等特殊电动机或几台电动机时，电子热继电器不能保护电动机，所以请在变频器输出侧设置热继电器	1. 电动机是否在过载状态下使用 2. 电动机选择的参数 Pr. 71 适用电动机的设定值是否正确 3. 失速防止动作的设定是否正确	1. 减轻负载 2. 使用恒转矩电动机时，将参数 Pr. 71 设定为相应类型恒转矩电机的参数值 3. 正确设定失速值，防止误动作

续表

	操作面板显示		名称	内容	检查要点	措施
严重故障	E.FIn	E. FIN	散热片过热	如果冷却散热片过热，温度传感器会启动，变频器停止输出。达到散热片过热保护动作温度的约 85% 时，可以输出 FIN 信号。关于 FIN 信号输出所使用的端子，请在 Pr. 190 ~ Pr. 196（输出端子功能选择）中的某一个设定为“26（正逻辑）或 126（负逻辑）”来进行端子功能的分配	1. 周围温度是否过高 2. 冷却散热片是否堵塞 3. 冷却风扇是否已停止（操作面板显示了 Fn 吗?）	1. 将周围温度调节到规定范围内 2. 进行冷却散热片的清扫 3. 更换冷却风扇
	E.IPF	E. ILF	输入缺相	在 Pr. 872 输入缺相保护选择里设定为功能有效（Pr. 872 = “1”）且 3 相电源输入中有 1 相缺相时停止输出。Pr. 872 输入缺相保护选择设为初始值（Pr. 872 = “0”）时，该保护功能无效	3 相电源的输入用电缆是否断线	• 正确接线 • 对断线部位进行修复 • 确认 Pr. 872 输入缺相保护选择的设定值
	E.OLT	E. OLT	失速防止	因失速防止动作使得输出频率降低到 1 Hz 的值时，经过 3 s 后将显示报警（E. oL. T），并停止变频器的输出，失速防止动作中为 OL	• 电机是否在过载状态下使用	• 减轻负载（请确认 Pr. 22 失速防止动作水平的设定值）

续表

操作面板显示			名称	内容	检查要点	措施
严重故障	E. bE	E. BE	制动晶体管异常检测	在电动机的再生能量明显增大等情况下，若发生制动晶体管异常，将检测到制动晶体管异常，并停止变频器输出	1. 将负载惯性调小 2. 制动的使用频率是否合适	请交换变频器
	E. GF	E. GF	启动时输出侧接地过电流	启动时当变频器的输出侧（负载侧）发生接地，流过接地电流时，变频器停止输出。通过 Pr. 249 启动时接地检测的有无设定了有无保护功能	电动机、连接线是否接地	排除接地的地方
	E. LF	E. LF	启动时输出缺相	启动时当变频器的输出侧（负载侧）三相（U、V、W）中有一相断开时，变频器停止输出。通过 Pr. 251 输出缺相保护选择设定了有无保护功能	1. 确认接线（电动机是否正常） 2. 是否使用比变频器容量小的电动机	1. 正确接线 2. 确认 Pr. 251 输出缺相保护选择的设定值
	E.OHT	E. OHT	外部热继电器动作	为防止电动机过热，安装在外部热继电器或电动机内部安装的热继电器动作（接点打开）时，使变频器输出停止。Pr. 178 ~ Pr. 184（输入端子功能选择）中的任意一个设为“7”（OH 信号）时，该保护功能有效。初始状态（无 OH 信号分配）下该保护功能无效	1. 电动机是否过热 2. 在 Pr. 178 ~ Pr. 189（输入端子功能选择）中的任意一个设定值是否为“7”（OH 信号）	1. 降低负载和运行频度 2. 在继电器接点自动复位的情况下，只要变频器没有复位，变频器不会再启动

续表

操作面板显示			名称	内容	检查要点	措施
严重故障	E.OP1	E. OP1	通信选件异常	通信选件的通信线路发生异常时，将停止变频器的输出	1. 选件功能的设定操作是否有误 2. 内置选件的接口是否牢固连接好 3. 通信电缆是否断线 4. 终端电阻是否正确安装	1. 确认选件功能的设定 2. 将内置选件牢固连接好 3. 确认通信电缆的连接 4. 正确连接终端电阻
	E.　1	E. 1	选件异常	变频器本体和选件间的接口部位的接触不良时，将停止变频器的输出。更改了内置选件的厂家设定用开关时也会显示	1. 内置选件是否可靠地连接在接口上 2. 变频器周围是否有过大的噪声干扰 3. 将内置选件的厂家设定用开关恢复为初始状态	1. 将选件连接可靠 2. 变频器周围有过大的噪声干扰时，采取抗干扰措施 3. 将通信选件安装到接口3 4. 使内置选件的厂家设定用开关返回初始状态（请参见各选件的使用说明书）
	E. PE	E. PE	参数存储元件异常（控制电路板）	参数存储元件发生异常时（EEPROM 故障）	参数写入次数是否太多	1. 请与经销商联系 2. 用通信方法频繁进行参数写入时，请把 Pr. 342 设定为“1”（RAM 写入）。但因为是 RAM 写入方式，所以一旦切断电源，就会恢复到以前状态
	E.PE2	E. PE2	内部基板异常	控制基板和主电路基板装配错误时会停止变频器的输出	—	请与经销商联系

续表

<table>
<tr><th colspan="3">操作面板显示</th><th>名称</th><th>内容</th><th>检查要点</th><th>措施</th></tr>
<tr><td rowspan="5">严重故障</td><td>E.PUE</td><td>E. PUE</td><td>PU 脱离</td><td>1. 当 Pr. 75 复位选择/PU 脱离检测/PU 停止选择设定在“2”“3”“16”或“17”状态下，如果操作面板及参数单元脱落，主机与 PU 的通信中断，变频器则停止输出
2. 当 Pr. 121PU 通信再试次数“9999”，用 RS－485 通过 PU 接口进行通信时，如果连续通信错误发生次数超过允许再试次数，变频器则停止输出
3. 通过 PU 接口进行 RS－485 通信时，超过 Pr. 122 通信校验时间间隔设定的时间，通信中途切断时，变频器则停止输出</td><td>1. 参数单元（FR－PU04－CH/FR－PU07）的安装是否太松
2. 请确认 Pr. 75 的设定值</td><td>将参数单元（FR－PU04－CH/FR～PU07）牢固连接好</td></tr>
<tr><td>E.rEt</td><td>E. RET</td><td>再试次数溢出</td><td>1. 如果在设定的再试次数内不能恢复正常运行，变频器停止输出
2. Pr. 67 报警发生时再试次数有设定时，该保护功能有效。设定为初始值（Pr. 67＝“0”）时则无效</td><td>调查异常发生的原因</td><td>处理该错误之前一个的错误</td></tr>
<tr><td>E. 6</td><td>E. 6</td><td rowspan="3">CPU 错误</td><td rowspan="3">内置 CPU 的通信发生异常时，变频器停止输出</td><td rowspan="3">变频器周围是否有引起过大干扰的机器</td><td rowspan="3">1. 变频器周围有过大的干扰时，采取抗干扰措施
2. 请与经销商联系</td></tr>
<tr><td>E. 7</td><td>E. 7</td></tr>
<tr><td>E.CPU</td><td>E. CPU</td></tr>
</table>

续表

操作面板显示			名称	内容	检查要点	措施
严重故障	E.Πb4～E.Πb7	E. MB4～E. MB7	制动器顺控错误	使用制动器顺控功能（Pr. 278～Pr. 285）时，如果发生顺控错误，将停止变频器的输出。初始状态下（制动顺控功能无效）该保护功能无效	调查发生异常的原因	确认设定的参数并正确配线
	E.I 0H	E. 10H	浪涌电流抑制回路异常	浪涌电流抑制回路的电阻过热时，变频器停止输出。浪涌电流抑制回路的故障	是否频繁地反复进行了电源的ON/OFF操作	请不要频繁反复操作电路电源的ON/OFF键。如采取了以上的对策仍未改善时，请与经销商联系
	E.AI E	E. AIE	模拟输入异常	端子4设定为输入电流，在输入30 mA以上时，或有输入电压（7.5 V以上）时显示	请确认Pr. 267端子4输入选择，及电压/电流输入切换开关的设定值	电流输入指定为频率指令或将Pr. 267端子4输入选择，及电压/电流输入切换开关设定为电压输入
	E.USb	E. USB	USB通信异常	在Pr. 548USB通信检查时间间隔中所设定的时间内通信中断时，将停止变频器的输出	确认USB通信电缆	1. 确认Pr. 548 USB通信检查时间间隔中的设定值 2. 确认USB通信电缆 3. 增大Pr. 548 USB通信检查时间间隔中的设定值，或直接设为“9999”
	E. 13	E. 13	内部短路异常	内部电路异常时，变频器停止输出		请与经销商联系